U0620388

大 学 问

始 于 问 而 终 于 明

理解的逻辑

我们如何理解"理解"

魏 宇 著

广西师范大学出版社
·桂林·

"智慧的探索丛书"编委会

（以汉语拼音为序）

陈卫平　陈　赟　冯　棉　高瑞泉　晋荣东

郦全民　刘广汉　刘梁剑　孙　亮　童世骏

王柏俊　颜青山　杨国荣　郁振华　朱　承

作者简介

魏宇,本科毕业于东南大学数学系,博士毕业于北京大学哲学系逻辑学专业,阿姆斯特丹大学访问学者。现为华东师范大学哲学系晨晖学者、助理教授,2022 年入选上海市浦江人才计划。在 Annals of Pure and Applied Logic、Erkenntnis、《逻辑学研究》等期刊发表论文多篇,主持国家社会科学基金青年项目一项。主要研究方向是模态逻辑及其在哲学中的应用。

本研究受上海市浦江人才计划（22PJC034）资助

总 序

杨国荣

作为把握世界的观念形态,哲学的内在规定体现于智慧的追问或智慧之思。这不仅仅在于"哲学"(philosophy)在词源上与智慧相涉,而且在更实质的意义上缘于以下事实:正是通过智慧的追问或智慧之思,哲学与其他把握世界的形式区分开来。这一意义上的智慧——作为哲学实质内涵的智慧,首先相对于知识而言。如所周知,知识的特点主要是以分门别类的方式把握世界,其典型的形态即是科学。科学属分科之学,中文以"科学"(分科之学)作为"science"的译名,无疑也体现了科学(science)的特征。知识之"分科",意味着以分门别类的方式把握世界:如果具体地考察科学的不同分支,就可以注意到,其共同的特点在于以不同的角度或特定的视域去考察世界的某一方面或领域。自然科学领域中的物理学、化学、生物学、地理学、地质学等,侧重于从特定的维度去理解、把握自然对象。社会科学领域中的社会学、政治学、经济学、法学等,则主要把握社会领域中的相关事物。无论是自然科学,抑或社会科学,其研究领域和研究对象都界限分明。以上现象表明,在知识的层面,对世界的把握主要以区分、划界的方式展开。

然而,在知识从不同的角度对世界分而观之以前,世界首先以统一、整体的形态存在:具体、现实的世界本身是整体的、统一的存在。与这一基本的事实相联系,如欲真实地把握这一世界本身,便不能仅仅限于知识的形态、以彼此相分的方式去考察,而是同时需要跨越知识的界限,从整体、统一的层面加以理解。智慧不同于知识的基本之点，就在于以跨越界限的方式去理解这一世界，其内在旨趣则在于走向具体、真实的存在。可以看到，这一意义上的"智慧"主要与分门别类地理解世界的方式相对。

具体而言，智慧又展开为对世界的理解与对人自身的理解二重向度。关于世界的理解，可以从康德的思考中多少有所了解。康德在哲学上区分把握存在的不同形态，包括感性、知性、理性。他所说的理性有特定的含义，其研究的对象主要表现为理念。理念包括灵魂、世界、上帝，其中的"世界"，则被理解为现象的综合统一：在康德那里，现象的总体即构成了世界（world）。①不难注意到，以"世界"为形式的理念，首先是在统一、整体的意义上使用的。对世界的这种理解，与感性和知性的层面上对现象的把握不同，在这一意义上，康德所说的理性，与"智慧"这种理解世界的方式处于同一序列，可以将其视为形上智慧。确实，从哲学的层面上去理解世界，侧重于把握世界的整体、统一形态，后者同时又展开为一个过程，通常所谓统一性原理、发展原理，同时便具体表现为在智慧层面上对世界的把握。

历史地看，尽管"哲学"以及与哲学实质内涵相关的"智慧"等概念在中国相对晚出，但这并不是说，在中国传统的思想中不存在以智慧的方式去把握世界的理论活动与理论形态。这里需要区分特定的概念与实质的思想，特定概念（如"哲学"以及与哲学实质内涵相关的"智慧"等）的晚出并不意味着实质层面的思想和观念也同时付诸阙如。

当然，智慧之思在中国哲学中有其独特的形式，后者具体表现为对"性与天道"的追问。中国古代没有运用"哲学"和"智慧"等概念，但很早便展开了对"性与天道"的追问。从实质的层面看，"性与天道"的追问不同于器物或器技层面的探索，其特点在于以不囿于特定界域的方式把握世界。

"性与天道"的追问是就总体而言，分开来看，"天道"更多地与世界的普遍原理相联系，"性"在狭义上和人性相关，在广义上则关乎人的整个存在，"性与天道"，合起来便涉及宇宙人生的一般原理。这一意义上的"性与天道"，在实质层面上构成了智慧之思的对象。智慧之思所指向的是宇宙人生

---

① 参见 Kant, *Critique of Pure Reason*, Translated by N. K. Smith, Boston · New York：Bedford／St. Martin's, 1965, p.323。

的一般原理,关于"性与天道"的追问,同样以宇宙人生的一般原理为其实质内容。

从先秦开始,中国的哲学家已开始对"道"和"技"加以区分,庄子即提出了"技"进于"道"的思想,其中的"技"涉及经验性的知识,"道"则超越于以上层面。与"道""技"之分相关的是"道""器"之别,所谓"形而上者谓之道,形而下者谓之器",便表明了这一点,其中的"器"主要指具体的器物,属经验的、知识领域的对象,"道"则跨越特定的经验之域,对道的追问相应地也不同于知识性、器物性的探求,作为指向形上之域的思与辨,它在实质上与智慧对世界的理解属同一序列。至中国古典哲学终结时期,哲学家进一步区分器物之学或专门之学与"性道之学",在龚自珍那里便可看到这一点。器物之学或专门之学以分门别类的方式把握对象,"性道之学"则关注宇宙人生的普遍原理。在器物之学与性道之学的分别之后,是知识与智慧的分野。以上事实表明,中国哲学不仅实际地通过"性与天道"的追问展开智慧之思,而且对这种不同于知识或器物之知的把握世界方式,逐渐形成了理论层面的自觉意识。

可以看到,以有别于知识、技术、器物之学的方式把握世界,构成了智慧之思的实质内容。西方的 philosophy,中国的"性道之学",在以上方面具有内在的相通性,其共同的特点在于超越分门别类的知识、技术或器物之学,以智慧的方式把握世界。

中国哲学步入近代以后,以"性与天道"为内容的智慧之思,在社会的变迁与思想的激荡中绵延相继,并逐渐形成了不同的哲学进路。这种趋向在中国当代哲学的发展中依然得到了延续,华东师范大学哲学学科的形成和发展过程,便从一个侧面体现了这一点。华东师范大学的哲学学科建立于 20 世纪50 年代初,她的奠基者为冯契先生。冯契先生早年(20 世纪 30 年代)在清华大学哲学系学习,师从金岳霖先生。20 世纪 30 年代的清华大学哲学系以注重理论思考和逻辑分析见长,并由此在中国现代哲学独树一帜,金岳霖先生是这一哲学进路的重要代表。他的《逻辑》体现了当时中国哲学界对现代逻辑的把握,与之相联系的是其严密的逻辑分析方法;他的《论道》展示了对"性道之学"的现代思考,其中包含着对形上智慧的思与辨;他的《知识论》注重知识的分析性考察,但又不限于分析哲学的形式化进路,而是以认识论与本体论的融合为其特点。金岳霖先生在哲学领域的以上探索，可以视为以智慧为指向的"性道之学"在现代的展开，这种探索在冯契先生那里获得了承继和进一步的发展。与金岳霖先生一样，冯契先生毕生从事的，是智慧之思。在半个多世纪的思想跋涉中，冯契先生既历经了西方的智慧之路，又沉潜于中国的智慧长河，而对人类认识史的这种楔入与反省，又伴随着马克思主义的洗礼及对时代问题的关注。从早年的《智慧》到晚年的《智慧说三篇》，冯契先生以始于智慧又终于智慧的长期沉思，既上承了金岳霖先生所代表的近代清华哲学进路，又以新的形态延续了中国传统哲学的智慧历程。

自 20 世纪 50 年代初到华东师范大学任教之后，冯契先生在创建华东师范大学哲学学科的同时，也把清华的哲学风格带到了这所学校，而关注哲学史研究与哲学理论研究的交融，重视逻辑分析，致力于马克思主义哲学、中国哲学与西方哲学的互动，则逐渐构成为华东师范大学哲学学科的独特学术传统。半个多世纪以来，华东师范大学的哲学学科经历了从初建到发展的过程，其间薪火相传，学人代出，学术传统绵绵相续，为海内外学界所瞩目。以智慧为指向，华东师范大学的哲学学科同时具有开放性：在上承自身传统的同时，她也在学术研究方面鼓励富有个性的创造性探究，并为来自不同学术传统的学人提供充分的发展空间。这里体现的是哲学传统中的一本而分殊："一本"，表现为追寻智慧过程中前后相承的内在学术脉络；"分殊"，则展示了多样化的学术个性。事实上，智慧之思本身总是同时展开为对智慧的个性化探索。

作为哲学丛书，"智慧的探索丛书"收入了华东师范大学哲学学科几代学人的哲学论著，其中既有学科创始人的奠基性文本，也有年轻后人的探索之作，它在显现华东师范大学哲学学科发展历程的同时，也展示了几代学人的智慧之思。这一丛书的出版，无疑有其独特的意义：它不仅仅表现为对华东师范大学哲学传统的回顾和总结，而且更预示着这一传统未来发展的走向。从更广的视域看，华东师范大学哲学学科的衍化，同时又以当代中国哲学的演变为背景，在此意义上，"智慧的探索丛书"也从一个方面折射了当代中国哲学的发展过程。

2014 年 11 月 28 日

目　录

第一章 引 言

§1.1 研究背景

在一个房屋失火的救援现场，有一个小男孩询问消防员房子为什么失火，消防员告诉他是电线短路导致了这场火灾。这个孩子虽然年龄太小、对"短路导致火灾"没有概念，但接受了这条信息，然后拥有了一条关于"为什么"的知识，即知道为什么房屋失火了。他可以向他的朋友们重复说，因为电线短路所以发生了这场火灾。他可以回答一个相应的"为什么"问题："为什么房子失火了？"直观上这个孩子并不理解为什么短路导致了房屋失火。消防员拥有这种理解是因为消防员不仅知道短路导致了火灾，还清楚短路如何导致了火灾，而这个孩子只有关于"为什么"的知识，因而没有关于"为什么"的理解。

在一个安静有序的实验室，有一位女科学家正在研究某个有趣的化学反应，她希望弄清楚这一化学反应的决定性成因。经过反复实验后，她确信氧气的引入就是那个决定性的因素。此时，直观上这位科学家已经知道为什么这一化学反应会发生。但是，由于这位科学家还并不了解究竟是什么样的原理、什么样的机制使得氧气的引入导致了该化学反应，因此她尚不理解为什么该化学反应会发生。

　　以上两个故事都是当代哲学家为论证"理解"不同于"知识"而提出的[1]，这不禁让我们想起一句通常被归于爱因斯坦（A. Einstein）的名言："任何傻瓜都能知道，关键在于理解"（Any fool can know; the point is to understand. ）。"理解"是近年来国际知识论、科学哲学等领域中广受关注的重要议题，并且，正如 [L. D. Ross 2020] 所言，当哲学家在探寻对"理解"的恰当解释时，有关理解和知识之间关系的问题已经成为主要的关注点。然而，当前学界缺乏从逻辑层面刻画"理解"的研究。

　　事实上，关于"理解"的逻辑研究早在中世纪就出现过。中世纪的逻辑学家不仅考虑知识与信念的推理模式，还研究诸如"怀疑"、"考虑"（considering）、"理解"等许多知识模态。用 [Boh 2000] 的话说，中世纪的逻辑研究对许多非标准模态"院门大开"（open admission）。其中"理解"似乎被视为比"知道"或"相信"更为基础，是非常自然且重要的一个。当代逻辑学家辛提卡（J. Hintikka）开创了现代逻辑研究"知道""相信"的标准模态逻辑路径（参见 [Hintikka 1962] ），而"理解"的概念近乎被遗忘。

　　"理解"的哲学理论同样有很长的历史。知识论的英文名称"epistemology"来源于古希腊语单词 *episteme*，不仅有"知识"，还有"理解"的含义。古代哲学家对两方面意义都有不少思考（[Grimm 2021] ）。20 世纪 60 年代，现代知识论关心"知识"能否被分析为 JTB（justified true belief）的问题，"理解"淡出视野。这与逻辑的发展类似，在研究的起点，哲学家、逻辑学家认为对于认知状态（epistemic states）而言，知识和理解都重要，只是"现代化"的进程抽去了"理解"的部分。

　　最近在哲学领域，"理解"重新成为热门的话题，包括对自然世界事物的"理解"，以及对人、人造物的"理解"问题（尤其在欧陆哲学和社会科学哲学中）等。哲学家们认为，不仅"理解"的概念重要，引入"理解"也有助于知识论、科学哲学自身的发展（[Grimm, Baumberger and Ammon 2016] ），如借助"理解"澄清"科学解释"（[Wilkenfeld 2014] ），阐明"科学进步"（[Dellsén

---

[1] 前者来源于 [Pritchard 2008]，后者来自 [Lawler 2019]。这两个例子在之后的章节中还会被仔细考虑。

2018]）等。有哲学家甚至说道，理解注定成为横贯 21 世纪的热门话题。[①]在知识论和科学哲学的文献中，不同地方对"理解"这个术语的使用不尽相同，总结来说主要集中于三种类型的理解（参见 [Carter and Gordon 2014]）：

（1）理解命题（propositional understanding），即理解如是（understanding that）（如某事物是这种情况）；

（2）理解为何，理解什么，理解如何（understanding why/what/how）等（如某事物为什么是这种情况，某人说了什么，某物如何拥有特定性质），统称为疑问式的理解（interrogative understanding）；

（3）理解事物（objectual understanding），即理解 X（如，一个人、一个现象）。

除了这三种主要理解类型，细究之下还有另一种类型的理解：

（4）理解符号（symbolic understanding），即理解某个符号表征（如一个语句、一个解释、一张图表或一个理论等）。

第四类理解是其他理解的基础。例如张三理解"为什么 COVID-19 对儿童的影响与对成年人的影响不同"，或张三理解"COVID-19"，这种"理解为何"或"理解事物"预设了张三理解该中文语句，以及其中"COVID-19"这个符号，或理解符号"COVID-19"。当然理解语言与符号并不能穷尽张三"理解为何"或"理解事物"的内容，其理解还涉及世界上的物项，这些物项本身其实独立于人们使用什么样的符号表征它们。理解符号较少出现在关于理解的哲学讨论中，通常作为哲学讨论的默认前提或"默认设置"。但在语言哲学里，理解语言与语言的意义理论相关；在人工智能领域，理解语言与自然语言处理相关。

"理解"这一概念无疑是重要的。人类一直在试图理解这个世界，自然科学、人文学科、艺术、宗教等都承诺至少在某些方面提供一种对世界更好的理解。[Kelp 2016] 称，"理解是我们人类所能取得的最高认知成就（cognitive achievements）之一"。许多哲学家相信，"理解"的价值似乎要超过"知识"。人们对于自己拥有的知识可以缺乏理解，比如单单依靠权威或专家证实（testimony of experts）得到的知识，获得理解似乎要比获得知识更进一

[①] 参见 [Khalifa 2013a, Baumberger, Beisbart and Brun 2017] 以及其中的参考文献。

步，假如理解没有额外的价值，很难解释为什么人类会多走这一步。不少关心“理解”问题的哲学家甚至反过来认为知识的价值才是需要辩护的，继而有了专门的对知识价值问题的讨论（参见 [Pritchard 2010]）。

理解在普遍意义上的重要性是 20 世纪末 21 世纪初以来其哲学讨论日益升温的重要原因。在知识论中，这一潮流也被常称为复兴（resurgence），这是因为哲学对“理解”的关注由来已久。前文提到，知识论的英文来源于古希腊语“episteme”，既有“知识”的含义，也有“理解”的含义。古代哲学家思考过不少关于“episteme”的问题。柏拉图的《泰阿泰德篇》（Theaetetus）就要讨论“episteme”是什么的问题，其中给出的方案是“episteme”是经辩护的真信念（JTB）；亚里士多德谈到“episteme”侧重于“科学知识”的意义，某人拥有“episteme”就是其能对问题中的事物给出一个解释（account）。相关文献还有洛克的《人类理解论》（Essay Concerning Human Understanding），从题目就可以看出对“episteme”中“理解”含义的关注（参见 [Grimm, Baumberger and Ammon 2016]）。只是在 20 世纪下半叶，[Gettier 1963] 精巧的讨论拉开了现代知识论的大幕，知识论开始聚焦于知识是否可以被分析为 JTB 的问题。“理解”从那个时候开始淡出知识论的视野。重新燃起对理解话题的兴趣，对哲学家而言也是一种溯本清源的学术志业。

再回到逻辑的工作，前文提到，现代知识逻辑①起源于辛提卡自 20 世纪 60 年代开始的一系列工作（[Hintikka 1962]）。辛提卡开创了研究“知识”“信念”概念的模态逻辑路径，他提出知道模态算子 K_i 以表达“主体 i 知道命题 φ”这样的知识（公式表示：$K_i\varphi$）。为澄清有关给主体归附“知识”或“信念”的一些直觉和哲学讨论，逻辑学家们已经提出过不少经典的命题模态逻辑系统（如 $S5$），这些工作在分布式系统和人工智能领域都有着成功的应用。然而，标准的知识逻辑中所刻画的“知识”概念稍嫌单薄。$K_i\varphi$ 表达的其实是知道命题 φ 为真。这种知识不仅太过理想化【如“逻辑全知”（logical omniscience）问题】，而且对刻画很多主体作知识推理的情况都是不够的，比

---

① 本书统一把“epistemic logic”翻译成“知识逻辑”。中文文献中更多地方将其译成“认知逻辑”。考虑到国内学界多以“认知”翻译英文的“cognition”一词，而且常用“知识论”翻译“epistemology”一词，故做此权衡。

如知道的命题都来自专家证实的情况，主体只知其为真。事实上，许多中世纪的知识逻辑工作都明确区分了"知道一个命题"和"知道一个命题为真"，其中"知道一个命题"意味着理解表达该命题的语言表达式，并且该命题为真，中世纪逻辑学家关心作为前者的知道。这与知识论的发展非常类似，在研究历史的起点上，研究者们既关心知识，也关注理解，只是现代化的进程抽去了理解的部分，从而使问题变得集中且精确。

除了经典的对"知道一个命题"的刻画，越来越多的知识逻辑工作开始关注各式各样的知道/知识表达式，比如"知道什么""知道如何""知道是谁""知道为何"等（更详细的调研参见 [Y. Wang 2018b]）。把"理解"引入知识逻辑现有的理论框架将使得知识逻辑的研究变得更为丰富，也更为有趣，比如对各种理解表达式的刻画，以及探讨知道和理解之间的交互关系。并且引入"理解"还将使知识逻辑拥有更广阔的应用领域，处理更多非理想化的知识与推理的情况等。

无论是出于对"理解"概念的重视和兴趣，出于"复兴"知识逻辑研究"理解"的目的，还是出于丰富知识逻辑工具的愿望，本书都有着强烈的动机在逻辑的领域探究理解的问题。

§1.2 研究目标

"理解"是近年来国际知识论、科学哲学以及人工智能等领域广受关注的重要议题，然而学界缺乏从逻辑层面刻画"理解"的研究。本书要解决的主要问题是：从逻辑的视角出发，刻画哲学讨论中"理解"概念的语义以及基本推理形式，阐明"理解"与"知道""相信"等标准认知模态的区别与联系，借助逻辑技术澄清文献中不同"理解"类型的相关哲学论点，从新的视角推进"理解"理论及认知逻辑的研究与应用。关于"理解"的逻辑研究早在中世纪就出现过，只是现代逻辑鲜有提及；而新兴的对"理解"的哲学探讨，又几乎未涉及"理解"的形式规律。因此，本书试图在"理解"的逻辑和哲学之间架起一座桥梁，以逻辑技术真正帮助哲学分析，并用哲学思考深化逻辑技术的发展。

本书将在哲学讨论的基础上，使用知识逻辑的工具研究"理解"的问题。哲学文献中讨论的理解主要分为四种类型，即理解如是、理解为何①、理解事物、理解符号。直观上"理解"的使用场景当然还有更多，比如指出理解的途径或媒介，如"凭借理论 Y 理解 X"；或者表达特定程度的理解，如"很好地理解如是"；或者把理解当作不及物动词使用，如"张三理解了""李四不理解"；抑或是当作名词使用，如"根据我的理解如何如何"等。[Kvanvig 2003] 论证了这些更细致的区分，要么可以从以上四种理解中推导出来，要么预设了以上四种理解中的某一种。因此本书聚焦于以上四种类型的理解。

而在理解如是、理解为何、理解事物、理解符号四种理解中，针对理解如是的讨论是最少的。[Gordon 2012] 论证了理解如是或理解命题的概念具有误导性，其实不值得更深入的思考，并且不应成为探究理解本质计划中的一环。原因是，首先，大多数理解如是表达式都可以被知道如是表达式替换，而不丢失任何所要表达的意义，很少有真正不同于知道如是的理解如是的示例，因此理解如是并不是一个特殊的知识状态。就像"我意识到（I am aware）天在下雨"，和"我清楚（I am clear）天在下雨"，其实都在表达"我知道天在下雨"，没必要专门地研究"意识到"（awareness）或者"明白"（clearness）的状态。

其次，在那些极少数不等同于知道如是的理解如是的例子中，有些（英文中的）理解如是表达了"得知、据信"的意思，其目的是避免作出断言，或削弱后面"如是"表达的力量。如未成年人张三询问李四其能否进某个酒吧时，李四说"I understand that they don't ask for ID."，李四表达的其实是，"我在你那个年纪未曾被查验过身份证，但或许现在的查得更严了"。李四的理解如是与"如是"内容很大程度上是相容的。再借用 [Elgin 2007] 中的例子，"I understand that you are angry with me."，"我知道你生我气了"，并且"我"通过示意"我"能明白"你"生气的一些原因来试图补救这种情形，是一种温和（moderating）的使用。这类例子中的"理解如是"都不是一

---

① 在前面提到的各种疑问式的理解中，哲学家对"理解为何"的讨论是最多的，[Lipton 2009] 称"理解为何"为狭义上的理解概念。本书视"理解为何"为疑问式理解的代表。

种认知成功（cognitive success）（[Elgin 2007]），或者不是知识论意义上相关（epistemologically relevant）（[Baumberger 2014]）。

最后，另有一些理解如是其实表达了理解为何或者理解事物，如"她理解她必须小心操作这些化学试剂"，其实无外乎说"她理解为什么必须小心操作这些化学试剂"，或者"她理解危险化学品操作规范"，甚至更一般的，"她理解化学"。因此，（或许）不存在真正意义上理解如是的示例，它不应当在对理解的探究计划中占据重要位置。

这些哲学讨论启发我们，在研究理解的逻辑时，未必要遵照现有知识逻辑的研究范式，即先由知道如是开始，以知道如是的逻辑作为基本的架构，在此之上讨论知道如何、知道为何、知道是谁等表达式，而应把文献中讨论最多的理解类型作为理解逻辑的起始点。因此，本书将重点研究理解为何与理解事物的代表——"理解现象"（understanding phenomena），其中"理解为何"也被称作狭义上的理解概念，而"理解现象"被当作典型的科学理解概念。本书将在相关哲学讨论的基础上，基于已有的知识逻辑研究来刻画"理解为何"与"理解现象"。此外，本书还将给理解符号的代表——"理解语言"①——一个初步的讨论与研究构想。

§1.3 研究现状

逻辑学及相关领域对"理解"的研究很少，现有工作集中于"理解语言（词语、短语、语句等）"的类型，这也是人工智能领域"自然语言理解"（natural language understanding, NLU）研究关心的"理解"类型（[Mitchell and Krakauer 2023]）。与人工智能领域机器学习的研究进路不同，逻辑学及相关领域对"理解"的研究在方法和视角上主要分为以下三类：

---

① [Pettit 2002] 区分了"理解语言"（understanding language）和"懂一门语言"（understanding a language）。"理解语言"指的是理解一个词语、理解一个短语、理解一个语句，以及理解语言中其他一些小的部分。这与"懂一门语言"，如懂英语不同。因此理解语句"John loves Mary."是**理解语言**的一个例子，但不能说理解这句话是**懂一门语言**即懂英语的一个例子。更详细的讨论参见本书 §2.2.3。

（1）沿循知识逻辑处理知识模态的方式，把"理解 φ"语义定义为"知道语句 φ 的意义"，不同在于如何刻画"φ 的意义"。如"知道 φ 的意义"等同于要么知道 φ 为真，要么知道 φ 为假（[X. Li and Guo 2010]）；或在一个系统中区分"知道 φ 的真值"与"知道 φ 的意义"两种知识，用原子命题的布尔组合定义 φ 的意义（[Gattinger and Y. Wang 2019]）；或在克里普克语义中为每个可能世界附加一个意义的集合，用"φ 在每个不可区分的世界上跨意义一致的"定义"知道 φ 的意义"（[Naumov and Ros 2021]）。

（2）从直接关注语句的意义，转而关注语言的使用者，刻画一个理解语言的主体会具有什么样的语义能力（semantic competence）。如使用丰富的两种类（two-sorted）一阶模态语言表达认知主体理解语言、掌握有关该语言如何关联于外部世界的信息（[Rendsvig 2011, 2010]）。

（3）从概念分析的角度关心"理解"模态的逻辑性质，包括"理解"模态是否具有事实性（factivity）以及类似 KK 原则的自省原则等。如论证"理解"是自省的，因为"理解"的理由对于认知主体而言是透明的（[Pritchard 2014] [陈嘉明 2019]），或分析比较"理解"与"知识"（[Belkoniene 2023] [Lawler 2019] [陈嘉明 2022] [Hu 2019]）。

综上，国内外学者对"理解"哲学问题进行了多方面探讨，少有形式化研究；而为数不多的逻辑工作也并未涉及当前哲学关心的理解类型。以下将详细介绍其中提到的几个形式化的工作。

§1.3.1　国内研究

这方面的工作国内目前较少，主要介绍 [X. Li and Guo 2010] 的工作。从前文对理解类型的梳理来看，[X. Li and Guo 2010] 的主题是"理解语句"，不包括理解语句中的词项，其引言开宗明义，"在我们看来，如果你理解一句话，那么你知道该句话的意思，反之亦然"（p. 142）。[X. Li and Guo 2010] 把理解当作一个模态词，其语言定义是：

$$\varphi ::= p \mid \neg\varphi \mid (\varphi \wedge \varphi) \mid \mathsf{U}\varphi$$

这篇文章的重点是考虑布尔联结词和模态算子的意义，以及这些联结词与理解之间的关系，其语义定义如下：文中的模型是一个三元组 (W, R, V)，其中 W 是非空集，R 是 W 上的等价关系，V 是命题变元的赋值，$V(\varphi)$ 的归纳定义是：

- $w \in V(\neg\varphi) \Leftrightarrow w \notin V(\varphi)$
- $w \in V(\varphi \wedge \psi) \Leftrightarrow w \in V(\varphi)$ 且 $w \in V(\psi)$
- $w \in V(\mathsf{U}\varphi) \Leftrightarrow R(w) \subseteq V(\varphi)$ 或 $R(w) \subseteq W - V(\varphi)$

容易看出 $V(\mathsf{U}\varphi)$ 的定义又等价于 $w \in V(\mathsf{U}\varphi) \Leftrightarrow R(w) \subseteq V(\varphi)$ 或 $R(w) \subseteq V(\neg\varphi)$。

其语义定义的出发点是使得如下这些公式有效：

- $\mathsf{U}\top,\ \mathsf{U}\bot$
- $\mathsf{U}\varphi \leftrightarrow \mathsf{U}\neg\varphi$
- $\mathsf{U}\varphi \to \mathsf{U}\mathsf{U}\varphi,\ \neg\mathsf{U}\varphi \to \mathsf{U}\neg\mathsf{U}\varphi$，以及它们的加强版 $\mathsf{U}\mathsf{U}\varphi,\ \mathsf{U}\neg\mathsf{U}\varphi$
- $\mathsf{U}\varphi \wedge \mathsf{U}\psi \to \mathsf{U}(\varphi \wedge \psi),\ \varphi \wedge \psi \wedge \mathsf{U}(\varphi \wedge \psi) \to \mathsf{U}\varphi \wedge \mathsf{U}\psi$[①]

在此基础上，[X. Li and Guo 2010] 提出了一个可靠完全的逻辑 LU。在结论部分，文章总结道，系统 LU 表征了理解的如下特质：理解具有内省性（introspection），理解恒真与恒假等。虽然"理解 φ 当且仅当理解 $\neg\varphi$"是逻辑系统 LU 中的典型公理，但 [X. Li and Guo 2010] 认为这一原则似乎太强了，并举出了一个例子：在一个下雨天，某人（G）带好伞出门了，再回家却被淋湿了。作者认为，"我们不理解 G 淋湿了，但是我们可以理解 G 没有淋湿"（We do not understand that G was wet, but we understand that G was not wet.）（p. 152）。

但从前文对理解类型的梳理看，[X. Li and Guo 2010] 的这个例子实际上混淆了"理解语句"与"理解如是"。例子里说我们不理解 G 淋湿了，其内容已经超出了语言表达式的范畴，而涉及了世界上的情况。如果 $\mathsf{U}\varphi$ 指知道 φ 这句话的意思，那么我们知道"G 没有淋湿"的意思，自然也知道"G 淋

---

① [X. Li and Guo 2010] 指出 $\mathsf{U}(\varphi \wedge \psi) \to \mathsf{U}\varphi \wedge \mathsf{U}\psi$ 并非有效的。倘若是有效式，则由（1）$\mathsf{U}(\varphi \wedge \neg\varphi) \to \mathsf{U}\varphi$ 是有效式，不可接受。因此 $\neg(\varphi \wedge \psi \leftrightarrow \varphi \wedge \neg\varphi) \wedge \mathsf{U}(\varphi \wedge \psi) \to \mathsf{U}\varphi \wedge \mathsf{U}\psi$ 应当是有效的，即 $\varphi \wedge \psi \wedge \mathsf{U}(\varphi \wedge \psi) \to \mathsf{U}\varphi \wedge \mathsf{U}\psi$ 有效。

湿"的意思。

[X. Li and Guo 2010] 对"理解语句"的研究在语义处理上稍嫌简单，不涉及对"理解"与"知道"关系的讨论，并且预设理想的知识主体以使得关于理解算子的必然性规则成立，这些方面都是值得改进的。尽管如此，文中对复合命题的理解与简单命题的理解之间关系的讨论值得借鉴。

§1.3.2　国际研究

伦兹维格（R. K. Rendsvig）的工作

本节简要介绍 [Rendsvig 2011, 2010] 的工作。从该书对理解类型的梳理看，其主要内容是使用知识逻辑的工具刻画一般意义的"理解语言"，包括理解语句、理解词项等。语言哲学讨论的"理解语言"通常指的是"语义能力"（semantic competence），即（语义地）理解语言。而理解语言 L 在于拥有对 L 恰当的意义理论。因此，语言哲学家对"理解语言"的刻画侧重于语言本身以及语言如何被使用，重点是要讨论出恰当的意义理论。而 [Rendsvig 2011, 2010] 的关注焦点在于语言的使用者、关心使用者对其所使用语言的知识，其技术工作是用两种类的一阶模态语言去表达主体掌握一个语言，以及掌握有关该语言如何关联于世界的信息。

伦兹维格逻辑工作的理论背景是 [Marconi 1997] 提出的语义词汇能力结构（structure of semantic, lexical competence, SLC）的概念理论（conceptual theory）。马可尼（D. Marconi）把语义能力分为两个层次，即推理能力（inferential competence）和指称能力（referential competence），具体而言指称能力又分为两种：命名（naming）的能力和应用（application）的能力。以上三种语义能力又与其本体论划分密切相关。[Marconi 1997] 的本体论包含两类四种：外在物体、外在词汇（external words），以及两种心理模块——词汇表（word lexicon）、语义表（semantic lexicon）。其中，心理模块里的语义表指的是非语言形式的心理表征，这种心理表征相互关联，构成了主体对世界的认识。心理词汇表指的是主体所掌握的语言词汇，心理词汇之间的联结是通过心理语义表之间的联结得以实现。[Marconi 1997] 为其本体论的划分找了认知神经心理学的经验研究根据。如，心理语义表和词汇表的区分就来自一些实际的研究案例，病人能够认出各种物体却不能命名它们，病人能够就给出的物体进行物体和物体间关系的推理，而当给出的是物体的名字的时候，却不能进行同样的推理，等等。

在此基础上，推理能力的本质就是能正确地通过语义表联结词汇表，指称能力中命名能力是要回到像"这个东西叫什么"的问题，本质上是对给定的物体从词汇表中检索出一个心理词项来。应用能力即把一个物体和给定的词汇对应上，应用词汇的能力要求语言的使用者能正确执行如"把那个橘子递给我"这样的指令。伦兹维格逻辑工作的理论背景是从 SLC 理论清晰定义的结构和基于认知神经科学的经验研究的特点看到了逻辑上的刻画的可能。首先，语义能力是基于知识的，整个逻辑学研究是在知识逻辑的范畴内，具体是量化的 $S5$-知识逻辑。其次，[Rendsvig 2011] 使用两种类的一阶模态语言来模拟心理语义表和词汇表的区分。最后，本体论的心理层面体现在形式语言里，本体论的外在世界层面体现在语义里。

[Rendsvig 2011, 2010] 用其对语义能力的刻画来解释弗雷格谜题。语义能力的一个方面体现在应用能力上，即把一个物体和给定的词对应上。伦兹维格逻辑工作的理论背景是基于这样的直观：即使主体能够确定两个同指称名字的所指，他也有可能不知道这两个名字指向相同的物体。

加廷格（M. Gattinger）和王彦晶的工作

本节介绍 [Gattinger and Y. Wang 2019] 的工作，其主题属于"理解语句"，不包括理解词语等。根据知识逻辑里标准的克里普克语义，$K_i p$ 的意思是 i 确定 p 是真的，p 的意义并不出现在该语义学里。[Gattinger and Y. Wang 2019] 提出在公开宣告逻辑（PAL）上进行特定的扩充以表达主体知道布尔定义式的意思。例如，张三知道 p 的意思是 $\neg r$，李四知道 $p \lor q$ 中 q 的意思是 $r \land r'$，王五先宣告了 $(p \land p') \lor p''$，然后解释其意思是 $q \lor (r \land r')$。于是我们知道 q 的意思是 $p \land p'$，p'' 的意思是 $r \land r'$。文中把"知道 p 的意义"看作"理解 p"。

[Gattinger and Y. Wang 2019] 中形式语言的定义分为两个部分：其一完

全是布尔式

$$P::= p \mid \neg P \mid (P \wedge P)$$

其二是定义在纯布尔式之上的一种公开宣告逻辑语言

$$\varphi::= P \mid P \equiv P \mid \neg\varphi \mid (\varphi \wedge \varphi) \mid \Box_i\varphi \mid [\varphi]\varphi$$

其中 $P_1 \equiv P_2$ 表示" P_1 与 P_2 意义相同"。模型是在克里普克（Kripke）模型的基础上引入定义函数，相对于一个可能世界，为语言中每个命题变元赋一个布尔式作为其意义。对公式 $P_1 \equiv P_2$，其严格的语义定义是：$\mathcal{M}, w \vDash P_1 \equiv P_2 \Longleftrightarrow \mathrm{def}_w(P_1) = \mathrm{def}_w(P_2)$，其中"="指布尔式的语形相同。显然"≡"公式不具有等值替换规则。

逻辑中可以表达某人知道 φ 为真但不知道 φ 的意思，即有知道无理解（knowing without understanding）；也可以表达知道 φ 的意思但不知道 φ 是否为真，即有理解无知道。此外，该逻辑还可以表达两个主体知道 φ 的意思中的不同部分，如 a、b 两个人都知道 p 的意思是 $q \wedge r$【公式表示：$\Box_a(p \equiv (q \wedge r)) \wedge \Box_b(p \equiv (q \wedge r))$】，但是只有 b 知道这个意思里 q 的意思是 $\neg q_1$【$\Box_b(p \equiv (\neg q_1 \wedge r)) \wedge \neg\Box_a(p \equiv (\neg q_1 \wedge r))$】，并且只有 a 知道其中 r 的意思是 $\neg r_1$【$\Box_a(p \equiv (q \wedge \neg r_1)) \wedge \neg\Box_b(p \equiv (q \wedge \neg r_1))$】，等等。该系统扩展了标准知识逻辑的表达力。但是，系统对公式意义的刻画具有局限性，公式 φ 的意义对 φ 的语形依赖太重。

瑙莫夫（P. Naumov）和罗斯（K. Ros）的工作

这一节简介 [Naumov and Ros 2021] 的工作，其文章的主题也是"理解语句"。自然语言理解是人工智能领域的一个重要课题，主要关心机器理解人类说出的或写出的语言语句。自然语言理解在机器翻译、智能虚拟助理设计（intelligent virtual assistant design）、新闻采编、音控启动以及情感分析（sentiment analysis）等应用场景中扮演重要角色。当然，人工智能目前研究自然语言理解的进路是机器学习，在这样的背景下，[Naumov and Ros 2021] 提出了一个基于逻辑框架的方式以刻画理解语句及其推理模式。

[Naumov and Ros 2021] 在标准多主体知识逻辑的语言中引入新的模态 $\mathsf{C}_a\varphi$ 表达主体 a 理解（comprehends）φ。在语义中，每个可能世界上都存在

一个意义（meaning）的集合，相对于每个可能世界 w 都有一个函数 π_w，把每个命题变元映射到该世界上意义集的某个子集上。也就是说，每个命题在每个世界上都可能有多重意义。

主体 a 理解 φ 当且仅当 φ 在每一个 a-不可区分的世界上都是跨意义一致的（consistent across the meaning），即在一个意义下为真当且仅当在任何其他意义上都为真。具体而言，主体 a 在点模型上相对于某个该世界上的意义理解一个命题【记作 $(w,m) \vDash C_a\varphi$，其中 w 是一个可能世界，m 是该世界上的一个意义】，当且仅当对于任意可能世界 u，以及其上的任意两个意义 m', m''，如果 w 与 u 对于主体 a 而言是不可区分的，并且 $(u,m') \vDash \varphi$，那么 $(u,m'') \vDash \varphi$。

此外，[Naumov and Ros 2021] 也给了一种新的"知道"语义，$(w,m) \vDash K_a\varphi$ 当且仅当对于每一个 a-不可区分的世界 u，在 u 上的任意意义下 φ 都为真。于是就有公理：$K_a\varphi \rightarrow C_a\varphi$ 与 $C_a\varphi \rightarrow K_aC_a\varphi$。新解释下的 K_a 仍然满足 K、T、5 公理。对于理解本身的主要公理是：

- （理解否定）$C_a\varphi \rightarrow C_a\neg\varphi$
- （理解蕴涵）$C_a\varphi \rightarrow (C_a\psi \rightarrow C_a(\varphi \rightarrow \psi))$
- （理解理解）$C_aC_b\varphi$
- （不理解）$C_a(C_b\varphi \rightarrow \varphi)$

对于最后一个公理 $C_a(C_b\varphi \rightarrow \varphi)$，[Naumov and Ros 2021] 之所以称之为"不理解"（incomprehensible）公理，并不是说这条公理刻画了有关不理解的某些性质，而是那篇文章的作者虽然证明了技术上这条公理是必要的，但不清楚直观上该公理是什么意思，以及直观上为什么会有这条公理。

通过以上的介绍可以看出：一方面，逻辑学的文献中现有的关于"理解"的工作集中于"理解语言"的类型，而未涉及哲学家更关心的"理解为何"与"理解现象"，而这两者恰是本书的主要研究对象；另一方面，目前有关"理解语言"的逻辑工作并没有成熟的研究框架与结果，本书亦将对"理解语言"的逻辑做出展望。

§1.4 研究贡献与结构安排

§1.4.1 研究贡献

本书包含一部分文献梳理与总结的工作，具体是：对中世纪有关理解的逻辑工作的整理；对知识逻辑中现有的有关理解文献的总结；对哲学上有关理解的讨论的分类梳理；对人工智能领域有关理解的讨论的概述；以及为讨论"理解语言"，梳理了语言哲学中现有语义理论的发展。更重要的是，本书在相关哲学讨论的基础上提出了两个新的"理解"的逻辑系统，分别是"理解为何"的逻辑与"理解现象"的逻辑。此外，本书讨论了这样两个逻辑系统之间的联系与区别，另给出了"理解语句"的初步研究思路与方案。对"理解为何"与"理解现象"两个逻辑系统的研究成果总结如下。

第一，对"理解为何"的逻辑所做出的贡献有：

（1）在语言中引入新的"理解为何"模态以表示通常的"理解为何"表达式，在现有哲学论证的基础上提出用两层解释来刻画"理解为何"的语义想法，特别清晰地展示"理解为何"和"知道为何"的区别与联系。

（2）给出一个最具一般性的公理化系统表达"知道如是""知道为何"与"理解为何"之间的关系，论证哲学上对"理解为何"中的高阶解释的具体要求可以通过在模型中增加相应条件的方式来模拟，并证明了该一般系统的可靠性与强完全性。

（3）在核证逻辑模块化模型的基础上，定义一种新的逻辑为何的形式模型，指出概念上两种形式模型之间的区别与联系，并严格证明两种形式语义的等价性。

（4）进一步扩展"理解为何"的模型，建立不同解释之间的偏序关系，以刻画理解的比较；在形式语言中添加不同理解程度的模态，包括最小理解、日常理解、严格理解和理想理解。

（5）提出可靠完全的公理化系统，刻画不同理解程度之间的相互关系；并探讨扩展的模型在多主体场景中的应用，特别是用于对不同主体之间的理解比较和主体之间的元理解等。

第二，对"理解现象"的逻辑做出的贡献有：

（1）提出两个新的关于"观察"和"理解"的模态，在此基础上使用新的逻辑语言将"理解现象"的概念形式化。

（2）定义一种新的不带标准知识关系的模型，以表示科学家的实验观察以及相关的科学理论；结合哲学讨论，在新的模型中给出一种直观的"理解现象"语义。

（3）给出一个可靠完全的公理化系统，表达观察模态和理解模态之间的相互作用，并证明该系统的可判定性；然后严格证明模态逻辑可以嵌入该逻辑系统。

（4）整个逻辑框架还可以将很多科学哲学关于理论与观察的概念形式化，如确证、否证，理论的一般化、竞争理论、"理解现象"的事实性、真实必然性、物理必然性，等等；最后，还将该逻辑与一些相关联的逻辑（条件句逻辑、"知道为何"的逻辑、依赖逻辑）做了对比。

上述两个逻辑不仅很好地刻画了各自类型的理解，从一个更大的视角，本书亦论证了两个逻辑更清晰地反映了哲学上"理解为何"与"理解现象"两种理解类型的联系与区别。

更一般性地，本研究相对于已有研究的价值总结如下：

（1）重拾"理解"的逻辑问题，重新发掘中世纪逻辑的智识资源，跳出现代知识逻辑囿于"知道"系列表达式的藩篱。现代知识逻辑专注于"知识"与"信念"的推理模式，近来也有研究关心"想象"等新的非标准模态（[Berto 2022]）。然而作为重要且有着良好哲学基础的认知模态，"理解"在知识逻辑中并未得到应有的关注。

（2）在现有哲学讨论的基础上，从哲学背后的形式规律和逻辑技术背后的哲学意义两方面，为"理解"的当代研究做出贡献。在现代知识逻辑的源头，关于"知识"的逻辑研究撬动了许多新的哲学讨论（如对 KK 原则的哲学讨论），而不同的哲学理论影响了知识逻辑不同的形式系统刻画。当前哲学界持续关注"理解"理论，对"理解"逻辑的研究提供了很好的契机，可从哲学背后的形式规律和逻辑背后的哲学意义两方面推进对"理解"及相关问题的研究。

（3）本书作为一项典型的哲学逻辑研究，有助于"理解"理论的交叉应用。"理解"的逻辑在技术上与非经典认知逻辑、一阶模态逻辑问题紧密相关，在理论上与哲学中的"理解"讨论、知识逻辑的逻辑全知问题，以及人工智能领域的自然语言理解问题密切相连。本书讨论新的逻辑框架在知识逻辑、哲学，以及人工智能中的应用。

§1.4.2　结构安排

全书分为六章。第二章讨论文献中有关理解的理论，分成三个部分，第一部分是对中世纪知识逻辑中涉及理解工作的梳理与总结，第二部分是对哲学各个领域有关理解问题讨论的分类整理，第三部分简要解释人工智能研究中的理解概念。第三章和第四章是本书的主要工作，分别给出了两个不同理解类型的逻辑框架，并详细做了相关证明与讨论的工作。第五章的目的之一是把本书主要提出的两个逻辑系统进行联系与比较，目的之二是讨论"理解语言"的相关理论，并展望其可能的逻辑研究方案。第六章简要总结本书已完成的工作以及进一步研究的方向。

第二章 "理解"的理论

本章梳理文献中对"理解"的讨论。第一章引言强调了"理解如是"、"理解为何"、"理解现象"以及"理解语句"四种理解类型,其中前三种是按照日常语言中理解表达式的语法结构来分类的,第四种理解类型常常是前三种理解类型的默认前提。本章的梳理工作将不再细分这些类型,而考虑一般意义的"理解",梳理的线索是"理解"在不同学科领域中的研究情况。具体是,本章将依次综述"理解"在中世纪知识逻辑领域、知识论领域、科学哲学领域、语言哲学领域、数学哲学领域以及人工智能领域大概的研究情况。

本章主要是一般的文献综述,与之后章节具体的逻辑学工作不存在紧密的联系。但是,第三章中"理解为何"的逻辑,以及第四章中"理解现象"的逻辑的最初想法分别基于本章对知识论和科学哲学领域"理解"理论的整理。第五章展望"理解语句"的形式化研究,是基于本章对中世纪知识逻辑以及语言哲学领域"理解"理论的考察。

§2.1 中世纪知识逻辑研究中的"理解"

一些古代学者,特别是亚里士多德以及中世纪逻辑学家都研究过模态逻辑。然而他们的工作不会出现在本书的讨论范围里。([Hughes and Cresswell 1996], p. 193)

　　以上引文出自经典的模态逻辑教材《模态逻辑新讲》（*A New Introduction to Modal Logic*）。事实上，不仅对模态逻辑，中世纪的逻辑学家关于知识逻辑的核心问题也有诸多有意思的讨论，其中就包含着许多关于"理解"概念的部分。

　　第一，亚里士多德模态三段论传统下的模态词被极大地扩充，包含了"知道"、"相信"、"怀疑"和"理解"等。根据 [Boh 1993] 的调研，尽管亚里士多德在《前分析篇》中给出了标准的四种真性（alethic）模态，分别是可能、必然、不可能和偶然，中世纪的许多模态逻辑工作也都打破了这一传统。最早从 11 世纪开始，神学家、哲学家圣安瑟尔谟（St. Anselm）把 "*facere*"（英译是 making or doing）处理成类似于"必然"的模态概念。14 世纪早期，伯利（W. Burley）、斯各特（Pseudo-Scot）和奥卡姆（William of Ockham）把那些表达认知和意愿的心理行为的动词，如知道、相信、怀疑、说明（ipone）、理解等，都当作特殊的模态词引入模态三段论的研究。包括斯各特和奥卡姆在内的很多哲学家视这种模态词的扩充为极其自然的工作。根据 [Boh 2000]，奥卡姆在《逻辑大全》（*Summa Logicae*）中谈到，那些亚里士多德自己没有提及，并且并非所有人都承认的其他模态不可胜数，亚里士多德自己仅仅涉及一小部分的某些一般规则（general rules）。奥卡姆认为模态三段论的许多规则都可以应用到这些非传统的模态之上，他相信这也是亚里士多德本人虽然意识到这些模态，但并没有展开讨论的部分原因（[Boh 1993], p. 47）。

　　第二，许多中世纪的知识逻辑工作明确区分了"知道一个命题"和"知道一个命题为真"，其中"知道一个命题"意味着理解表达该命题的语句，并且该命题为真。中世纪的逻辑学家大都否认存在假的知识，彼时的文献常常提到，"知道的都是真的"（Whatever is known is true.），没有什么可以被知道，除非其为真（Nothing is known unless it is true.）（[Boh 1993], p. 21），这条原则即 $K_a p \to p$。但知道一个命题 p 与知道 p 为真又是不同的，一个人可以说他知道 p，即使这条知识仅仅是由某个可靠的权威保证的。中世纪逻辑学家感兴趣的知识是以理解为先决条件的，于是又有这样一条原则：$K_a p \to U_a p$。因此，"理解的模态似乎被视为比知道或相信更为基础"（[Boh 1993], p. 100）。在 14 世纪后期的逻辑学家斯特罗德（R. Strode）那里，这条原则被进一步细分。知道一个非复合命题至少需要以理解为前提，而对一个后承（consequence）①来说，知道与理解的关系表现为一个著名的规则 **(R23)**：$(p \to q), K_a(p \to q), U_ap/U_aq$。②

不同模态词之间的关系是中世纪知识逻辑关心的问题，"理解"和其他认知模态之间的交互更多地体现在 14 世纪末彼得（Peter of Venice）有关逻辑规则的理论中。用 G_ap 表示 a 承认 p，P_ap 表示 a 提出（propose）p，N_ap 表示 a 否认 p，D_ap 表示 a 怀疑 p，C_ap 表示 a 考虑（consider）p，彼得提出的有关"理解"的规则有：

R4 $\dfrac{K_a(p \to q), G_ap, U_ap, P_ap}{\neg D_aq \wedge \neg N_aq}$ **R5** $\dfrac{K_a(p \to q), N_aq, U_ap, P_ap}{N_ap}$

R6 $\dfrac{K_a(p \to q), U_aq, P_aq, N_aq}{\neg D_ap \wedge \neg N_ap}$ **R7** $\dfrac{K_a(p \to q), D_ap, U_ap, P_aq}{\neg N_aq}$

R8 $\dfrac{K_a(p \to q), U_ap, P_ap, D_aq}{D_ap \vee N_ap}$ **R9** $\dfrac{K_a(p \to q), K_ap, U_ap, C_aq}{K_aq}$

R10 $\dfrac{K_a(p \to q), \neg K_aq, U_aq, C_ap, C_aq}{\neg K_ap}$

第三，根据哲学观点处理模态词的迭代问题，包括"知道知道 p"和"理解理解 p"。关心这一问题的代表是 13 世纪哲学家阿尔伯特（Albert the Great）和他最著名的学生阿奎那（T. Aquinas）。阿尔伯特提出了心理行为（mental acts）的意向性理论，尤其是提出了某些心理行为会把其他心理行为作为其意向（intentions）的学说，因而引入了非标准模态词的迭代问题，比如 U_aU_ap

---

① 对于两个命题之间的承接关系，现代逻辑区分了蕴涵（implication，如"如果 p，那么 q"）、衍推（entailment，即第一个命题不能为真，除非第二个命题也为真）与推出（derivation or inference，如"p；因此 q"），中世纪的哲学文献并不区分这三种关系，而统称为后承（consequences）。更详细的讨论参见 [Boh 1982]。

② **R23** 的最初版本是 $p \to q/U_ap \to U_aq$，和其他规则一起作为斯特罗德提出的关于逻辑规则的理论。后来斯特罗德自己意识到这些规则太过宽松，比如 **R23** 的前提中，不仅应该要求 $p \to q$ 成立，还应要求认知主体知道 $p \to q$（参见 [Boh 2000]）。文中 **R23** 也可以简化为 $K_a(p \to q)/U_ap \to U_aq$。

描述了"理解"行为会以"理解"作为其直接对象。阿尔伯特提示了类似于辛提卡的 KK-原则的迭代原则：$U_ap \to U_aU_ap$。其背后的哲学思想是，对"理解"这种心理行为来说，其直接行为（即理解 p）一定会伴有理解理解 p 这样的准自省的随附（quasi-reflection concomitant）行为。

阿奎那在他的《神学大全》（*Summa Theologiae*）中接受奥古斯丁（Augustine of Hippo）所提出的观点"我理解我理解"（I understand that I understand.）（参见 [Boh 1993]）。阿奎那认为人类思维能力（human intellect）的恰当对象是物质事物的本质，认知行为最直接的就是理解一个事物是什么，如一棵树是什么。除此之外，还要一种不同的认知行为以上述那种直接的认知行为为意向，这种关系就类似于直接的认知行为以事物的本质为意向，故而 U_aU_ap 也表达了"理解"行为会以"理解"作为其对象。阿奎那也接受类似的 KK–原则：$U_ap \to U_aU_ap$。但由于哲学观点的差异，关于迭代原则，师徒之间有两点不同：第一，对于阿尔伯特来说，对理解 p 的理解事实上是一种随附行为，不会面临无限的倒退；而在阿奎那看来，思维能力是潜在无穷的也没什么不妥（incongruous）。第二，阿尔伯特并无区分 U_ap 与 U_aU_ap 两种理解之虞，因为"二阶的"理解仅仅是一种随附性的心理行为；然而对阿奎那来说，如何区分直接以物质事物本质为对象的理解和高阶的理解就是一个绕不开的哲学问题。

综上，中世纪的知识逻辑研究引入了大量非标准的模态词，其中"理解"是一个讨论很多、被认为是很自然的模态维度。"理解"还被诸多中世纪逻辑学家认为是"知道"的先决条件，并且与其他多种认知模态词都有交互。此外，在中世纪心灵哲学思想的影响下，"理解"被认为存在类似于 KK–原则的迭代原则。

§2.2 "理解"的哲学理论

§2.2.1 知识论中的"理解"

哲学家对"理解"的关注由来已久。首先，从知识论的角度看，知识论的英文"epistemology"来源于古希腊语单词"*episteme*"，不仅有"知识"的意思，还有"理解"的含义。古代哲学家思考过不少关于"*episteme*"的问题。柏拉图的《泰阿泰德篇》就要讨论"*episteme*"是什么的问题，《泰阿泰德篇》给出的方案是"*episteme*"是经辩护的真信念。还有洛克的《人类理解论》，从题目就可以看出对"理解"的关注（参见 [Grimm, Baumberger and Ammon 2016]）。[Greco 2014] 总结文献中已有的对"*episteme*"的翻译主要有"知识"、"科学知识"以及"科学理解"（scientific understanding）。格雷科（J. Greco）评述这三种翻译无一理想，最不济的是翻译成"知识"。例如亚里士多德谈到一个人拥有"*episteme*"就是能够对有关问题中的事物给出一个（科学）解释，特别是，要能解释为什么该事物是这样。但拥有知识不必苛求如此。借用 [Greco 2014] 的例子，张三知道猫坐在地毯上因为他看到了猫坐在地毯上，而拥有这条知识不必知道为什么猫坐在地毯上。而现代的知识论起源于 [Gettier 1963] 的讨论，从 20 世纪下半叶开始，知识论主要关心知识是否可以被分析为 JTB 的问题。"理解"从那个时候开始淡出现代知识论的视野。

20 世纪末 21 世纪初，"理解"重新作为一个知识论话题引起关注。其中的原因一部分来自"理解"这一概念在普遍意义上的重要性，另一部分来自知识论自身的发展。第一，"理解"是一个重要的概念，人类一直在试图理解这个世界，自然科学、人文科学、艺术、宗教等都承诺至少在某些方面提供一种对世界更好的理解。这使得 [Kvanvig 2003] 等知识论学者相信，"理解"的价值似乎要超过"知识"。正如很多哲学家指出的，人们对拥有的知识可以缺乏理解，比如单单依靠权威或专家证实（testimony of experts）得到的知识，获得理解似要比获得知识更进一步，假如理解没有额外的价值，很难解释为什么人类会多走这一步（参见 [Grimm, Baumberger and Ammon

2016]）。不少关心"理解"的知识论哲学家甚至认为知识的价值才是需要辩护的，继而有了专门的知识的价值问题（the value problem for knowledge），参见 [Pritchard 2010]。

第二，知识论自身有了发展。传统认为知识需要辩护。一方面，一个很强的直觉是辩护是内在于知识主体的，是知识主体可通达的，这是一种内在主义的观点。还有一个很强的直觉是，辩护是以一种融贯主义的（coherentist）方式进行的，即一个信念是通过嵌入一个融贯的信念网被辩护的，这是一种融贯论的观点（[BonJour 1985]）。但另一方面，知识辩护的内在主义面临倒退问题，融贯论被认为很难联结"真"这一概念。[Kvanvig 2003] 提出内在主义和融贯论的直觉似乎是"理解"的主要内容，理解可以直接通达一个信念的原因，也能够把一个信念与其他信念联结在一起。这就表明，知识论不应当把自己禁锢在"知识"的概念上，引入"理解"更能容纳我们知识成就（epistemic achievement）的直觉。[Zagzebski 2001] 还提出"理解"更能容纳德性知识论（virtue epistemology）中的那些与德性有关的（virtue-related）直觉。此外，越来越多的哲学家试图论证，引入"理解"也有助于知识论、科学哲学自身的发展（[Grimm, Baumberger and Ammon 2016]），如借助"理解"澄清"科学解释"（[Wilkenfeld 2014]）、阐明"科学进步"（[Dellsén 2018]）的概念等。

哲学家根据对"理解"的日常使用区分了三种理解（参见 [Carter and Gordon 2014]），前文也反复提到：理解事物，即理解 X（如，一个人、一种语言）；理解命题，即理解如是（如某事物是这种情况）；疑问式的理解，即理解为何、理解什么、理解如何（如某事物为什么是这种情况，某人说了什么，某物如何拥有特定性质）。[Kvanvig 2003] 论证了更细致的区分。比如指出理解的途径或媒介，如"凭借理论 Y 理解 X"，或者表达特定程度的理解，如"很好地理解如是"，或者把理解当作不及物动词使用。这些情况要么可以从以上三种理解中推导出来，要么预设了某种理解。

这三种理解类型之间似乎可以相互转换，如理解钟表如何运作（理解为何）等同于理解钟表运作的模式（理解事物），于是争论点在于，某种类型的理解是否可以化归为另一种类型的理解。[Kvanvig 2003] 认为疑问式的理解可以归为命题式的理解，如，理解"为什么有 p"等同于理解 q 是"为什么有 p"的正确答案。[Grimm 2011] 否认这一观点，假如某人经由专家证言知道 q 是"为什么有 p"的正确答案，他在某种意义上理解如是，却由于缺乏必要的掌握不理解为什么有 p，因此"理解为何"不能归约为命题式的理解。[Gordon 2012] 甚至否认存在真正的命题式理解，哲学家所认为的命题式理解要么其实是命题式知识，要么根本与知识无关。

[Grimm, Baumberger and Ammon 2016] 在综述对"理解"的研究时把关注点聚焦于"理解"的两种特定的使用：（1）S 理解某个主题（subject matter）或事物域（domain of things）（objectual understanding, OU）；（2）S 理解为什么某事物是这样（explanatory understanding, EU）。文章说，"当我们说到理解而不加限制的时候，我们指的是事物式的理解和解释式的理解这二者"。命题式的知识没有受到更多关注，可能与日常语言使用有关。如"我理解你有你的难处"，我理解的并非"你有你的难处"（表达的）这个命题，用到的情形通常会是，理解困难之处（OU），或者理解你为什么这么做（EU）。①而日常使用"理解如是"的情况，诚如 [Gordon 2012] 所言，很多都是在表达命题式的知识。就像"我意识到（I am aware）天在下雨"和"我清楚（I am clear）天在下雨"，其实都在表达"我知道天在下雨"，因此没必要专门地研究"意识到"（awareness）或者"明白"（clearness）。

另一个自然的问题是理解和知识的关系。首先，理解是否可以化归为知识？哲学家们普遍同意的是：（1）"理解"超越通常的命题式知识；（2）"理解为何"超越"知道为何"。更多的讨论在于，"知识"对于"理解"是否必要。许多知识论者在转向"理解"的研究之后，第一步都是坚持理解并不蕴涵知道。如 [Elgin 1999] [Kvanvig 2003] [Pritchard 2008] [Zagzebski 2001]（参见 [Grimm, Baumberger and Ammon 2016]）。但是逐渐地，理解是知识的一种

---

① 2019 年 5 月《自然辩证法通讯》刊发了一辑"理解的认识论"专题，编者介绍说："最近十几年，当代认识论研究的一个新热点是对'理解'问题的研究。什么是理解？很多哲学家认为，要回答这个问题，我们需要注意到理解的对象是很广泛的，比如我们可以理解一个社会、一种文化、一个领域，也可以理解一个人、一串符号、一件艺术品、一个理论，还可以理解为什么在某个时刻某个地点某个自然现象会发生，为什么某个人在某个时刻某个地点会做某件事。"编者的简述亦是突出 OU 与 EU 两种理解。

形式，因此蕴涵知识的观点被一些知识论学者认可。根据标准的分析，知识是被辩护的非盖梯尔式的（non-Getterized）真信念。如果理解不要求辩护，包容认知运气（epistemic luck），不要求是事实的，不蕴涵信念，那么似乎知识对理解来说并不必要。但承认这么四个前件的合取似乎太强了。很多哲学家认为知道是理解的必要不充分条件，[Lipton 2011] 还把这种关系看作对一个恰当的"理解"理论的限制：任何"理解"的模型，如果把对知识自身的必要条件当作理解的充分条件，都是不适当的。

简要总结上述提到的知识论对"理解"的讨论。第一，最近十几年，当代知识论研究的一个新热点是对"理解"问题的研究；第二，相关讨论聚焦两种特定类型的"理解"，即"理解事物"与"理解为何"；第三，很多哲学家认为"知识"是"理解"的必要不充分条件。

§2.2.2　科学哲学中的"理解"

从科学哲学的历史上看，对"理解"的关注最早是由对"解释"的关心引起的。科学究竟有没有提供解释，或科学在什么意义上提供解释？对这个问题，从休谟（D. Hume）、马克（E. Mach），到 19 世纪、20 世纪初的实证主义者（positivists）都认为，科学理论仅仅是对可观察现象的经济的描述（economical description），但这并没有提供解释（参见 [De Regt 2009]）。20 世纪 60 年代，在 [Hempel 1965] 的倡导下，科学解释才成为科学哲学的合法话题。亨普尔（C. Hempel）提出了著名的科学解释的演绎–律则（deductive-nomological，D-N）模型，试图说明科学解释是客观主义的，依赖有效的论证，是科学主要的认知目标。在此基础上，亨普尔区分了"理解"与"科学理解"（scientific understanding），D-N 模型所表达的科学解释提供了对现象/问题的（科学或理论）理解，这种理解是客观主义的。①而一般意义上的理解只是解释在心理上的副产品，或解释的讲究实际的（pragmatic）方面。大致上说，解释的实际用法指的是，向某人解释某物，尽量解释得明白易懂，以达到让他理解该物的目的。但是，在一个叙述（account）A 可以解释事实 X

----

① 这种观点在文献中常常被称为亨普尔式的（Hempelian）观念，如 [Lipton 2011]。

给一个人 P_1 的情况下，A 未必能顺利解释事实 X 给另一个人 P_2。因为科学哲学的目标是说明科学的客观本性（objective nature），所以只有解释才是有哲学意义的。理解应当交由历史学、社会学或者心理学这些经验性学科来研究。亨普尔对理解的看法在今天仍有市场。[Trout 2002] 同样认为，科学解释要满足这样的性质，即不依赖解释者本人的心理状态（psychology）。科学解释考虑的是独立于个别心灵的外在事物。

20 世纪 70 年代以后，科学哲学家开始逐渐关心"理解"的话题。包括 [Friedman 1974]、[Schurz and Lambert 1994] 和 [De Regt 2009] 在内，越来越多的哲学家相信，虽然根据语境的不同，理解会有变化和分歧的可能，在这个意义上理解是讲究实际的，但是讲究实际的观念并非哲学上无关，非但如此，理解应当是科学的主要目标。[De Regt 2009] 区分了与解释相关的三种不同的"理解"：

（1） 理解的感觉（feeling of understanding, FU），即伴随着一个解释的"啊哈"经验（"aha" experience）；

（2） 理解一个理论（understanding a theory, UT），即能使用一个理论；

（3） 理解一个现象（understanding a phenomenon, UP），即对该现象有一个充分的（adequate）解释。

[Lipton 2011] 指出，知道一个现象和理解为什么该现象会发生之间存在一个缺口，而科学的解释认为就是要填补"知道如是"（knowing that）和"理解为何"（understanding why）之间的缺口。"理解现象"通常被视为科学最基本的一个认知目标。这与亨普尔的科学理解是一致的。UP 可以引起 FU，解释可以引起理解的感觉，但这并不必要。[Trout 2007] 也指出，UP 是否引起 FU 是认知上无关的。但是，真实的科学实践显示，UT 对 UP 来说是必要的。因为 UT 某种意义上等同于科学家使用相关理论构建解释的能力和技巧，它是理解的实际类型（pragmatic type），因而是非客观的，所以 UP 也不能完全是客观的，科学理解并非独立于主体。科学理解在亨普尔和特劳特（J. D. Trout）那里实质上等同于科学解释，因此一般意义上的理解可以不在科学哲学的讨论范围之内，但雷格特（H. W. de Regt）等哲学家试图揭示一般意义

上的理解与科学解释剥离不开的关系。

总结科学哲学对"理解"的讨论。第一，对"理解"的关注来源于对"科学解释"的关心。第二，经典的亨普尔式观点认为，一般意义上的理解只是科学解释在心理上的副产品，不具有哲学意义。第三，20世纪70年代以后，很多哲学家提出科学解释与科学家主体的理解（一个理论）有关。

§2.2.3　语言哲学中的"理解"

语言哲学中讨论的"理解"通常指的是"理解语言"（understanding language）。[Pettit 2002] 区分了"理解语言"和"懂一门语言"（understanding a language）。"理解语言"指的是理解一个词语、理解一个短语、理解一个语句，以及懂语言中其他一些小的部分。这与"懂一门语言"，如懂英语不同。因此理解语句"John loves Mary."是**理解语言**的一个例子，但不能说理解这句话是**懂一门语言**即懂英语的一个例子，至少不能孤立地这么说。

"理解语言"也被称为"语义能力"（semantic competence），即（语义地）理解语言。语义能力也是关于语言的某个部分，可以是一个语句、一个语句集或者词项集等，没有绝对的语义能力（参见 [Rendsvig 2010]）。但文献对"语义能力"的界定略有不同，如 [Rast 2006] 讨论的语义能力就会依赖主观状况（subjective status）和社会情景。

[Dummett 1975] 提到过与上一节中亨普尔相似的看法，即对语言 L 的意义（meaning）的理论，就是对 L 的理解的理论。这在文献中又被称为关于"理解语言"的标准观点（[Pettit 2002]）。简言之，理解语言，如理解一个语句 φ，就是知道或掌握语句 φ 的意义。

通过理解自然语言，人们可以得到信息、收获知识、做出恰当的决策。而不同程度的意义掌握会产生不同层次的理解。借用 [Rendsvig 2011] 中的例子，想象在一次聚会中，酒喝光了。张三知道李四的车里还有酒，自愿去取。李四回答说："好的，但是我车锁上了，我弟弟拿着我的车钥匙。"对这个回答，张三可以有两个层次的理解：一个层次的理解是，张三对单称词项"我弟弟"只有概念上的理解，而不知道它的所指；而知道李四的弟弟是谁就构成另一个层次的理解。

广泛认为语义学所刻画的语句（陈述句）的意义就是我们思想和言语的内容（即命题），这一观点又被称为"同一性论题"（identity thesis），参见 [N. U. Salmon and Soames 1988] [Stalnaker 1999] [King 2007] [Cappelen and Hawthorne 2009]。同一性论题的优势在于非常符合直觉，自然语言的语句是有意义的，这使得它们能够被用来交流我们的思想。与此同时，我们又总是能够用自然语言来表达我们的所思所想。近年来，同一性论题不断受到质疑，不少哲学家认为，语句的意义和命题之间的关系没有必要是同一关系，只要它们满足某种决定关系（即，一个语句意义决定一个说话者用语句 S 传达的命题）就足以解释为什么我们能用自然语言中的语句来表达我们的思想了（参见 [Ninan 2010] [Yalcin 2014] [Santorio 2016]）。无论一个语句 S 的意义决定或是等同于一个语言使用者在使用语句 S 传达的命题，掌握 S 的意义就意味着对 S 的理解。

总结语言哲学对"理解"的讨论。第一，"理解"常常指（语义地）理解语言；第二，一个语句 S 的意义与其传达的命题之间有很强的联系，掌握 S 的意义意味着对 S 的理解。

§2.2.4　数学哲学中的"理解"

自柏拉图、亚里士多德以来，数学哲学主要关心澄清数学对象的本质，确定证成（justifying）数学知识的合适途径等（[Avigad 2010]），"数学理解"（mathematical understanding）并不是数学哲学一直以来关心的话题。数学里有关"数学理解"的文献其实主要在数学教育领域，关心如何教低龄儿童或大学生学习数学（[Folina 2018]）。这与"理解"在科学哲学中的境遇相似。究其原因，弗雷格在《算术基础》（1884）中提出探讨数学基础的三条基本原则，第一条就是明确区分心理的与逻辑的（[Frege and Beaney 1997]）。弗雷格的区分影响了数学哲学的研究，数学理解的问题一度被当作心理的问题而被排除在外。

[Wittgenstein 1969] 否认这一预设，提出知道的感觉或心理上的确定不同于实际上的知道，同样，理解和理解的感觉或理解在心理上的状态也是两种不同的东西。数学哲学不讨论理解的感觉，但要讨论理解，这一点也与科学

哲学的研究趣味相同。[Folina 2018] 指出，弗雷格和其支持者对这种区分的强调，带来了一种不恰当的选言推理（disjunctive syllogism）：似乎任何数学知识论的问题，由于其处在逻辑的边界之外，就被轻易地判定为仅仅是心理学的问题。许多有意思的数学知识论话题都在弗雷格的逻辑与心理之间，如：

> 当一个数学家说他理解一个数学理论时，他所拥有的知识远远不止定理与证明的演绎方面。他知道一些例子与启发性思想（heuristics），并且知道它们之间如何联系。他也有用这个数学理论的什么以及什么时候用它的感觉，还明白理论中什么值得记忆。他对该数学理论的主题或对象有直观的感觉。他知道如何不被细节淹没，但在需要这些细节的时候能够查阅参考它们。（[Michener 1978]，第一章）

[Michener 1978] 区分了数学的不同方面，如演绎性质、例子，以及数学家的能力等。这些能力包括"具有用什么和什么时候用的感觉""什么值得记忆""既能深入细节，也能整体把握""不淹没在细节里"等能力。哲学家们普遍认为数学的演绎性质、例子与相关能力对于"数学理解"的概念都是重要的。此外，由于数学的技术本性和数学主题的抽象性，"数学理解"还应包含数学的工具（tools）这一元素，如符号系统、类比以及图表等（参见[Folina 2018]）。

数学哲学中许多讨论理解的工作就是在澄清这些元素，即为澄清数学理解，需要分类说明：数学中的哪些方面或哪些东西被理解了，并解释理解这些元素是什么意思；为什么特定的数学工具有助于达到理解，它们又如何帮助理解；哪些能力算作理解的证据；等等。例如 [Avigad 2008] 论述了什么叫理解一个数学证明，其包含以下的信息：讲清楚证明中省略或隐藏的内容，或者指出证明中有些定理的前提假设是必须的，或者给出反例说明如果缺乏各种前提会导致什么样的后果，等等。[Collins 2007] 详细描述了七个不同层次的数学理解，[Avigad 2010] 也说，"我们应该首先试图澄清数学理解的特定方面（specific aspects），以及我们的数学理解概念在特有的科学实践中所扮演的角色"（[Avigad 2010], p. 25）。

总结以上数学哲学对"理解"的讨论。第一，对"理解"的关注来源于哲学家跳出弗雷格的心理与逻辑二分；第二，数学理解作为一个整体性的概念拥有特定的方面，包括数学自身的元素、数学的工具与数学家的能力等，澄清数学理解就是澄清这些方面。

§2.3　人工智能研究中的"理解"

§2.3.1　"意义的障碍"

"理解"的概念在人工智能领域出现有限，[Thórisson, Kremelberg, Steune-brink and Nivel 2016] 在梳理人工智能文献中有关"理解"的工作时说，以"理解"为主题的文献更多出现在哲学领域，人工智能领域出过少数几本以"理解理解"（understanding understanding）为标题的书，如 [Von Foerster 2007] [Potter 1994]。但前者是对"理解"在知识论哲学语境下讨论的大概总结；后者主要是控制论先驱海因茨·冯·福斯特（Heinz von Foerster）的论文选，其实丝毫无关"理解"，"理解"一词甚至不在索引里。

人工智能研究中的"理解"主要出现在自然语言相关方向，如"自然语言理解"。前文提到过自然语言理解主要关心机器理解人类说出或写出的语言语句，狭义上的自然语言理解指的是将自然语言文本转换为形式语义表示，广义上可以包括语音识别、词形变换、语法分析、语义分析、语用分析、语篇分析，以及知识表示等方面（参见 [徐超 2023]）。自然语言理解在机器翻译、智能虚拟助理设计、新闻采编、音控启动以及情感分析等应用场景中发挥作用。而从一个更大的背景看，自然语言理解还是创造强人工智能（strong AI）或通用人工智能（artificial general intelligence）过程中遇到的所谓"AI–完全问题"（AI-complete problems）里重要的一个（[Shymko 2019]）。除了在自然语言理解方向，"理解"的概念还出现在计算视觉研究方向，如场景理解（scene understanding）与图像理解（image understanding）。

人工智能目前研究自然语言理解的进路是机器学习，亦有少数工作，如：[Naumov and Ros 2021] 提出用基于逻辑框架的方式刻画理解语句及其推理模式；[徐超 2023] 提出通过模拟人类语言的生成和理解机制，构建基于概念层次和概念系统的自然语言理解理论。[Thórisson, Kremelberg, Steunebrink and Nivel 2016] 指出，目前无论是在自然语言理解方向，还是计算视觉研究方向，文献中所谈论的理解基本上等同于句法操作（syntactic manipulation），如语法分析（parsing）等，与哲学意义上的"理解"概念和通用人工智能目标下的"理解"概念相差甚远。在很多人工智能研究者看来，"理解"无非是在一个特定的目标下描述某个给定行为【包括感知、思维和动作控制（action control）】的有效性的术语。这种理解就指处理问题或情况的特殊才智，与人工智能文献中常见的"intelligence"是同义词。这也解释了为什么"理解"的概念在人工智能中很少出现。[Shymko 2019] 也说，当前特定技术上的成功显而易见，如广泛使用的语音控制技术，但这些技术的质量也鲜活地表明，自然语言理解的本质问题远远没有得到解决。

正如 [Mitchell and Krakauer 2023] 的总结，最近人工智能领域对机器理解达成了一种普遍共识，即，人工智能系统虽然在许多特定任务中表现出看似智能的行为，但并不像人类那样理解它们所处理的数据。语音转文字和机器翻译程序并不理解它们处理的语言；面部识别软件并不能理解脸是身体的一部分，也不理解面部表情在社会互动中的作用，更不能理解人类是如何以近乎无穷种方式来使用面部概念的。一个显著的标志是人工智能系统的脆性（brittleness），即不可预测的错误和缺乏稳健的泛化能力（generalization ability）。这种共识也以否定的方式回应了已故数学家、哲学家罗塔（Gian-Carlo Rota）的著名提问"我想知道人工智能是否会或者何时会突破意义的障碍"。①

为跨越意义的障碍，使机器能够深入理解它们面临的情况，而不是依赖浅层特征，一个可能的方向是研究人类认知。人们对所遇到情况的理解是基于对世界运作方式的广泛直观的"常识知识"，以及对其他生物，特别是其他人的目标、动机和可能行为的理解。此外，人对世界的理解依赖关键的泛化能力、形成抽象概念的能力，以及类比能力；简言之，能够灵活地将概念

---

① 英文原文是"I wonder whether or when AI will ever crash the barrier of meaning."，参见 [Mitchell 2019]。

适应于新情况。研究人员已经进行了数十年的实验，试图为人工智能系统赋予直观的常识和稳健的类人泛化能力，但这一工作非常困难，迄今为止进展甚微（参见 [Mitchell 2019]）。

§2.3.2 "规模即一切"

自 2022 年 11 月 OpenAI 公司发布 ChatGPT 以来，大型语言模型（large language models, LLMs）[①]在人工智能领域的受众和影响力激增，也影响了人们对机器理解语言问题的看法。尽管最先进的大语言模型仍然容易出现脆性和非人类的错误，但可以观察到，这些网络在参数数量和训练语料库规模扩大时效用显著提升。这使得领域内的一些人认为，如果有足够大的网络和训练数据集，大语言模型将达到人类水平的智能和理解。一种新的人工智能箴言出现了："规模即一切"（Scale is all you need.）。

另一些学者认为：大语言模型并不具备理解能力，因为它们没有对世界的经验或对世界的心智模型；它们在预测大规模文本中的词汇方面的训练教会了它们语言的形式，而非意义。有学者则认为：智力、主体性，以及由此推延的理解不适合用来讨论这些系统；相反，大语言模型更像是压缩的人类知识库，更类似于图书馆或百科全书，而不是智能主体（参见 [Gopnik 2022]）。例如，人类知道"挠痒痒"让我们发笑的意义，因为我们有身体。一个大语言模型可以使用"挠痒痒"这个词，但显然从未有过这种感觉。理解"挠痒痒"就是将一个词映射到一种感觉，而不是映射到另一个词。

[Michael, Holtzman, Parrish, Mueller, A. Wang, Chen, Madaan, Nangia, Pang,

---

① 类似的系统也被称为大型预训练模型（large pre-trained models）或基础模型（foundation models），是具有数十亿到数万亿参数（权重）的深度神经网络，它们在庞大的自然语言语料库上进行了"预训练"，这些语料库包括网络的大量内容、在线书籍收藏，以及其他总计为太字节级别的数据集合。在训练过程中，这些网络的任务是预测输入句子中的隐藏部分，这种方法被称为"自监督学习"（self-supervised learning）。由此产生的网络是一个复杂的统计模型，用于描述其训练数据中词语和短语的相关性。此类模型可以用于生成自然语言，针对特定语言任务进行微调，或者进一步训练以更好地匹配"用户意图"。大型语言模型如 OpenAI 著名的 GPT-4（以及更新的 ChatGPT）和谷歌的 PaLM，可以生成惊人的类人文本、对话，并且在某些情况下，表现出类似人类推理的能力，尽管这些模型并未被明确训练来进行推理。参见 [Mitchell and Krakauer 2023] 及其中的参考文献。

Phang and Bowman 2022] 展示了 2022 年一项针对自然语言处理领域专家进行的调查，其中有一个问题询问受访者是否同意这样的言论："某些仅在文本上训练的生成模型（即语言模型），在拥有足够的数据和计算资源的情况下，可以在一种非琐碎的意义上理解自然语言。"结果显示，在 480 名回应者中，约一半（51%）同意，另一半（49%）不同意。

[Mitchell and Krakauer 2023] 提出，机器的理解可能与人类的理解不同。随着规模更大、能力更强的系统不断发展，研究者们对大语言模型的理解能力持有不同的看法。这似乎表明，我们基于人类或动物智能的传统观念已经不足以解释这些现象。为此，我们需要拓展智能科学的范畴，提出更广泛的理解概念。大语言模型通过利用前所未有的规模的统计相关性获得了一种新型的能力，这种能力或许可以被视为一种新的"理解"形式。它与人类的理解不同，例如表现出强大的预测能力。像 DeepMind 的 AlphaZero 和 AlphaFold 系统，分别在国际象棋和蛋白质结构预测领域展现出不同于人类的直觉能力。可以认为，近年来人工智能领域创造出了具有新型理解形式的机器。这些机器可能属于一个更大群体概念中的新"物种"，并将不断丰富我们对智能本质的探索。

总结人工智能领域的"理解"。第一，关于"理解"的讨论有限，主要出现在自然语言理解和计算视觉研究方向；第二，人工智能文献中的"理解"常常是"intelligence"的同义词，指在特定任务下处理问题或情况的能力，与哲学意义下和通用人工智能目标下的"理解"概念并不相同；第三，最近几年大语言模型的发展影响了人们对机器理解能力的看法，或许机器的理解与人类的理解不同，我们需要更广泛的理解概念。

第三章 "理解为何"的逻辑

§3.1 问题简介

§3.1.1 问题背景

本章的主要目标是研究"理解为何"的逻辑。在第一章引言中梳理的各种"理解"类型中，**理解为何**（understanding why）在文献中被讨论最多，有哲学家索性把"理解为何"称作狭义的"理解"。[①]在普理查德（D. Pritchard）（如 [Pritchard 2014]）等哲学家看来，通常对"理解"的使用就是"理解为何"，如"我理解为什么房屋失火"或者"张三理解为什么李四这么做"等，"理解为何"是理解表达式的典范。引言也提到，"理解为何"的这种典范性与"理解如是"案例的匮乏共同启发本书，在研究"理解"的逻辑时，不应遵照知识逻辑既有的研究范式，即先由"知道如是"开始再去探讨"知道为何"等其他形式，而应把文献中讨论最多的理解表达式作为"理解"逻辑的起始点。

回到本书开头的故事，这也是一个文献中经常提及的例子[②]：在一个房屋失火的救援现场，有一个小男孩询问消防员房子为什么失火，消防员告

[①] 参见 [Lipton 2009] [Whiting 2012] [Khalifa 2013a] [Hills 2015] [Palmira 2019] 等。这些文献中所有提到"理解"的地方均默认指"理解为何"这一特定类型。[Lipton 2009] 称"理解为何"为狭义上的理解概念。

[②] 例子来源于 [Pritchard 2008]。

诉他是电线短路导致了这场火灾。这个孩子虽然对"短路导致火灾"没有概念，但接受了这条信息，然后拥有了一种"知道为何"。他可以向小朋友们重复说，因为电线短路所以发生了火灾。他可以回答一个相应的"为什么"问题："为什么房子失火了？"直观上这个孩子并不理解为什么短路导致了房屋失火。消防员拥有"理解为何"是因为消防员不仅知道短路导致了火灾还知道短路如何导致了火灾，而这个孩子只有如上的"知道为何"①，因而没有"理解为何"。

在讨论"理解为何"的文献中，"理解为何"与"知道为何"常常是成对出现的概念。哲学上通常把知道为什么 φ 分析为知道依赖关系，即知道因为某个 ψ 所以 φ 或者知道某个 ψ 导致 φ。很多哲学家提出理解为什么 φ 要比知道为什么 φ 包含更多的内容，这种观点被称作非还原主义，即，"理解为何"不能还原为"知道为何"。上述例子就说明了这一点。[L. D. Ross 2020]指出，当知识论哲学家在探寻对"理解"的恰当解释时，有关理解和知识之间关系的问题已经成为一个主要议题。

§3.1.2　基本语义想法

为刻画"理解为何"，本章首先考虑一个"知道为何"的逻辑。[C. Xu, Y. Wang and Studer 2021] 提出结合标准知识逻辑和核证逻辑（justification logic）的想法来刻画有关"知道为何"的推理。这篇文章把知道为什么 φ 当作知道

———————————

① 例子中预设小男孩对消防员的回答"因为电线短路所以发生了火灾"这句话的意思有大致的了解，并不完全是鹦鹉学舌，只是对短路怎么样导致火灾没有概念。这也是引言中提到的，"理解符号"在"理解"的哲学讨论中通常是"默认设置"。即便如此，这个孩子只是重复消防员的答案，来回答为什么房屋失火，他当真**知道为何**房屋失火吗？关于这个问题有很多有意思的讨论。[Hills 2015] 谈到，诚然有些例子中这样的"知道为何"似乎太弱了。例如，你走在路上，碰到一个人信誓旦旦地对你说，我们应该捐钱给慈善事业，因为我们欠极度贫困的人一个帮助，但你问他哪些人是贫困但不是极度贫困的，他就张口结舌回答不了。在这种情况下，似乎很难认同此人知道为何我们应该捐钱给慈善机构。但是，[Hills 2015] 还说了，标准的对"知道为何"的分析并没有因这些例子而要求更多，学界这么做的一个主要原因是，看起来弱的"知道为何"使得知识得以扮演一个非常重要的认知社交角色（epistemic social role），即知识可以通过证言（testimony）被轻松容易地分享（p. 10）。下文会谈到"知道为何"的标准分析与证言。

问题"为什么 φ?"的一个答案,这么做是源于 [Hintikka 1983] 研究量化知识逻辑的时候曾提出过,知识和"wh-"问题之间存在着非常普遍的联系。而知道问题"为什么 φ?"的一个答案直观上又等同于知道 φ 的一个解释,所以知道为什么 φ 就被分析为知道 φ 的一个解释。[C. Xu, Y. Wang and Studer 2021] 不关心解释的本质问题,而只关注解释最抽象意义上的逻辑结构。他们借用核证逻辑中的公式 $t{:}\varphi$ 来表示一个解释 t 和一个命题 φ 之间的解释关系。$t{:}\varphi$ 在原本的核证逻辑里表达 t 是 φ 的一个核证。因而,"知道为何"在这篇文献中就被刻画为 $\exists t K_i(t{:}\varphi)$。其实"理解为何"这种类型理解和"解释"这一概念密切相关,"理解为何"在文献中又常常被称作"解释式的理解"(explanatory understanding)。①比如,[Wilkenfeld 2014] 认为,解释正是那些能够带来理解的东西。又如,[Strevens 2013] 提出口号:"没有解释就没有理解"(no understanding without explanation)。很明显 [C. Xu, Y. Wang and Studer 2021] 的讨论确实构成了一个非常好的出发点。关于解释与理解的讨论将指引我们定义合适的形式语言和语义。

回到本章开头"短路失火"的例子,读者或许会认为该例子说明了证言(testimony)只能传达知识,并不能传达理解。但其实证言并不是关键的区别。假如例子中这个孩子是在父母的陪伴下询问的消防员,父母接受了同样的信息,在该设定下,哲学家们倾向于认为父母和消防员都理解为什么 φ,唯独孩子只拥有"知道为何"。[Lawler 2019] 设想过另外一个完全不涉及证言的例子。一位女科学家想要弄清楚某个化学反应的决定性成因,在进行了反复实验之后,她确信氧气的引入就是那个决定性的因素。这个时候,尽管该科学家并不了解究竟是什么样的原则或事实使得氧气的引入导致了该化学变化,即可以认为她并不拥有"理解为何",但似乎不可否认该科学家知道为什么这个化学反应会发生。

---

① 参见 [Baumberger, Beisbart and Brun 2017] [Khalifa 2017] 及其中提到的参考文献。还需指出,我们不应将"理解为何"中的"为何"视为一种隐含的限制:某些"理解为何"的表达可能表述为"理解如何"(understanding how)更符合日常语言的习惯(参见 [Khalifa 2017])。例如,与其说"理解恐龙为何灭绝",不如说"理解恐龙如何灭绝"更为自然,尽管两者之间并无实质差别。无论哪种情况,都需要对恐龙灭绝事件进行正确的解释。

因此，"理解为何"似乎不仅需要知道一个"为什么"问题的答案，它要求更多。我们的问题就在于如何刻画这里的"更多"。不少文献把这个"更多"解释为"更多的问题"，与"知道为何"相比，"理解为何"需要回答更多的问题。如 [Pritchard 2014] 谈到，在"短路失火"例子中，如果问那个小男孩为什么短路会导致火灾，小男孩很可能就答不上来了。"理解为何"的非还原论哲学家们提出，较之拥有"知道为何"，拥有"理解为何"需要额外回答一种"纵向的"继续追问（"vertical" follow-up why question）（见于 [Lawler 2019]），或者一种"倘若情况不同会怎么样"的问题（"what-if-things-had-been-different" question）（见于 [Grimm 2006]）。我们在下文中会进一步解释这两种问题。因为提供一个解释等同于回答一个问题，非还原论者们的观点提醒我们在"理解为何"的刻画中应该引入更多的（或许是不同类型的）解释。这一章的工作就是结合理解为什么 φ 需要回答更多问题的想法，与 [C. Xu, Y. Wang and Studer 2021] 中的技术工作，把理解为什么 φ 刻画为 $\exists t_1 \exists t_2 \mathsf{K}(t_2 : (t_1 : \varphi))$。其中 t_1 回答了"为什么 φ?"，t_2 回答了"纵向的"继续追问"为什么 t_1 是'为什么 φ?'的答案?"，或者回答了问题"倘若 t_1 中情况不同会怎么样?"。

本章的结构组织如下：§3.2进一步讨论有关"理解为何"的哲学工作。§3.3给出一个逻辑框架，使得我们对"理解为何"的分析更为精确。并且我们将会看到，该框架具备很好的弹性，通过在模型中增添不同的条件，就足以容纳不同的哲学观点。§3.4给出了一个在最一般模型下的可靠且强完全的公理系统。由于模型是在核证逻辑的 Fitting 模型基础上构建的，§3.5讨论了在核证逻辑的更一般模型，即模块化模型的基础上，也可以定义一种"理解为何"的模型，并指出概念上两种形式模型的区别与联系。§3.6进一步扩展"理解为何"的模型，增加不同解释之间的偏序关系，以刻画理解的比较；同时在形式语言中添加不同理解程度的模态，包括最小理解、日常理解、严格理解和理想理解，提出一个可靠完全的公理系统，以刻画不同理解程度之间的相互关系；探讨扩展的"理解"模型在多主体场景中的应用。最后 §3.7总结本章的内容，并展望在此基础上可能的进一步研究方向。

§3.2 初步工作

§3.2.1 "理解为何"的哲学讨论

[Lawler 2016] [Palmira 2019] [Sliwa 2015] 以及 [Sullivan 2018] 等把针对"理解为何"的讨论划分为两个阵营：还原主义和非还原主义。还原主义的观点是，某人理解为什么 φ 当且仅当他知道为什么 φ，其中知道为什么 φ 就是知道 φ 的原因，或者更一般地，知道依赖关系而非因果关系（参见 [Greco 2014] [Grimm 2014]）。相反，非还原主义认为，"知道为何"对"理解为何"来说不充分，上文提到的普理查德的"短路失火"例子和劳勒（I. Lawler）的"化学反应"例子都说明了这一点。

在针对类似这些例子的后续讨论中，一方面，一些哲学家并不同意这样的例子恰当揭示了"理解为何"超越"知道为何"。按照 [Grimm 2014] 的说法，这些例子无一例外都包含了对什么是"知道为何"或知道起因（knowledge of causes）的不完善的理解。知道为什么 φ 并不仅仅等同于知道"因为某个 ψ 所以 φ"，这只相当于同意了一个描述因果关系的命题，事实上"知道为何"等同于在一定程度上了解起因和结果可能如何相连，[Grimm 2014] 称其为了解因和果之间的"模态关系"（modal relationship）。格林（S. R. Grimm）眼中的"知道为何"与标准的看法不同，他把"理解为何"就当作"知道为何"，或者说，把"知道为何"看作一种有限的（limited）"理解为何"。

另一方面，同意这些例子及其论证的哲学家就要进一步阐释，"理解为何"超出"知道为何"的部分到底是什么。[Pritchard 2014] 提出了一个非常有名的观点："知道为何"需要确定起因，而"理解为何"需要在起因与结果之间拥有一个可靠的解释的故事（explanatory story），这种解释的故事是一种认知成就（cognitive achievement）。[1] 在试图澄清什么是"解释的故事"时，[Lawler 2019] 借用了 [Skow 2016] 的想法：每当你回答了一个问题，你

---

① 注意在普理查德对"知道为何"和"理解为何"的讨论中，为简单起见，他只是关心特殊的因果关系，以下要提到的文献 [Lawler 2019] 也沿袭这一做法。

其实就为提问者创造了一个立即追问"为什么？"的机会。如果我们有过和小孩子在一起的经历，那么对此应该不陌生。[Skow 2016] 区分了两种继续追问的方式：

（1）"横向的"继续追问（"horizontal" follow-up why-question）。当有人说"φ 由于 r"的时候，你就可以问"为什么会有 r？"。这样的发问方式相当于沿着因果链条向后继续追溯。

（2）"纵向的"继续追问（"vertical" follow-up why-question）。当有人说"φ 由于 r"的时候，你也可以跳出这个因果链条，转而去问 r 为什么/凭借什么处于这个链条之上。这样的追问并不是在问什么是原因，而是在问为什么这个原因（r）确实是（φ 的）原因。

"横向的"继续追问是在找寻低阶的解释；而"纵向的"继续追问是在找寻高阶的解释，也就是说，为什么低阶的解释是一个解释。借用 [Skow 2016] 中的一个例子：苏茜朝着窗户扔小石头，但是比利恰好伸出棒球手套接住了石头，阻止了石头砸向玻璃。在这个例子中，我们区分三个事件：（A）苏茜扔了石头；（B）比利伸出手套挡住了石头；（C）玻璃没有破。为什么 C？因为 B。这是低阶的解释。而为什么 B 是 C 的原因？因为 A。这就是一个高阶的解释。[Lawler 2019] 要使我们相信，一个原因与结果之间"可靠的解释故事"的本质，就是回答一个"纵向的"继续追问。[Riaz 2015] 也表达过类似的想法，"或许在一些场景里理解为何 P 需要'知道为何为何 P'（knowing why why P）"。

此外，[Hills 2015] 认为"知道为何"与"理解为何"之间的区别在于是否"抓住"（grasp）一个解释，"知道为何"只是知道一个解释，而"理解为何"抓住了这个解释。关于"抓住"，[Hills 2015] 提出一种类比：就像抓住一个杯子、一个球一样，如果你抓住一个解释，那么该解释就处在你的"认知控制"（cognitive control）之下。如何测试张三是否抓住了一个解释呢？希尔斯（A. Hills）论述到你可以问张三一系列"倘若……？"类型的问题，如，倘若初始条件不同会怎么样？结果将会怎么样？倘若出现一个不同的结果呢？又该如何解释？[Woodward 2005] 把这类问题称为"倘若情况不同会如何"。

[Khalifa and Gadomski 2013] 提出 S 理解为何 p 当且仅当：（1）S 知道

p;（2）对于某个 q，S 关于"q 正确解释了 p"的真信念产生自一个可靠的解释评价（reliable explanatory evaluation），或者说由于一个可靠的解释评价 S 才坚持这一真信念。所谓"可靠的解释评价"在 [Khalifa and Gadomski 2013] 看来包含三个步骤：首先提出一些合理的潜在解释，如对 p 的潜在解释 q_i、q_j 等；其次对比性地评估这些潜在解释，即判断 q_i 比 q_j 更好地解释了 p；最后基于对比评估相信某个或某些解释是正确的。解释评价是为了避免 [De Regt 2009] 中的一些反例，比如死记硬背一个解释，这种情况有知识但没有理解。

虽然这些哲学观点不尽相同，但从中仍可以抽出一个共同的线索："理解为何"需要至少两个不同层面/不同阶的解释，其中低阶解释就是通常"知道为何"中需要的解释，高阶解释要么包含格林有限"理解为何"中所说的"模态关系"，要么构成对劳勒提到的"纵向的"继续追问的回答，要么构成对希尔斯笔下"倘若情况不同会如何"的回答，要么充当 [Khalifa and Gadomski 2013] 中"可靠的解释评价"。背后的直观原因也很明显，仅仅有一个（层面）的解释不能保证其提供理解。[Bermúdez 2004] 曾区分过横向的解释（horizontal explanation）与纵向的解释（vertical explanation），用这对术语表达上述两个不同层次的解释非常恰当。① 以下用横向解释表示通常的"知道为何"需要的解释，用纵向解释泛指对横向解释的根据（ground）的解释，使得这种解释要么可以容纳"模态关系"，要么回答"纵向的"继续追问或者"倘若什么什么"的问题，要么充当解释评价。

纵向解释和横向解释的确处于两个不同的层次。如果 s 是 t 解释 φ 的一个纵向解释，那么 s 未必能成为对 φ 的一个横向解释。就像上文中苏茜扔石头的例子，"苏茜扔石头"是对"比利伸出手套解释了玻璃没有破"的一个纵向解释，但是"苏茜扔石头"并不是"玻璃没有破"的解释。

当然一个更重要的问题或许是，为什么停在了两个层面的解释上？为什么没有继续引入更高层次的解释概念?这里的考虑主要有两个：第一，[Dellsén

---

① 按照 [Bermúdez 2004] 的区分，如果要回答为什么房子失火了，那么一个横向的解释会援引发生短路以及关于短路容易使房子着火的一般性结论。而当我们问为什么援引的一般性论题成立，即为什么在短路的情况下房子容易着火，我们就在询问一个对给定横向解释的根据/理由的解释了。这样的解释就是一个纵向解释。

2018] 指出，"理解"这一术语经常在一种二值的（binary）方式下被使用，某人理解为什么，或者不理解为什么，尽管理解在理论上看其实是一个程度概念。[①]因而在探讨"理解为何"时，我们需要划定一个门槛。第二，我们研究"理解为何"是通过研究它在什么意义/什么方面不同于"知道为何"的方式进行的，并且根据哲学讨论的启发，认为相比"知道为何"，"理解为何"额外需要一个纵向解释。因此，停在两个层次的解释上就足够了，就好比一个层次的解释概念就足以帮助区分"知道为何"与知道一个命题的区别。

§3.2.2 "知道为何"的逻辑与 Fitting 模型

本小节将详细地介绍 [C. Xu, Y. Wang and Studer 2021] 最近提出的一个"知道为何"的逻辑。介绍这个逻辑，一方面是因为该逻辑启发了本章的技术工作；另一方面，前文提到"理解为何"在文献里又常常被称为解释式的理解，因为普遍认为"理解为何"中的"理解"是以"解释"为必要条件的，而 [C. Xu, Y. Wang and Studer 2021] 在其逻辑框架中刻画认知状态正是以"解释"为基础的，那么此逻辑技术很自然可以被移栽过来表达"理解为何"的概念。[C. Xu, Y. Wang and Studer 2021] 工作的第一步是把"知道为何"分析为 $\exists t K_i(t: \varphi)$，然后他们把量词和模态词打包为一个新的算子 Ky_i，其完整的形式语言就是在标准多主体知识逻辑语言之上添加 Ky_i，用 $\mathsf{Ky}_i\varphi$ 表达 $\exists t K_i(t: \varphi)$。

"知道为何"逻辑的语义定义结合了经典认知模型与核证逻辑中的 Fitting 模型的部分想法。一个"知道为何"的模型 $\mathfrak{M}$ 定义为一个五元组 $(W, E, \{R_i \mid i \in I\}, \mathcal{E}, V)$，其中 $(W, \{R_i \mid i \in I\}, V)$ 是一个多主体认知模型，语言中没有像核证逻辑中一样的核证项，因此模型中需要一个非空的解释集 E，$\mathcal{E}$ 是一个可允许的解释函数，对一个解释 $t \in E$ 和一个命题 φ，挑出一个 t 解释了 φ 的世界集。其对经典算子延续常规的真值情况定义，$\mathsf{Ky}_i\varphi$ 在一个点模型 $\langle\mathfrak{M}, w\rangle$ 上成立当且仅当：（1）存在 $t \in E$，使得对所有的符合 wR_iv 关系的 v 都有

[①] 当然可以设想不限制两个层面的解释，就可以刻画不同程度的理解概念了。下文 §3.6 将详细讨论扩展初步的"理解为何"的逻辑架构，以刻画不同程度理解概念的谱系。

$v \in \mathcal{E}(t, \varphi)$;（2）对所有的符合 wR_iv 关系的 v 都有 φ 在 v 上成立。

一个核证逻辑的 Fitting 模型是一个四元组 $(W^J, R^J, \mathcal{E}^J, V^J)$，其中 (W^J, R^J, V^J) 是一个单主体的克里普克模型。$\mathcal{E}^J$ 是一个证据函数，为语言中的一个核证项 t 和一个命题 φ，赋上一个 t 是 φ 的证据的世界集。核证逻辑中的公式 $t: \varphi$ 在一个点模型 $\langle \mathfrak{M}^J, w \rangle$ 上成立的充分必要条件是：（1）$w \in \mathcal{E}^J(t, \varphi)$；（2）对所有的符合 wR^Jv 关系的 v 都有 φ 在 v 上成立。

[C. Xu, Y. Wang and Studer 2021] 说明了 Fitting 模型具有一种单调性，即由 $w \in \mathcal{E}^J(t, \varphi)$ 和 wR^Jv 可以得出 $v \in \mathcal{E}^J(t, \varphi)$。如果 R^J 是一个等价关系，所有的不可区分的世界对相同的公式都只有相同的核证，即如果 wR^Jv，那么 $w \in \mathcal{E}^J(t, \varphi)$ 当且仅当 $v \in \mathcal{E}^J(t, \varphi)$。而在一个"知道为何"的模型 $\mathfrak{M}$ 上，无论 wR^Jv 成立与否，$w \in \mathcal{E}^J(t, \varphi)$ 都不蕴涵 $v \in \mathcal{E}^J(t, \varphi)$。相比之下，Fitting 模型中只存储那些知道的解释/核证，而丢弃了其他可能的解释/核证的信息。正因如此，Fitting 模型其实没办法区分 $\exists tK(t: \varphi)$ 与 $K\exists t(t: \varphi)$，但二者的不同正是 [C. Xu, Y. Wang and Studer 2021] 提出的刻画"知道为何"的关键所在。本书认为这样的区分对刻画理解同样是重要的，因此我们会采纳"知道为何"模型的很多想法。核证逻辑中的公式 $t: \varphi$ 有着一种严格的"核证主义的"（justificationist）读法，即认知主体接受/承认 t 是 φ 的一个核证。然而在"知道为何"的逻辑里，$t: \varphi$ 这个形式实际上被赋予了一种外在主义的或非核证主义的含义，这样的特点也使得"知道为何"逻辑可以被拿来作为刻画"理解为何"的基础。

当然受上一节中纵向解释概念的启发，我们可能会很自然地去想，理解为什么 φ 应该可以分析为 $KyKy\varphi$。但是这种分析其实是有问题的。$KyKy\varphi$ 说的是主体知道某个解释（比如 t_2）解释了知道另外一个解释（比如 t_1）解释了 φ，这是对主体的"知道为何"的一种自省。举 [C. Xu, Y. Wang and Studer 2021] 中的一个例子，张三扔石头（t_1）解释了窗户玻璃破了（φ），而李四知道"t_1 解释了 φ"可能是因为他亲眼看到（t_2），也可能是听闻自他处（$t_{2'}$）。但 t_2、$t_{2'}$ 显然都不是我们上节提出纵向解释的时候所设想的那种解释，我们不能拿 t_2、$t_{2'}$ 这样的解释去回答"纵向的"继续追问或者"倘若……"的问题。总之，[C. Xu, Y. Wang and Studer 2021] 提出的"知道为何"逻辑或许构成了一个非常好的出发点，然而并不能直接在其原本的模型上表达"理解为何"，本章还需要构造出一个新的逻辑框架来。

§3.3　　"理解为何"的逻辑架构

这一节正式引入形式语言和形式语义。本节的重点研究兴趣是探究把"理解为何"归附给一个主体意味着什么。简单起见，我们先不考虑多主体的情况。

定义 3.3.1（"理解为何"的语言）　给定一个非空的命题字母的集合 P，"理解为何"的认知语言 **ELUY** 定义为（其中 $p \in P$）：

$$\varphi ::= p \mid \neg\varphi \mid (\varphi \wedge \varphi) \mid \mathsf{K}\varphi \mid \mathsf{Ky}\varphi \mid \mathsf{Uy}\varphi$$

L^P 指相对于集合 P 的所有合式公式集。依照惯例，文中把 $\neg(\neg\psi \wedge \neg\varphi)$、$\neg(\psi \wedge \neg\varphi)$ 与 $(\psi \to \varphi) \wedge (\varphi \to \psi)$ 分别记作 $\psi \vee \varphi$、$\psi \to \varphi$ 与 $\psi \leftrightarrow \varphi$。

本节的研究思路是通过研究"理解为何"与"知道为何"的关系来研究"理解为何"的概念，因此，在形式语言中需要同时引入 Uy 与 Ky 分别表达"理解为何"与"知道为何"。此外，形式语言还包含知道算子 K，这么做除了关心"理解为何"与"知道如是"的关系，本节还想在这个"理解为何"的逻辑里把"知道为何"逻辑里的解释概念和核证逻辑里的核证概念做一个联结。具体而言，下文将论证，像 KyKφ 这样的公式，其语义中包含的对 Kφ 的"解释"，其实可以视为公式 Kφ 的一个"核证"。

前文提到，与语言 **ELUY** 不同，核证项（justification term）t 显式地出现在核证逻辑的语言中（即公式 $t{:}\varphi$ 中）。与一阶逻辑中项（term）的定义类似，核证逻辑的核证项也包括核证变项与核证常项。核证逻辑中所谓的一个"常项说明"（constant specification）指的是指定我们对哪些公理有核证，以及哪些核证常项证成了这些公理。[①]常项说明的技术给了核证逻辑很大的灵活性。[C. Xu, Y. Wang and Studer 2021] 在"知道为何"逻辑中引入一个重言

---

① 关于"常项说明"的严格定义及更多讨论，参见 [Artemov and Fitting 2019] 第 2.4 章节。

式的集合 Λ，表示那些主体"知道为何"的重言式的集合，就是应用了核证逻辑的"常项说明"。

定义 3.3.2（Ky-重言式 Λ） Ky-重言式 Λ 是一个命题重言式的集合。

例如，所有的 $\varphi \wedge \psi \to \varphi$ 和 $\varphi \wedge \psi \to \psi$ 的示例都在 Λ 中。本节亦引入这样的 Λ 定义，称之为 Ky-重言式。对于任意一个重言式 $\varphi \notin \Lambda$，主体不知道为何 φ 成立，而直观上主体更不理解为何 φ 成立。对于一个 $\psi \in \Lambda$，主体知道为何 φ 成立，但直观上未必理解为何 ψ 成立。基于此，应用核证逻辑的"常项说明"，本节引入另一个重言式的集合 Λ^-，表示那些主体理解为何的重言式的集合，称为 Uy-重言式。

定义 3.3.3（Uy-重言式 Λ^-） Uy-重言式 $\Lambda^- \subseteq \Lambda$ 是一个命题重言式的集合。

例如，所有的 $\varphi \wedge \varphi \to \varphi$ 的示例都在 Λ^- 中。

下面给出最一般的"理解为何"模型定义，是建立在"理解为何"需要两层解释的想法上。根据前面的哲学讨论，第二层的解释具体的作用，是用于回答"纵向的"继续追问还是"倘若情况不同会如何"等，这是具体的哲学争论。在定义最一般的模型之后，本节将论证，可以通过在最一般模型上增加不同的条件表达不同的哲学观点。

定义 3.3.4（"理解为何"的模型） 一个 **ELUY** 模型 $\mathcal{M}$ 是一个五元组 $(W, E, R, \mathcal{E}, V)$，其中：

- W 是一个非空的可能世界集。
- E 是一个非空的解释集，并且满足：
  (1) 如果 $t, s \in E$，那么 $t \cdot s \in E$；
  (2) 如果 $t \in E$，那么 $!t \in E$；
  (3) 在 E 中有一个特殊的解释 c。
- $R \subseteq W \times W$ 是 W 上的等价关系。
- $\mathcal{E}: E \times (L^P \cup \langle E \times L^P \rangle) \to 2^W$ 是一个可允许的解释函数，并且满足：

  (1) **横向应用**（horizontal application）：$\mathcal{E}(t, \varphi \to \psi) \cap \mathcal{E}(s, \varphi) \subseteq \mathcal{E}(t \cdot s, \psi)$；
  (2) **常项说明**：如果 $\varphi \in \Lambda$，则 $\mathcal{E}(c, \varphi) = W$；如果 $\varphi \in \Lambda^-$，则 $\mathcal{E}(!c, \langle c, \varphi \rangle) = W$；

(3) **纵向应用 I**：$\mathcal{E}(t_2, \langle t_1, \varphi \to \psi \rangle) \cap \mathcal{E}(s, \varphi) \subseteq \mathcal{E}(t_2, \langle t_1 \cdot s, \psi \rangle)$；

(4) **纵向应用 II**：$\mathcal{E}(t, \varphi \to \psi) \cap \mathcal{E}(s_2, \langle s_1, \varphi \rangle) \subseteq \mathcal{E}(s_2, \langle t \cdot s_1, \psi \rangle)$；

(5) **纵向解释事实性**（vertical explanation factivity）：$\mathcal{E}(t_2, \langle t_1, \varphi \rangle) \subseteq \mathcal{E}(t_1, \varphi)$；

(6) **认知内省**（epistemic introspection）：$\mathcal{E}(t, \bigcirc \varphi) \subseteq \mathcal{E}(!t, \langle t, \bigcirc \varphi \rangle)$，对于 $\bigcirc = \mathsf{K}, \mathsf{Ky}, \mathsf{Uy}$。

- $V: P \to 2^W$ 是一个赋值函数。

解释的集合 E 在给定的两个运算应用运算（application operator）"·"和检查运算（checker）"!"下封闭，这里的应用运算（或乘法运算）"·"的作用是把两个解释结合成为一个：假设 t 是一个命题的解释，s 是另一个命题的解释，$t \cdot s$ 就可以看作一个同时需要 t 和 s 来解释的命题的解释。检查运算"!"的作用是检查一个解释（的正确性），这一点下文中将有更详细的解释。核证逻辑中标准的运算符号除了"·"和"!"还有加法运算"+"，其作用也是把两个解释变成一个解释，与"·"不同的是，如果 t 是 φ 的一个解释，s 是 ψ 的解释，那么在一些情况下我们可以粗略地说 φ 被 t 或 s（$t + s$）解释了，或者 ψ 被 t 或 s（$t + s$）解释了，而不用具体指出来命题到底被哪个部分所解释。**ELUY** 模型里之所以不引入"+"，是为了排除一些不合理的情况：假如一个公式 φ 在不同的可能世界上有不同的解释，如分别是 $t_1, \cdots, t_n$，如果引入了"+"，那么 $t_1 + \cdots + t_n$ 就变成了一个所有可能世界上统一的对 φ 的解释，因此主体就知道为什么 φ 了。这显然是不合理的。

E 中特殊的解释 c 是对指定的 Ky-重言式集 Λ 里所有公式的一个自明的（横向）解释。当然，更直观的做法是对 Λ 中每一个公式给定一个特殊的解释。这里依循核证逻辑常项说明中的惯用做法。简单起见，我们用 $!c$ 代表对 Uy-重言式集 Λ 里所有公式的一个自明的（纵向）解释。

可允许的解释函数 $\mathcal{E}$ 同时为横向的解释关系 $(\mathcal{E}(t, \varphi))$ 和纵向的解释关系 $(\mathcal{E}(t_2, \langle t_1, \psi \rangle))$ 确定可能世界的集合。如果 $w \in \mathcal{E}(t, \varphi)$，那么在世界 w 上 t 是 φ 的一个（横向的）解释；如果 $v \in \mathcal{E}(t_2, \langle t_1, \psi \rangle)$，那么在世界 v 上 t_2 是 t_1 解释了 ψ 的一个纵向解释。我们再次看到，解释函数 $\mathcal{E}$ 中只涉及两层解释。也许包含更多层的解释会从技术层面带来一些有意思的结果，我们这里按下不

表，留待进一步的研究。

解释函数 $\mathcal{E}$ 需要六个条件。前两个条件就是"知道为何"逻辑的模型中对 $\mathcal{E}$ 的要求，再加上对 Uy-重言式 Λ^- 的常项说明结果。第一个条件**横向应用**来源于核证逻辑里标准的应用运算的条件。事实上，对二元运算"$\cdot$"的其他可能的条件，比如结合性、交换性、幂等性的讨论也许会是很有意思的话题。比如交换性，直观上两个解释的结合，顺序同样是非常重要的，或许交换性不合理。但结合性和幂等性呢？假如 $t \cdot t \cdot \cdots \cdot t$ 中应用运算的次数非常多，多到和宇宙中粒子总数相同，那么它跟 t 说的还是不是同一回事，直观上就不那么明显了。就像核证逻辑中论说 $t:p \to t:p \wedge p$ 不应该是有效式时经常举的例子：如果推广到极端，$t:p \to t:p \wedge p \wedge \cdots \wedge p$，其后件中合取的次数多到和宇宙中粒子总数相同，那么原先直观上的合理性也不明显了。我们留待进一步的研究。[①]

第三、第四个条件是对纵向应用的约束：给定 $w, v \in W$，如果 $w \in \mathcal{E}(t_2, \langle t_1, \varphi \to \psi \rangle) \cap \mathcal{E}(s, \varphi)$，且 $v \in \mathcal{E}(t, \varphi \to \psi) \cap \mathcal{E}(s_2, \langle s_1, \varphi \rangle)$，那么 $w \in \mathcal{E}(t_1 \cdot s, \psi)$，且 $v \in \mathcal{E}(t \cdot s_1, \psi)$。这种情况下，$t_2$ 和 s_2 分别被当作"在 w 上 $t_1 \cdot s$ 解释了 ψ"的一个纵向解释，以及"在 v 上 $t \cdot s_1$ 解释了 ψ"的一个纵向解释。举例来说，假如 r 是数学命题 p 的一个证明（解释）。根据 [Avigad 2008] 对什么叫理解一个数学证明的论述，"r 解释/证明 p"的一个纵向解释可以包含以下的信息：讲清楚证明中省略或隐藏的内容，或者指出证明中有些定理的前提假设是必须的，亦或者，给出反例说明如果缺乏各种前提会导致什么样的后果，等等。对纵向解释，我们并不限定它一定属于某一类或具有某种特定的性质。因此，本段开头的 t_2 或许可以解释在 $t_1 \cdot s$ 解释 ψ 中为什么步骤 φ 到 ψ 是自然的，或者符合我们期待的；同样，s_2 或许解释了在 $t \cdot s_1$ 解释 ψ 中为什么前提 φ 是不可或缺的：t_2 和 s_2 都应当被算作纵向解释。理解显然是程度概念，但因为本节对"理解为何"设定的门槛就是，既有横向解释也有纵向解释，所以这两个纵向应用的条件分别对应于后面逻辑系统中的两个公理：$Uy(\varphi \to \psi) \to (Ky\varphi \to Uy\psi)$ 和 $Ky(\varphi \to \psi) \to (Uy\varphi \to Uy\psi)$。

[①] 正如 [Fitting 2004] 所谈到的那样，对应用运算的更多可能条件的讨论也是核证逻辑需要面对的问题。

第五个条件说的是纵向解释蕴涵横向解释，即由 $w \in \mathcal{E}(t_2, \langle t_1, \varphi \rangle)$ 得出 w 是一个 t_1 解释了 φ 的世界。除了这条纵向解释事实性的条件，模型里对 $w \in \mathcal{E}(t_2, \langle t_1, \varphi \rangle)$ 并不规定更多性质，这也正是本节称 **ELUY** 模型为一般架构（a general framework）的原因。当然本节会讨论根据前文 §3.2.1 提到的不同哲学观点，$w \in \mathcal{E}(t_2, \langle t_1, \varphi \rangle)$ 的情况会满足不同的条件。根据模型定义中的条件 3、4 和 5，以下结果成立：

- $\mathcal{E}(\langle t_2, \langle t_1, \varphi \rightarrow \psi \rangle \rangle) \cap \mathcal{E}(s_2, \langle s_1, \varphi \rangle) \subseteq \mathcal{E}(t_2, \langle t_1 \cdot s_1, \psi \rangle)$
- $\mathcal{E}(\langle t_2, \langle t_1, \varphi \rightarrow \psi \rangle \rangle) \cap \mathcal{E}(s_2, \langle s_1, \varphi \rangle) \subseteq \mathcal{E}(s_2, \langle t_1 \cdot s_1, \psi \rangle)$

关于最后一个条件认知内省，首先考虑一个公式 $\mathsf{K}y\mathsf{K}\varphi$，它可以对应一个"为什么"问题：为什么主体知道 φ？通常这种问题的提问者期待的回答并不是主体给出理由解释自己为什么不是在盖梯尔反例的意义上（being Gettiered）知道 φ；提问者想得到的，其实就是主体为其相信 φ 给一个理由，也就是给一个 φ 的核证（justification）（更详细的论证见于 [McKinnon 2012]）。也就是说，核证在这类情形里可以扮演解释的角色。如果 $w \in \mathcal{E}(t, \mathsf{K}\varphi)$，那么 w 也可以是 t 核证了 φ 的一个世界。这样就在解释也可以是核证的意义上，在 "t 是 $\mathsf{K}\varphi$ 的解释"和主流核证逻辑中的 "t 是 φ 的核证"之间搭起了一座桥梁。

主流的很多核证逻辑中都有这么一条逻辑原则：

$$t\colon \varphi \rightarrow !t\colon (t\colon \varphi)$$

[Fitting 2004] 论证说：日常生活中我们通常都可以证实（substantiate）自己拥有的那些知识的原因；对一条知识的原因来说，如果没有某个核证作为它的原因，那它就没有价值。比如，张三说他知道某件事因为他在《大英百科全书》中看到了，另一人李四或许会问，这又如何呢？然后张三很可能会说明为什么《大英百科全书》是一个靠谱的信息来源，也就是，张三在给他的原因（在《大英百科全书》中看到的）一个原因（《大英百科全书》是一个靠谱的信息来源）。正因如此，核证逻辑中需要上面这条逻辑原则，它说的是，$!t$ 总是 $t\colon\varphi$ 的一个核证，或者 $!t$ 是一个确认 $t\colon\varphi$ 的内省行为。结合上文论述的那座桥梁，解释也可以是核证，很自然我们会有这样的原则：如果 $w \in \mathcal{E}(t, \mathsf{K}\varphi)$，那么 $w \in \mathcal{E}(!t, \langle t, \mathsf{K}\varphi \rangle)$。没有理由把内省行为只限定在知道模

态词上，基于和 Fitting 同样的理由与论证，这样的原则也应该推广到 Ky 和 Uy 这两个认知模态词上。

认知内省条件将带给我们以下有关理解的有意思的公理：

- $KyK\varphi \rightarrow UyK\varphi$
- $KyKy\varphi \rightarrow UyKy\varphi$
- $KyUy\varphi \rightarrow UyUy\varphi$

如果一个认知宣称（epistemic claim）（$K\varphi$、$Ky\varphi$ 或 $Uy\varphi$）有一个解释 t，那么总是存在一个 t 的内省性的纵向解释 $!t$，使得"理解为何"成立。但是如果 φ 不是一个认知公式，其解释 t 就未必是一个核证了，因而 t 也就不一定能转换成 t 解释 φ 的一个纵向解释。

根据**纵向解释事实性**和**认知内省**两个条件，我们有：

- $\mathcal{E}(t, \bigcirc\varphi) = \mathcal{E}(!t, \langle t, \bigcirc\varphi\rangle)$，对于 $\bigcirc = K, Ky, Uy.$

下面是真值条件的定义。

定义 3.3.5

$\mathcal{M}, w \vDash p$	$\Leftrightarrow$	$w \in V(p)$
$\mathcal{M}, w \vDash \neg\varphi$	$\Leftrightarrow$	$\mathcal{M}, w \nvDash \varphi$
$\mathcal{M}, w \vDash \varphi \wedge \psi$	$\Leftrightarrow$	$\mathcal{M}, w \vDash \varphi$ 并且 $\mathcal{M}, w \vDash \psi$
$\mathcal{M}, w \vDash K\varphi$	$\Leftrightarrow$	对于所有的满足 wRv 的 v，都有 $\mathcal{M}, v \vDash \varphi$
$\mathcal{M}, w \vDash Ky\varphi$	$\Leftrightarrow$	(1) 存在一个 $t \in E$ 使得对所有满足 wRv 的 v，都有 $v \in \mathcal{E}(t, \varphi)$ (2) 对于所有的满足 wRv 的 v，都有 $\mathcal{M}, v \vDash \varphi$
$\mathcal{M}, w \vDash Uy\varphi$	$\Leftrightarrow$	(1) 存在 $t_1, t_2 \in E$ 使得对所有满足 wRv 的 v，都有 $v \in \mathcal{E}(t_2, \langle t_1, \varphi\rangle)$ (2) 对于所有的满足 wRv 的 v，都有 $\mathcal{M}, v \vDash \varphi$

"知道为何"公式 $Ky\varphi$ 等同于 $\exists t K(t: \varphi) \wedge K\varphi$，"理解为何"公式 $Uy\varphi$ 的结构其实是 $\exists t_1 \exists t_2 K(t_2: (t_1: \varphi)) \wedge K\varphi$。由此，我们很自然会想到当前模型下的另

一种形式，在"理解为何"与"知道为何"之间，还有 $\exists t_1 \mathsf{K} \exists t_2 (t_2 \colon (t_1 \colon \varphi)) \wedge \mathsf{K}\varphi$，
接下来会讨论到它，它其实表达了另一种不寻常的"知道为何"的概念。

借用 [C. Xu, Y. Wang and Studer 2021] 中解释事实性的概念，以下定义
"理解为何"模型的解释事实性，并证明在定义3.3.4中的最一般模型下，是否
限制在具有解释事实性的模型类上不会影响逻辑的有效式。

定义 3.3.6（解释事实性） 对任一 **ELUY** 模型 $\mathcal{M}$，$\mathcal{M}$ 具有**解释事实性**当且
仅当，对 $\mathcal{M}$ 中任意可能世界 $w \in W$ 与任意解释 $t \in E$，如果 $w \in \mathcal{E}(t, \varphi)$，那
么 $\mathcal{M}, w \vDash \varphi$。

如果 $\mathcal{M}$ 中还存在 t' 使得 $w \in \mathcal{E}(t', \langle t, \varphi \rangle)$，那么根据**纵向解释事实性**条
件，就有 $\mathcal{M}, w \vDash \varphi$。故上述定义称模型 $\mathcal{M}$ 具有**解释事实性**，而非横向解释
事实性。下面，令 $\mathbb{C}$ 与 $\mathbb{C}_F$ 分别指所有的 **ELUY** 模型类，以及所有的具有解
释事实性的模型类，很明显 $\mathbb{C}_F \subseteq \mathbb{C}$。以下证明两种模型类下的有效公式是
一样的，证明思路是，基于任意 $\mathcal{M} \in \mathbb{C}$，都可以构造出一个具有解释事实性
的模型 $\mathcal{M}^F$。设 $\mathcal{M} = (W, E, R, \mathcal{E}, V)$，有 $\mathcal{M}^F = (W, E, R, \mathcal{E}^F, V)$，其中：

$$\begin{cases} \mathcal{E}^F(t, \varphi) = \mathcal{E}(t, \varphi) - \{u \mid \mathcal{M}, u \nvDash \varphi\} \\ \mathcal{E}^F(t', \langle t, \varphi \rangle) = \mathcal{E}(t', \langle t, \varphi \rangle) \end{cases}$$

若 $\mathcal{M} \in \mathbb{C}_F$，则有 $\mathcal{M} = \mathcal{M}^F$。对于一般情况，有如下结果：

命题 3.3.7 对于任一 **ELUY** 公式 φ、任意 $w \in W$，$\mathcal{M}, w \vDash \varphi$ 当且仅当
$\mathcal{M}^F, w \vDash \varphi$。

证明 对 **ELUY** 公式的结构施归纳。以下省略布尔的情况，又由于 $\mathcal{M}$ 与
$\mathcal{M}^F$ 具有相同的关系结构，因此 $\mathsf{K}\varphi$ 的情况也是显然的。

对于 $\mathsf{K}y\varphi$ 的情况，

- $\implies$ 设 $\mathcal{M}, w \vDash \mathsf{K}y\varphi$，则存在 $t \in E$ 使得所有满足 wRv 的 v，都有
  $v \in \mathcal{E}(t, \varphi)$ 且 $\mathcal{M}, v \vDash \varphi$。易知 $v \notin \{u \mid \mathcal{M}, u \nvDash \varphi\}$，因此 $v \in \mathcal{E}^F(t, \varphi)$。
  故由归纳假设可得 $\mathcal{M}^F, w \vDash \mathsf{K}y\varphi$。

- $\impliedby$ 设 $\mathcal{M}^F, w \vDash \mathsf{U}y\varphi$，则存在 $t \in E$ 使得所有满足 wRv 的 v，都有

$v \in \mathcal{E}^F(t, \varphi)$ 且 $\mathcal{M}, v \vDash \varphi$。易知 $v \in \mathcal{E}(t, \varphi)$。故由归纳假设,可得 $\mathcal{M}, w \vDash \mathsf{Ky}\varphi$。

对于 $\mathsf{Uy}\varphi$ 的情况,

- $\Longrightarrow$ 设 $\mathcal{M}, w \vDash \mathsf{Uy}\varphi$,则存在 $t_1, t_2 \in E$ 使得所有满足 wRv 的 v,都有 $v \in \mathcal{E}(t_2, \langle t_1, \varphi \rangle)$ 且 $\mathcal{M}, v \vDash \varphi$。根据定义,有 $v \in \mathcal{E}^F(t_2, \langle t_1, \varphi \rangle)$,因而由归纳假设,可得 $\mathcal{M}^F, w \vDash \mathsf{Uy}\varphi$。
- $\Longleftarrow$ 设 $\mathcal{M}^F, w \vDash \mathsf{Uy}\varphi$,则存在 $t_1, t_2 \in E$ 使得所有满足 wRv 的 v,都有 $v \in \mathcal{E}^F(t_2, \langle t_1, \varphi \rangle)$ 且 $\mathcal{M}, v \vDash \varphi$。根据定义,有 $v \in \mathcal{E}(t_2, \langle t_1, \varphi \rangle)$,因而由归纳假设,可得 $\mathcal{M}, w \vDash \mathsf{Uy}\varphi$。

$\square$

由于表达力的局限性,语言 **ELUY** 说不了"不具有事实性的解释"。换句话说,本章关心的逻辑都是具有解释事实性的模型类上的逻辑。

最后基于以上定义的一般性的逻辑架构,前文 §3.2.1 提到的哲学上的想法可以通过增加新的 $\mathcal{E}$ 的条件予以体现。以下给出四种与不同哲学想法相对应的新的 $\mathcal{E}$ 条件。

(1)**格林的有限理解**:如果 $w \in \mathcal{E}(t_1, \varphi)$,那么存在 $t_2 \in E$,使得 $w \in \mathcal{E}(t_2, \langle t_1, \varphi \rangle)$

[Grimm 2014] 指出,在普理查德"短路失火"例子中,如果我们严肃地认为那个孩子知道为什么会失火,那么他确实得对例子中的"为什么"有一些概念。因此格林宣称的充足的(adequate)或恰当理解下的"知道为何"(也可以叫作有限的"理解为何")就是 $\exists t_1 \mathsf{K} \exists t_2 (t_2 : (t_1 : \varphi)) \wedge \mathsf{K}\varphi$。

对不同的"知道为何"概念的区分并非孤例。[Grimm 2014] 中所说的"不充足的知道为何"和"充足的知道为何",在 [Lawler 2019] 中也被称为"浅的(shallow)知道为何"与"非浅的(non-shallow)知道为何"。但这些区分在 [C. Xu, Y. Wang and Studer 2021] 的逻辑中并不能得到体现。因此,当前的逻辑架构实际上丰富了"知道为何"的概念。也许我们可以设想引入一个新的模态算子 Ky^A 表示充足的"知道为何",即 $\mathsf{Ky}^A\varphi$ 等同于 $\exists t_1 \mathsf{K} \exists t_2 (t_2 : (t_1 : \varphi)) \wedge \mathsf{K}\varphi$。格林文章中的知道为什么 φ 其实就是 Ky^A,他还提出 $\mathsf{Ky}^A\varphi$ 的状态就是一种有限的理解状态。

（2）**回答纵向继续追问**：$\mathcal{E}(t_2, \langle t_1, \varphi \rangle) \subseteq \mathcal{E}(t_1, \varphi) \cap \mathcal{E}(t_2, \mathsf{Ky}\varphi)$

一个对为什么 φ 的解释也许可以被当作对为什么知道 φ 的核证。从 [Firth 1978] 开始，知识论的文献区分命题的核证和信念的（doxastic）核证这两种核证类型。[①] 两种核证概念最显著的差别在于实际上相不相信那个核证：信念的核证要求相信，命题的核证不要求相信，即某人可以拥有一个命题的核证，但并非实际上相信着它。一个主体有对命题 p 的一个命题的核证当且仅当，给定其所拥有的根据，p 是合理的。

根据这个区分，可以认为 $\mathsf{KyKy}\varphi$ 也可以表达另一种情况，即并非主体知道为什么他"知道"为什么 φ，而是知道为什么他知道"为什么"φ，即对他的"知道为什么 φ"这条知识，他可以找到一个令人信服的命题的核证，并据此回答一个相应的"纵向的"继续追问。如果在模型里给可允许的解释函数 $\mathcal{E}$ 加上这一新的条件，那么公式 $\mathsf{Uy}\varphi \to \mathsf{Ky}\varphi \wedge \mathsf{KyKy}\varphi$ 将变成一个有效式。该条件同时体现了"理解为何"为什么被称为解释式的理解，不仅因为"理解为何"需要解释，而且，达到这种理解还赋予我们解释更多（回答更多问题）的能力。

然而，在引入命题的核证与信念的核证的情况下，上述条件的"反方向"$\mathcal{E}(t_1, \varphi) \cap \mathcal{E}(t_2, \mathsf{Ky}\varphi) \subseteq \mathcal{E}(t_2, \langle t_1, \varphi \rangle)$ 并不合理，这是因为当 $\mathsf{KyKy}\varphi$ 中最外层的 Ky 表达信念的核证的时候，该核证并不能构成一种高阶解释。公式 $\mathsf{Ky}\varphi \wedge \mathsf{KyKy}\varphi \to \mathsf{Uy}\varphi$ 并非有效式。仅当 $\mathsf{KyKy}\varphi$ 表示 [Riaz 2015] 中所说的"知道为何为何"时，$\mathsf{Ky}\varphi \wedge \mathsf{KyKy}\varphi \to \mathsf{Uy}\varphi$ 成立。

（3）**回答倘若……问题**：如果 $w \in \mathcal{E}(t_2, \langle t_1, \varphi \rangle)$，那么存在 ψ 使得 $w \nvdash \psi$ 并且 $w \in \mathcal{E}(t_2, \neg\psi)$。

根据埃格勒（M. Egler）的梳理，"回答倘若……问题"这种反事实解释相当于说，若 S 理解为何 p，则 S 将能正确判断对于 p 的一个未能成为现实的选项（unrealised alternative）q 来说，倘若发生什么能使 q 成立，以及为什么当前 q 不成立（[Egler 2021]）。对应到本章的逻辑架构中，如果 w 是一个

---

① 对两种核证的区分更详细的讨论参见 [Silva and Oliveira 2024]，以及其中的参考文献。

纵向解释 t_2 解释了"t_1 解释 φ"的世界,那么存在 φ 的反事实选项 ψ,ψ 在 w 上不成立,并且纵向解释 t_2 能够解释为什么在 w 上 ψ 不成立。[①]

改编 [Khalifa 2017] 中的一个例子进行说明:一个公司录取了求职者张三,因为张三有非常出色的工作经历,与此同时他的其他个人条件乏善可陈,如果不是这段经历,公司肯定不会录用张三。这时候有两个人李四和王五。李四只是知道为什么公司录用张三,即只知道因为张三有很好的工作经历所以公司录用他;而王五理解为什么录用张三。哈利法(K. Khalifa)认为王五还应该知道如果其他条件如学历作为录用标准,那么公司就不会录用张三,即"其他条件作为录用标准"可以解释反事实选项"张三没被录用"。

(4)哈利法与加多姆斯基的解释评价: $\mathcal{E}(t_2, \langle t_1, \varphi \rangle) \subseteq \mathcal{E}(!t_1, \langle t_1, \varphi \rangle)$

[Khalifa and Gadomski 2013] 认为"理解"的要点是相信一个正确的解释。"可靠的解释评价"的过程是排除不合理的、不够好的解释,结果是要我们相信留下的解释。

模型里对解释项的检查运算"!"来源于证明逻辑里的证明检查运算(proof checker)以及核证逻辑里更宽泛意义上的事实检查运算(fact checker)(参见 [Artemov and Fitting 2019], p. 25)。在 **ELUY** 模型里运算"!"最合适的解释应该是"解释检查",直观上强调被检查解释的正确性。结合模型中的认知内省条件看,哈利法与加多姆斯基(M. Gadomski)的解释评价想法表达了,除了在一些认知情形下以内省的方式检查一个解释,每一个解释评价意义下的纵向解释都构成对横向解释的检查。解释评价的想法丰富了检查运算"!"在 **ELUY** 模型中的意义,更体现出 **ELUY** 模型与 [C. Xu, Y. Wang and Studer 2021] 中"知道为何"模型的区别。

---

① 或许读者会认为,上述条件并没有表达出"倘若发生什么能使 q 成立"的意思。为此,我们可以引入反事实条件句逻辑中的技术,在模型里引入可能世界上的相似关系,如 f,使得 $f(w, \psi)$ 表示与 w 最相似,并且 ψ 成立的世界。基于此令存在某个横向解释 t_3,$f(w, \neg\varphi)$ 是 t_3 解释了 ψ 的世界。相关技术参见 [Nute 1980]。本章意在直观地反映"理解为何"与"知道为何"的关键区别,提出具有一般性的"理解为何"模型,而非形式化反事实解释这一具体哲学理论,因而没有引入更多技术元素。而且,本章这部分意欲讨论高阶解释 t_2 在不同哲学理论中的具体作用。显然在反事实解释中,如果 $w \in \mathcal{E}(t_2, \langle t_1, \varphi \rangle)$,那么 $w \in \mathcal{E}(t_2, \neg\psi)$ 非常合理。

§3.4　公理化以及可靠性、完全性证明

根据上面的讨论，在 $\mathcal{E}$ 上增加越多的条件会带来越多的哲学争议。本节只给出对最一般情况的公理化，即关于定义3.3.4中 **ELUY** 模型的公理化，然后严格证明这样一个逻辑系统的可靠性与强完全性。“理解为何”公理系统采用公理模式的方式给出。

系统 SUY

公理模式

(TAUT)	命题重言式	
(DISTK)	$K(\varphi \to \psi) \to (K\varphi \to K\psi)$	
(T)	$K\varphi \to \varphi$	
(4)	$K\varphi \to KK\varphi$	
(5)	$\neg K\varphi \to K\neg K\varphi$	
(KYK)	$Ky(\varphi \to \psi) \to (Ky\varphi \to Ky\psi)$	
(IMP)	$Ky\varphi \to K\varphi$	
(UYK1)	$Uy(\varphi \to \psi) \to (Ky\varphi \to Uy\psi)$	
(UYK2)	$Ky(\varphi \to \psi) \to (Uy\varphi \to Uy\psi)$	
(UK)	$Uy\varphi \to Ky\varphi$	
(4$^{\cdot}$)	$\bigcirc\varphi \to K\bigcirc\varphi$	对于 $\bigcirc = Ky, Uy$
(KYU)	$Ky\bigcirc\varphi \to Uy\bigcirc\varphi$	对于 $\bigcirc = K, Ky, Uy$

规则

(MP)	分离规则（*Modus Ponens*）
(N)	$\vdash \varphi \Rightarrow\, \vdash K\varphi$
(NE)	如果 $\varphi \in \Lambda$，那么 $\vdash Ky\varphi$
(NEU)	如果 $\varphi \in \Lambda^{-}$，那么 $\vdash Uy\varphi$

公理 (KYU) 表达了在一些认知场景中，“理解为何”是“知道为何”的

必要条件。这一公理对应模型中的**认知内省**条件。作为公理 (KYU) 的一个示例，$KyUy\varphi \to UyUy\varphi$ 表明，如果接受 $Uy\varphi \to KyUy\varphi$，那么中世纪逻辑学家所关心的 Uy 的迭代原则（即 $Uy\varphi \to UyUy\varphi$）成立。然而在目前的设定下，$Uy\varphi \to KyUy\varphi$ 并非有效式，那么根据下面即将证明的可靠性结果，它不是目前系统中的定理。从 (NE) 与 (NEU) 可以看出，该逻辑架构中 Λ 与 Λ^- 的选择会带来逻辑上的很多灵活性。

命题 3.4.1 下列公式是系统 SUY 中的定理:

(KYT)	$Ky\varphi \to \varphi$	(UYT)	$Uy\varphi \to \varphi$
$(5^{\cdot})$	$\neg\bigcirc\varphi \to \neg K\bigcirc\varphi$	(UYK)	$Uy(\varphi \to \psi) \to (Uy\varphi \to Uy\psi)$

其中 $\bigcirc = Ky, Uy$。

证明 根据公理 (IMP) (T) (UK)，以及分离规则 (MP)、(KYT) 和 (UYT) 很容易推导。(UYK) 的证明由 (UYK1) 与 (UK) 易得。下面给出 $(5^{\cdot})$ 的证明:

1. $K\bigcirc\varphi \to \bigcirc\varphi$ (T)
2. $\neg\bigcirc\varphi \to \neg K\bigcirc\varphi$ 经典命题逻辑推理 1
3. $\neg K\bigcirc\varphi \to K\neg K\bigcirc\varphi$ (5) 2
4. $\neg\bigcirc\varphi \to K\neg K\bigcirc\varphi$ (MP) 2, 3
5. $\bigcirc\varphi \to K\bigcirc\varphi$ $(4^{\cdot})$
6. $\neg K\bigcirc\varphi \to \neg\bigcirc\varphi$ 经典命题逻辑推理 5
7. $K\neg K\bigcirc\varphi \to K\neg\bigcirc\varphi$ K的正规性
8. $\neg\bigcirc\varphi \to K\neg\bigcirc\varphi$ (MP) 4, 7

□

定理 3.4.2 SUY 对于 **ELUY** 模型是可靠的。

证明 以下省略对标准公理/规则情形的证明，同时也略去其他比较简单明了的情形。

UYK1 : 对任意 **ELUY** 模型 $\mathcal{M}$，假设 $\mathcal{M}, w \vDash Uy(\varphi \to \psi)$ 并且 $\mathcal{M}, w \vDash Ky\varphi$，根据语义定义就有 $t_1, t_2, s \in E$ 使得对于所有满足 wRv 关系的 v，都有 $\mathcal{M}, v \vDash \varphi \to \psi$，$\mathcal{M}, v \vDash \varphi \to \varphi$，以及 $v \in \mathcal{E}(t_2, \langle t_1, \varphi \to \psi \rangle)$ 和

$v \in \mathcal{E}(s, \varphi)$。这就等价于 $\mathcal{M}, v \vDash \psi$，并且 $v \in \mathcal{E}(t_2, \langle t_1, \varphi \rightarrow \psi \rangle) \cap \mathcal{E}(s, \varphi)$。再根据**纵向解释 II** 条件，有 $v \in \mathcal{E}(t_2, \langle t_1 \cdot s, \psi \rangle)$，即得 $\mathcal{M}, w \vDash \mathsf{Uy}\psi$。

UK: 对任意 **ELUY** 模型 $\mathcal{M}$，假设 $\mathcal{M}, w \vDash \mathsf{Uy}\varphi$，根据语义定义就有 $t_1, t_2 \in E$ 使得对于所有满足 wRv 关系的 v，都有 $\mathcal{M}, v \vDash \varphi$ 以及 $v \in \mathcal{E}(t_2, \langle t_1, \varphi \rightarrow \psi \rangle)$。又因为模型 $\mathcal{M}$ 具有**纵向解释事实性**，所以 $v \in \mathcal{E}(t_1, \varphi)$，于是有 $\mathcal{M}, w \vDash \mathsf{Ky}\varphi$。

4'： 对任意 **ELUY** 模型 $\mathcal{M}$，假设 $\mathcal{M} \vDash \mathsf{Uy}\varphi$，根据语义定义就有 $t_1, t_2 \in E$ 使得对于所有满足 wRv 关系的 v，都有 $\mathcal{M}, v \vDash \varphi$ 与 $v \in \mathcal{E}(t_2, \langle t_1, \varphi \rangle)$。令 u 为任意一个满足 wRu 的可能世界。因为 R 是传递的，所以由 uRv 可得 wRv，然后就有 $u \vDash \mathsf{Uy}\varphi$。故 $\mathcal{M}, w \vDash \mathsf{KUy}\varphi$。

KYU: 对任意 **ELUY** 模型 $\mathcal{M}$，假设 $\mathcal{M} \vDash \mathsf{Ky} \bigcirc \varphi$，其中 $\bigcirc$ 可以是 K, Ky，或者 Uy，那么就有 $t \in E$ 使得对于所有满足 wRv 关系的 v，都有 $\mathcal{M}, v \vDash \bigcirc \varphi$ 并且 $v \in \mathcal{E}(t, \bigcirc \varphi)$。根据模型中 $\mathcal{E}$ 的**认知内省**条件，$v \in \mathcal{E}(!t, \langle t, \bigcirc \varphi \rangle)$ 成立，于是我们有 $t, !t \in E$ 使得对于所有满足 wRv 关系的 v，都有 $\mathcal{M}, v \vDash \varphi$ 并且 $v \in \mathcal{E}(!t, \langle t, \varphi \rangle)$ 成立。故 $\mathcal{M} \vDash \mathsf{Uy} \bigcirc \varphi$。

$\square$

接下来证明公理系统 SUY 的完全性。为方便说明，令 Ω 指代所有的 SUY-极大一致集的集合。

定义 3.4.3（典范模型） 系统 SUY 的典范模型 $\mathcal{M}^c$ 是一个六元组 $(W^c, E^c, \mathcal{F}^c, R^c, \mathcal{E}^c, V^c)$，其中：

- E^c 定义为：$t ::= c \mid !c \mid \varphi \mid (t \cdot t) \mid !t$，其中 $\varphi \in L^P$；
- $W^c := \{ \langle \Gamma, F, G, f, g, h \rangle \mid \langle \Gamma, F, G \rangle \in \Omega \times \mathcal{P}(E^c \times L^P) \times \mathcal{P}(E^c \times (E^c \times L^P)), f: \{\varphi \mid \mathsf{Ky}\varphi \in \Gamma\} \rightarrow E^c, g: \{\varphi \mid \mathsf{Uy}\varphi \in \Gamma\} \rightarrow E^c, h: \{(g(\varphi), \varphi) \mid \mathsf{Uy}\varphi \in \Gamma\} \rightarrow E^c$ 使得 f 和 g 满足下列条件$\}$

  (1) 如果 $\langle t, \varphi \rightarrow \psi \rangle, \langle s, \varphi \rangle \in F$，那么 $\langle t \cdot s, \psi \rangle \in F$，

  (2) 如果 $\varphi \in \Lambda$，那么 $\langle c, \varphi \rangle \in F$；如果 $\varphi \in \Lambda^-$，那么 $\langle !c, \langle c, \varphi \rangle \rangle \in G$，

  (3) 如果 $\langle t_2, \langle t_1, \varphi \rightarrow \psi \rangle \rangle \in G, \langle s, \varphi \rangle \in F$，那么 $\langle t_2, \langle t_1 \cdot s, \psi \rangle \rangle \in G$，

  (4) 如果 $\langle t, \varphi \rightarrow \psi \rangle \in F, \langle s_2, \langle s_1, \varphi \rangle \rangle \in G$，那么 $\langle s_2, \langle t \cdot s_1, \psi \rangle \rangle \in G$，

(5) $\langle t_2, \langle t_1, \varphi \rangle \rangle \in G$ 蕴涵 $\langle t_1, \varphi \rangle \in F$,

(6) $\langle t, \bigcirc\varphi \rangle \in F$ 蕴涵 $\langle !t, \langle t, \bigcirc\varphi \rangle \rangle \in G$, 对于 $\bigcirc = \mathsf{K}, \mathsf{Ky}, \mathsf{Uy}$,

(7) $\mathsf{Ky}\varphi \in \Gamma$ 蕴涵 $\langle f(\varphi), \varphi \rangle \in F$,

(8) $\mathsf{Uy}\varphi \in \Gamma$ 蕴涵 $\langle h(g(\varphi), \varphi), \langle g(\varphi), \varphi \rangle \rangle \in G$;

- $\langle \Gamma, F, G, f, g, h \rangle R^c \langle \Delta, F', G', f', g', h' \rangle$ 当且仅当（1）$\{\varphi \mid \mathsf{K}\varphi \in \Gamma\} \subseteq \Delta$, 并且（2）$f = f', g = g', h = h'$;

- $\mathcal{E}^c : E^c \times (L^P \cup \langle E^c \times L^P \rangle) \to 2^W$ 定义为:

$$\begin{cases} \mathcal{E}^c(t, \varphi) = \{\langle \Gamma, F, G, f, g, h \rangle \mid \langle t, \varphi \rangle \in F\} \\ \mathcal{E}^c(t_2, \langle t_1, \varphi \rangle) = \{\langle \Gamma, F, G, f, g, h \rangle \mid \langle t_2, \langle t_1, \varphi \rangle \rangle \in G\} \end{cases}$$

- $V^c(p) = \{\langle \Gamma, F, G, f, g, h \rangle \mid p \in \Gamma\}$。

在典范模型的构造中，E^c 和 W^c 的定义基于 [C. Xu, Y. Wang and Studer 2021]。因为在现在的逻辑框架里解释出现了迭代，所以把 $!t$ 引入 E^c 中。每个 W^c 中的世界都包含有对其上所有 Ky 和 Uy 公式的横向和/或纵向的解释的信息。

具体而言，f 是一个见证函数，它为每一个 $\{\varphi \mid \mathsf{Ky}\varphi \in \Gamma\}$ 中的公式挑出一个横向解释 t；g 也是一个见证函数，它为每个 $\varphi \in \{\varphi \mid \mathsf{Uy}\varphi \in \Gamma\}$ 挑出一个横向解释 t_1。而见证函数 h 为每一个 $\{\langle t, \varphi \rangle \mid \mathsf{Uy}\varphi \in \Gamma$ 且 $g(\varphi) = t\}$ 中的二元对 $\langle t_1, \varphi \rangle$ 挑出一个纵向解释 t_2。注意到在 $\mathsf{Ky}\varphi$ 和 $\mathsf{Uy}\varphi$ 中对 φ 可以有不同的横向解释，即 $\langle f(\varphi), \varphi \rangle \in F$ 且 $\langle g(\varphi), \varphi \rangle \in F$ 且 $f(\varphi) \neq g(\varphi)$。以下要说明 W^c 确实非空:

定义 3.4.4 给定任意极大一致集 $\Gamma \in \Omega$, 依照如下方式构造 $F^\Gamma, G^\Gamma, f^\Gamma, g^\Gamma, h^\Gamma$:

- $F_0^\Gamma = \{\langle \varphi, \varphi \rangle \mid \mathsf{Ky}\varphi \in \Gamma\} \cup \{\langle c, \varphi \rangle \mid \varphi \in \Lambda\}$

- $G_0^\Gamma = \{\langle \varphi \cdot \varphi, \langle !\varphi, \varphi \rangle \rangle \mid \mathsf{Uy}\varphi \in \Gamma\} \cup \{\langle !c, \langle c, \varphi \rangle \rangle \mid \varphi \in \Lambda^-\}$

- $F_{n+1}^\Gamma = F_n^\Gamma \cup \{\langle t \cdot s, \psi \rangle \mid$ 对于某个 $\varphi, \langle t, \varphi \to \psi \rangle, \langle s, \varphi \rangle \in F_n^\Gamma\} \cup \{\langle t_1, \varphi \rangle \mid \langle t_2, \langle t_1, \varphi \rangle \rangle \in G_n^\Gamma\}$

- $G_{n+1}^\Gamma = G_n^\Gamma \cup \{\langle t_2, \langle t_1 \cdot s, \psi \rangle \rangle \mid$ 对于某个 $\varphi, \langle t_2, \langle t_1, \varphi \to \psi \rangle \rangle \in G_n^\Gamma, \langle s, \varphi \rangle \in F_n^\Gamma\} \cup \{\langle s_2, \langle t \cdot s_1, \psi \rangle \rangle \mid$ 对于某个 $\varphi, \langle t, \varphi \to \psi \rangle \in F_n^\Gamma, \langle s_2, \langle s_1, \varphi \rangle \rangle \in G_n^\Gamma\} \cup \{\langle !t, \langle t, \bigcirc\varphi \rangle \rangle \mid \langle t, \bigcirc\varphi \rangle \in F_n^\Gamma$ 对于 $\bigcirc = \mathsf{K}, \mathsf{Ky}, \mathsf{Uy}\}$

- $F^\Gamma = \bigcup_{n \in \mathsf{N}} F^\Gamma_n$
- $G^\Gamma = \bigcup_{n \in \mathsf{N}} G^\Gamma_n$
- $f^\Gamma \colon \{\varphi \mid \mathsf{Ky}\varphi \in \Gamma\} \to E^c, f^\Gamma(\varphi) = \varphi.$
- $g^\Gamma \colon \{\varphi \mid \mathsf{Uy}\varphi \in \Gamma\} \to E^c, g^\Gamma(\varphi) = !\varphi.$
- $h^\Gamma \colon \{(g^\Gamma(\varphi), \varphi) \mid \mathsf{Uy}\varphi \in \Gamma\} \to E^c, h^\Gamma(!\varphi, \varphi) = \varphi \cdot \varphi.$

命题 3.4.5 任意的 $\Gamma \in \Omega$ 满足 $\langle \Gamma, F^\Gamma, G^\Gamma, f^\Gamma, g^\Gamma, h^\Gamma \rangle \in W^c$。

证明 下面证明在典范模型定义里，W^c 中的条件 1—8 都能得到满足：

- 对条件 1，假设 $\langle t, \varphi \to \psi \rangle, \langle s, \varphi \rangle \in F^\Gamma$。由于对于每个 n 都有 $F^\Gamma_n \subseteq F^\Gamma_{n+1}$，因此存在 $k \in \mathsf{N}$ 使得 $\langle t, \varphi \to \psi \rangle$ 与 $\langle s, \varphi \rangle$ 都属于 F^Γ_k。于是有 $\langle t \cdot s, \psi \rangle \in F^\Gamma_{k+1}$，再由 F^Γ 的构造定义，$\langle t \cdot s, \psi \rangle \in F^\Gamma$。
- 条件 2 由上述 F^Γ_0、G^Γ_0，以及 F^Γ 与 G^Γ 的构造易得。
- 对条件 3，假设 $\langle t_2, \langle t_1, \varphi \to \psi \rangle \rangle \in G^\Gamma, \langle s, \varphi \rangle \in F^\Gamma$。于是存在 $k, l \in \mathsf{N}$ 使得 $\langle t_2, \langle t_1, \varphi \to \psi \rangle \rangle \in G^\Gamma_k, \langle s, \varphi \rangle \in F^\Gamma_l$。不妨假设 $k > l$，然后根据构造就有 $\langle t_2, \langle t_1 \cdot s, \psi \rangle \rangle \in G^\Gamma_{k+1}$，故 $\langle t_2, \langle t_1 \cdot s, \psi \rangle \rangle \in G^\Gamma$。
- 对条件 4，其证明如上。
- 对条件 5，假设 $\langle t_2, \langle t_1, \varphi \rangle \rangle \in G^\Gamma$。于是对于某个 $k \in \mathsf{N}$ 就有 $\langle t_2, \langle t_1, \varphi \rangle \rangle \in G^\Gamma_k$，这意味着 $\langle t_1, \varphi \rangle \in F^\Gamma_{k+1}$。因此可得 $\langle t_1, \varphi \rangle \in F^\Gamma$。
- 对条件 6，假设 $\langle t, \bigcirc\varphi \rangle \in F^\Gamma$。于是对于某个 $k \in \mathsf{N}$ 就有 $\langle t, \bigcirc\varphi \rangle \in F^\Gamma_k$，根据 G^Γ 的构造，这就意味着 $\langle !t, \langle t, \bigcirc\varphi \rangle \rangle \in G^\Gamma_{k+1}$。因此可得 $\langle !t, \langle t, \bigcirc\varphi \rangle \rangle \in G^\Gamma$。
- 对条件 7，假设 $\mathsf{Ky}\varphi \in \Gamma$。由上述 F^Γ_0 和 F^Γ 的构造方式可得 $\langle \varphi, \varphi \rangle \in F^\Gamma$ 成立，根据 f^Γ 的构造，这就表明 $\langle f^\Gamma(\varphi), \varphi \rangle \in F^\Gamma$。
- 对条件 8，假设 $\mathsf{Uy}\varphi \in \Gamma$。由上述 G^Γ_0 和 G^Γ 的构造方式可得 $\langle \varphi \cdot \varphi, \langle !\varphi, \varphi \rangle \rangle \in G^\Gamma$ 成立。然后，由 g^Γ 以及 h^Γ 的构造方式，可以得出，$\langle h^\Gamma(g^\Gamma(\varphi), \varphi), \langle g(\varphi), \varphi \rangle \rangle \in G^\Gamma$ 成立。

$\square$

关于典范模型定义 3.4.3 中的 R^c 关系，有如下命题成立：

命题 3.4.6 R^c 是等价关系。

证明 由 R^c 的构造以及公理 (4) 与 (5) 易知。 □

而对于典范模型中 $\mathcal{E}^c$ 的定义，我们检查如下命题：

命题 3.4.7 $\mathcal{E}^c$ 满足 **ELUY** 模型定义中的所有条件。

证明 对于 **ELUY** 模型定义中的 6 个条件：

横向应用：设 $\langle \Gamma, F, G, f, g, h \rangle \in \mathcal{E}^c(t, \varphi \to \psi) \cap \mathcal{E}^c(s, \varphi)$，根据 $\mathcal{E}^c$ 的构造得 $\langle t, \varphi \to \psi \rangle$ 与 $\langle s, \varphi \rangle$ 都在 F 中。再根据 W^c 中的条件 1，有 $\langle t \cdot s, \psi \rangle \in F$，于是就有 $\langle \Gamma, F, G, f, g, h \rangle \in \mathcal{E}^c(t \cdot s, \psi)$。

常项说明：设 $\varphi \in \Lambda$。对于每个世界 $\langle \Gamma, F, G, f, g, h \rangle \in W^c$，根据 W^c 中的条件 2 可得 $\langle c, \varphi \rangle \in F$，因而 $\mathcal{E}^c(c, \varphi) = W^c$。同理，当 $\varphi \in \Lambda^-$ 时，易得。

纵向应用 I：设 $\langle \Gamma, F, G, f, g, h \rangle \in \mathcal{E}^c(t_2, \langle t_1, \varphi \to \psi \rangle) \cap \mathcal{E}^c(s, \varphi)$。根据 $\mathcal{E}^c$ 的定义，$\langle t_2 \langle t_1, \varphi \to \psi \rangle \rangle \in G$，$\langle s, \varphi \rangle \in F$。再由 W^c 中的条件 3，$\langle t_2, \langle t_1 \cdot s, \psi \rangle \rangle \in G$，这就蕴涵 $\langle \Gamma, F, G, f, g, h \rangle \in \mathcal{E}^c(t_2, \langle t_1 \cdot s, \psi \rangle)$。

纵向应用 II：证明如上。

纵向解释事实性：设 $\langle \Gamma, F, G, f, g, h \rangle \in \mathcal{E}^c(t_2, \langle t_1, \varphi \rangle)$，于是 $\langle t_2, \langle t_1, \varphi \rangle \rangle \in G$。由 W^c 中的条件 5 得 $\langle t_1, \varphi \rangle \in F$，即 $\langle \Gamma, F, G, f, g, h \rangle \in \mathcal{E}^c(t_1, \varphi)$。

认知内省：由 W^c 中的条件 6 易得。

□

命题 3.4.8 典范 $\mathcal{M}^c$ 是良定义的。

证明 由以上命题 3.4.5, 3.4.6 与 3.4.7 可得。 □

现在要分别证明 K, Ky 与 Uy 三者的存在引理。

引理 3.4.9（K 存在引理） 对任意 $\langle \Gamma, F, G, f, g, h \rangle \in W^c$，若 $\widehat{\mathsf{K}}\varphi \in \Gamma$，则存在 $\langle \Delta, F', G', f', g', h' \rangle \in W^c$ 使得 $\langle \Gamma, F, G, f, g, h \rangle R^c \langle \Delta, F', G', f', g', h' \rangle$，且 $\varphi \in \Delta$。

证明 假设 $\widehat{\mathsf{K}}\varphi \in \Gamma$，并令 $\Delta^- = \{\varphi' \mid \mathsf{K}\varphi' \in \Gamma\} \cup \{\mathsf{Ky}\psi \mid \mathsf{Ky}\psi \in \Gamma\} \cup \{\mathsf{Uy}\chi \mid \mathsf{Uy}\chi \in \Gamma\} \cup \{\varphi\}$。首先，要证明 Δ^- 是一致的。反证法，倘若 Δ^- 不一致，则有 $\varphi_1', \cdots, \varphi_m', \mathsf{Ky}\psi_1, \cdots, \mathsf{Ky}\psi_n, \mathsf{Uy}\chi_1, \cdots, \mathsf{Uy}\chi_l \in \Delta^-$ 使得

$$\vdash_{\mathsf{SUY}} \varphi_1' \wedge \cdots \wedge \varphi_m' \wedge \mathsf{Ky}\psi_1 \wedge \cdots \wedge \mathsf{Ky}\psi_n \wedge \mathsf{Uy}\chi_1 \wedge \cdots \wedge \mathsf{Uy}\chi_l \to \neg\varphi.$$

接下来由公理 (K) 与规则 (N) 可得，

$\vdash_{\text{SUY}} K\varphi_1' \wedge \cdots \wedge K\varphi_m' \wedge KK_y\psi_1 \wedge \cdots \wedge KK_y\psi_n \wedge KU_y\chi_1 \wedge \cdots \wedge KU_y\chi_l) \rightarrow K\neg\varphi$

由 (4˙) 和极大一致集的性质，有 $K\neg\varphi \in \Gamma$，于是有 $\neg\hat{K}\varphi \in \Gamma$，矛盾。

其次，扩充 Δ^- 为一个极大一致的集合。根据类似标准林登鲍姆（Lindenbaum）定理的论述，可知 Δ 存在。然后 $K_y\varphi, U_y\psi, K_y\varphi \in \Gamma$ 当且仅当 $K_y\varphi \in \Delta$，$U_y\psi \in \Gamma$ 当且仅当 $U_y\psi \in \Delta$：

- 设 $K_y\varphi \in \Gamma$，由 Δ 的构造可得 $K_y\varphi \in \Delta$。设 $U_y\psi \in \Gamma$，同理可得 $U_y\psi \in \Delta$。

- 设 $K_y\varphi \in \Delta$。倘若 $K_y\varphi \notin \Gamma$，根据 (5˙) 以及极大一致集的性质，容易得到 $\neg K_y\varphi \in \Delta$。$U_y\psi$ 的情况同理可得。

最后，构造 F', G', f, g' 与 h'，以完成 W^c 中可能世界的构造。这一步可以简单令 $F' = F, G' = G, f' = f, g' = g, h' = h$。 □

在 K_y 存在引理的证明中，为了让 $K_y\psi$ 不成立的同时保持 $K\psi$ 成立，我们需要构造一个可通达的世界，使得在其上 ψ 的横向解释与 ψ 在当前世界的横向解释不同。

引理 3.4.10（K_y 存在引理） 对任意 $\langle \Gamma, F, G, f, g, h \rangle \in W^c$，若 $K\psi \in \Gamma$ 且 $K_y\psi \notin \Gamma$，则对任意 $\langle t, \psi \rangle \in F$，存在 $\langle \Delta, F', G', f', g', h' \rangle \in W^c$ 使得 $\langle t, \psi \rangle \notin F'$，并且 $\langle \Gamma, F, G, f, g, h \rangle R^c \langle \Delta, F', G', f', g', h' \rangle$。

证明 设 $K_y\psi \notin \Gamma$，按如下方式构造 $\langle \Delta, F', G', f', g', h' \rangle$：

- $\Delta = \Gamma$
- $F' = \{\langle s, \varphi \rangle \mid \langle s, \varphi \rangle \in F \text{ 且 } K_y\varphi \in \Gamma\}$
- $G' = \{\langle s', \langle s, \varphi \rangle \rangle \mid \langle s', \langle s, \varphi \rangle \rangle \in G \text{ 且 } K_y\varphi \in \Gamma\}$
- $f': \{\varphi \mid K_y\varphi \in \Delta\} \rightarrow E^c$ 定义为 $f'(\varphi) = f(\varphi)$
- $g': \{\varphi \mid U_y\varphi \in \Delta\} \rightarrow E^c$ 定义为 $g'(\varphi) = g(\varphi)$
- $h': \{(g'(\varphi), \varphi) \mid U_y\varphi \in \Delta\} \rightarrow E^c$ 定义为 $h'(g'(\varphi), \varphi) = h(g(\varphi), \varphi)$

构造 F' 与 G' 背后的主要想法是，尽量"小心地"删除 $\{\psi \mid K_y\psi \notin \Gamma\}$ 中涉及的横向解释。对任意 $\langle t, \psi \rangle \in F$，根据上述构造很清楚有 $\langle t, \psi \rangle \notin F'$。接下

来，证明 $\langle \Delta, F', G', f', g', h' \rangle \in W^c$，证明的方式是检验 W^c 定义中的条件 1—8 都得到满足。

- 对条件 1，设 $\langle t \cdot \varphi \to \psi \rangle, \langle s, \varphi \rangle \in F' \subseteq F$。显然有 $\langle t \cdot s, \psi \rangle \in F$。再由公理 (DISTK) 与 $\mathsf{Ky}(\varphi \to \psi), \mathsf{Ky}\varphi \in \Gamma$，根据极大一致集的性质可知 $\mathsf{Ky}\psi \in \Gamma$，于是根据定义 $\langle t \cdot s, \psi \rangle \in F'$。

- 对条件 2，设 $\varphi \in \Lambda$，于是有 $\langle c, \varphi \rangle \in F$ 以及 $\mathsf{Ky}\varphi \in \Gamma$。故 $\langle c, \varphi \rangle \in F'$。再设 $\varphi \in \Lambda^-$，有 $\langle !c, \langle c, \varphi \rangle \rangle \in G$ 以及 $\mathsf{Ky}\varphi \in \Gamma$。故 $\langle !c, \langle c, \varphi \rangle \rangle \in G'$。

- 对条件 3，设 $\langle t_2, \langle t_1, \varphi \to \psi \rangle \rangle \in G' \subseteq G, \langle s, \varphi \rangle \in F' \subseteq F$，我们有 $\langle t_2, \langle t_1 \cdot s, \varphi \rangle \rangle \in G$。再由公理 (UYK1) 与 $\mathsf{Uy}(\varphi \to \psi), \mathsf{Ky}\varphi \in \Gamma$，可得 $\mathsf{Uy}\psi \in \Gamma$。因此根据公理 (UK)，$\mathsf{Ky}\psi \in \Gamma$，于是有 $\langle t_2, \langle t_1 \cdot s, \psi \rangle \rangle \in G'$。

- 对条件 4，设 $\langle t, \varphi \to \psi \rangle \in F', \langle s', \langle s, \psi \rangle \rangle \in G'$，然后同上可得。

- 对条件 5，设 $\langle t_2, \langle t_1, \varphi \rangle \rangle \in G' \subseteq G$，于是有 $\langle t_1, \varphi \rangle \in F$，$\mathsf{Ky}\varphi \in \Gamma$。因此 $\langle t_1, \varphi \rangle \in F'$。

- 对条件 6，设 $\langle t, \bigcirc\varphi \rangle \in F' \subseteq F$，然后就有 $\langle !t, \langle t, \bigcirc\varphi \rangle \rangle \in G$，以及 $\mathsf{Ky} \bigcirc \varphi \in \Gamma$，故 $\langle !t, \langle t, \bigcirc\varphi \rangle \rangle \in G'$。

- 对条件 7，设 $\mathsf{Ky}\varphi \in \Delta$，根据 $\Gamma = \Delta$ 得 $\mathsf{Ky}\varphi \in \Gamma$。因此 $\langle f(\varphi), \varphi \rangle \in F$。因为 $f'(\varphi) = f(\varphi)$，所以 $\langle f'(\varphi), \varphi \rangle \in F'$。

- 对条件 8，设 $\mathsf{Uy}\varphi \in \Delta$，根据 $\Gamma = \Delta$ 得 $\mathsf{Uy}\varphi \in \Gamma$，从而 $\langle h(g(\varphi), \varphi), \langle g(\varphi), \varphi \rangle \rangle \in G$。根据 (UK) 以及极大一致集的性质，可得 $\mathsf{Ky}\varphi \in \Delta$，如此 $\langle h'(g'(\varphi), \varphi), \langle g'(\varphi), \varphi \rangle \rangle = \langle h(g(\varphi), \varphi), \langle g(\varphi), \varphi \rangle \rangle \in G'$。

其次，$\langle \Gamma, F, G, f, g, h \rangle R^c \langle \Delta, F', G', f', g', h' \rangle$ 也成立。只需要检验以下条件:

- 因为 $\Delta = \Gamma$，所以 $\{\varphi \mid \mathsf{K}\varphi \in \Gamma\} \subseteq \Delta$。

- 因为 $\Delta = \Gamma$，很清楚 $dom(f) = dom(f')$，且 $dom(g) = dom(g')$。于是对任意 $\varphi \in \{\varphi \mid \mathsf{Ky}\varphi \in \Delta\}$，根据 f' 的定义，得到 $f(\varphi) = f'(\varphi)$。类似地，对任意 $\varphi \in \{\varphi \mid \mathsf{Uy}\varphi \in \Delta\}$，有 $g(\varphi) = g'(\varphi)$，从而 $dom(h) = dom(h')$。再由 h' 的定义，得到 $h'(g'(\varphi), \varphi) = h(g(\varphi), \varphi)$。故 $f = f'$，$g = g'$，并且 $h = h'$。

$\square$

同样，为使 $Uy\chi$ 不成立的同时使得 $Ky\chi$ 成立，我们需要构造一个可通达的世界，使得在其上 χ 的纵向解释与 χ 在当前世界的纵向解释不同。

引理 3.4.11（Uy 存在引理） 对任意 $\langle \Gamma, F, G, f, g, h \rangle \in W^c$，如果 $Ky\chi \in \Gamma$ 且 $Uy\chi \notin \Gamma$，那么对任意 $\langle s, \langle t, \chi \rangle \rangle \in G$，都有 $\langle \Delta, F', G', f', g', h' \rangle \in W^c$ 使得 $\langle s, \langle t, \chi \rangle \rangle \notin G'$，并且 $\langle \Gamma, F, G, f, g, h \rangle R^c \langle \Delta, F', G', f', g', h' \rangle$。

证明 假设 $Uy\chi \notin \Gamma$，因为 $Ky\chi \in \Gamma$，所以对任意 φ 都有 $\chi \neq \bigcirc\varphi$（$\bigcirc = K, Ky, Uy$）。构造 $\langle \Delta, F', G', f', g', h' \rangle$ 如下，删除所有现有的对 χ 的纵向解释：

- $\Delta = \Gamma$
- $F' = \{\langle s, \varphi \rangle \mid \langle s, \varphi \rangle \in F \text{ 且 } Ky\varphi \in \Gamma\}$
- $X = \{\langle s', \langle s, \varphi \rangle \rangle \mid \langle s', \langle s, \varphi \rangle \rangle \in G \text{ 且 } Uy\varphi \notin \Gamma \text{ 且对任意}\psi, \varphi \neq \bigcirc\psi\}$
- $G' = G \setminus X$
- $f': \{\varphi \mid Ky\varphi \in \Delta\} \to E^c$ 定义为 $f'(\varphi) = f(\varphi)$
- $g': \{\varphi \mid Uy\varphi \in \Delta\} \to E^c$ 定义为 $g'(\varphi) = g(\varphi)$
- $h': \{(g'(\varphi), \varphi) \mid Uy\varphi \in \Delta\} \to E^c$ 定义为 $h'(g'(\varphi), \varphi) = h(g(\varphi), \varphi)$

很清楚，对于任意 $\langle s, \langle t, \chi \rangle \rangle \in G$，根据上述构造都有 $\langle s, \langle t, \chi \rangle \rangle \notin G'$。接下来证明 $\langle \Delta, F', G', f', g', h' \rangle \in W^c$，即该六元组满足 W^c 定义中的条件 1—8：

- 对条件 1，设 $\langle t, \varphi \to \psi \rangle, \langle s, \varphi \rangle \in F' \subseteq F$，则 $\langle t \cdot s, \psi \rangle \in F$。再由公理 (DISTK) 与 $Ky(\varphi \to \psi), Ky\varphi \in \Gamma$，知 $Ky\psi \in \Gamma$，故 $\langle t \cdot s, \psi \rangle \in F'$。
- 对条件 2，设 $\varphi \in \Lambda$，于是 $\langle c, \varphi \rangle \in F$，$Ky\varphi \in \Gamma$。故 $\langle c, \varphi \rangle \in F'$。再设 $\varphi \in \Lambda^-$，有 $\langle !c, \langle c, \varphi \rangle \rangle \in G$ 以及 $Uy\varphi \in \Gamma$。因此 $\langle !c, \langle c, \varphi \rangle \rangle \notin X$。故 $\langle !c, \langle c, \varphi \rangle \rangle \in G'$。
- 对条件 3，设 $\langle t', \langle t, \varphi \to \psi \rangle \rangle \in G'$，$\langle s, \psi \rangle \in F' \subseteq F$，则 $\langle t', \langle t, \varphi \to \psi \rangle \rangle \in G \setminus X \subseteq G$。显然 $\langle t', \langle t \cdot s, \psi \rangle \rangle \in G$。再由 $Uy(\varphi \to \psi), Ky\varphi \in \Gamma$，可得 $Uy\psi \in \Gamma$，从而 $\langle t', \langle t \cdot s, \psi \rangle \rangle \in G \setminus X = G'$。
- 对条件 4，设 $\langle t, \varphi \to \psi \rangle \in F' \subseteq F, \langle s_2, \langle s_1, \varphi \rangle \rangle \in G' \subseteq G$，于是有 $Ky(\varphi \to \psi)$ 且 $\langle s_2, \langle t \cdot s_1, \psi \rangle \rangle \in G$。然后 $Uy\varphi \in \Gamma$ 或者对于某个 $\psi, \varphi = \bigcirc\psi$。如果 $Uy\varphi \in \Gamma$，那么由公理 (UYK2) 可得 $Uy\psi \in \Gamma$，从而 $\langle s_2, \langle t \cdot s_1, \psi \rangle \rangle \in G \setminus X = G'$。如果对于某个 $\psi, \varphi = \bigcirc\psi$，那么

$\langle s_2, \langle t \cdot s_1, \psi \rangle\rangle \in G'$ 显然成立。

- 对条件 5，设 $\langle t_2, \langle t_1, \varphi \rangle\rangle \in G' \subseteq G$，于是有 $\langle t_1, \varphi \rangle \in F' \subseteq F$，并且 $\mathsf{Uy}\varphi \in \Gamma$。由 (UK) 可得 $\mathsf{Ky}\varphi \in \Gamma$，从而 $\langle t_1, \varphi \rangle \in F'$。

- 设 $\langle t, \bigcirc\varphi \rangle \in F' = F$。由 $\langle !t, \langle t, \bigcirc\varphi \rangle\rangle \in G$ 与 $\langle !t, \langle t, \bigcirc\varphi \rangle\rangle \notin X$，可得 $\langle !t, \langle t, \bigcirc\varphi \rangle\rangle \in G'$。

- 对条件 7，设 $\mathsf{Ky}\varphi \in \Delta$，于是有 $\mathsf{Ky}\varphi \in \Gamma$ 且 $\langle f(\varphi), \varphi \rangle \in F$。从而 $\langle f'(\varphi), \varphi \rangle \in F'$。

- 对条件 8，假设 $\mathsf{Uy}\varphi \in \Delta$，于是得到 $\mathsf{Uy}\varphi \in \Gamma$，并且 $\langle h(g(\varphi), \varphi), \langle g(\varphi), \varphi \rangle\rangle \in G \backslash X = G'$。因此，$\langle h'(g'(\varphi), \varphi), \langle g'(\varphi), \varphi \rangle\rangle = \langle h(g(\varphi), \varphi), \langle g(\varphi), \varphi \rangle\rangle \in G'$。

然后要证明 $\langle \Gamma, F, G, f, g, h \rangle R^c \langle \Delta, F', G', f', g', h' \rangle$，具体证明类似上述引理3.4.10中相应的部分。

$\square$

引理 3.4.12（真值引理） 对所有 φ，$\langle \Gamma, F, G, f, g, h \rangle \vDash \varphi$ 当且仅当 $\varphi \in \Gamma$。

证明 对 φ 的结构施归纳。原子的情况和布尔的情况证明都是常规的。对于 $\varphi = \mathsf{K}\psi$ 的情况，根据引理3.4.9易得。

对于 $\varphi = \mathsf{Ky}\psi$ 的情况，

- $\Longleftarrow$：设 $\mathsf{Ky}\psi \in \Gamma$，对任意 $\langle \Delta, F', G', f', g', h' \rangle$ 使得 $\langle \Gamma, F, G, f, g, h \rangle R^c \langle \Delta, F', G', f', g', h' \rangle$，都有 $\mathsf{Ky}\psi \in \Delta$，因而由 (4$^\cdot$) (IMP) (T)，以及极大一致集的性质得 $\psi \in \Delta$。由归纳假设，$\langle \Gamma, F, G, f, g, h \rangle \vDash \psi$。进而有 $\langle f(\psi), \psi \rangle \in F$，$\langle f'(\psi), \psi \rangle \in F'$，以及 $f = f'$，从而存在 $f(\psi) = f'(\psi) \in E^c$ 使得 $\langle \Delta, F', G', f', g', h' \rangle \in \mathcal{E}^c(f(\psi), \psi)$。故 $\langle \Gamma, F, G, f, g, h \rangle \vDash \mathsf{Ky}\psi$。

- $\Longrightarrow$：设 $\mathsf{Ky}\psi \notin \Gamma$，有两种情况需要考虑：
  - $\mathsf{K}\psi \notin \Gamma$。由引理3.4.9，可知 $\langle \Gamma, F, G, f, g, h \rangle \nvDash \mathsf{K}\psi$，因此 $\langle \Gamma, F, G, f, g, h \rangle \nvDash \mathsf{Ky}\psi$。
  - $\mathsf{K}\psi \in \Gamma$。对任意 $t \in E^c$，若 $\langle t, \psi \rangle \notin F$，则根据语义定义，$\langle \Gamma, F, G, f, g, h \rangle \nvDash \mathsf{Ky}\psi$。如果存在 t 使得 $\langle t, \psi \rangle \in F$，那么根据引理3.4.10显然成立。此外有这样两种情况：

  ◦ 对于任意 $t \in E^c \langle t, \psi \rangle \notin F$。根据语义，$\langle \Gamma, F, G, f, g, h \rangle \nVdash \mathsf{K}y\psi$。

  ◦ 存在 $t \in E^c$ 使得 $\langle t, \psi \rangle \in F$。然后由引理3.4.10得证。

对于 $\mathsf{U}y\psi$ 的情况，

- $\Longleftarrow$：设 $\mathsf{U}y\psi \in \Gamma$。对任意 $\langle \Delta, F', G', f', g', h' \rangle$ 使得 $\langle \Gamma, F, G, f, g, h \rangle R^c \langle \Delta, F', G', f', g', h' \rangle$，有 $\mathsf{U}y\psi \in \Delta$，再根据 $(4^{\cdot})$ (UK) (IMP) (T)，以及极大一致集的性质就有 $\varphi \in \Delta$。由归纳假设 $\langle \Gamma, F, G, f, g, h \rangle \vDash \psi$。进一步，我们有 $\langle \langle h(g(\psi), \psi), \langle g(\psi), \psi \rangle \rangle \in G$，$\langle \langle h'(g'(\psi), \psi), \langle g'(\psi), \psi \rangle \rangle \in G'$，以及 $g = g'$，$h = h'$，这等于说存在 $g(\psi) = g'(\psi) \in E^c$ 使得 $h(g(\psi), \psi) = h'(g'(\psi), \psi) \in E^c$，并且 $\langle \Delta, F', G', f', g', h' \rangle \in \mathcal{E}^c(h(g(\psi), \psi), \langle g(\psi), \psi \rangle)$。故 $\langle \Gamma, F, G, f, g, h \rangle \vDash \mathsf{U}y\psi$。

- $\Longrightarrow$：设 $\mathsf{U}y\psi \notin \Gamma$。有以下三种情况：
  - $\mathsf{K}\psi \notin \Gamma$。根据引理3.4.9，有 $\langle \Gamma, F, G, f, g, h \rangle \nVdash \mathsf{K}\psi$，故 $\langle \Gamma, F, G, f, g, h \rangle \nVdash \mathsf{U}y\psi$。
  - $\mathsf{K}\psi \in \Gamma$ 且 $\mathsf{K}y\psi \notin \Gamma$。根据引理3.4.10，有 $\langle \Gamma, F, G, f, g, h \rangle \nVdash \mathsf{K}y\psi$，从而 $\langle \Gamma, F, G, f, g, h \rangle \nVdash \mathsf{U}y\psi$。
  - $\mathsf{K}\psi \in \Gamma$，以及 $\mathsf{K}y\psi \in \Gamma$。如果对于任意 $t_1, t_2 \in E^c$，$\langle t_2, \langle t_1, \psi \rangle \rangle \notin G$，那么根据语义 $\langle \Gamma, F, G, f, g, h \rangle \nVdash \mathsf{U}y\psi$。如果存在 t_1、t_2 使得 $\langle t_2, \langle t_1, \psi \rangle \rangle \in G$，那么由引理3.4.11得证。

□

定理 3.4.13 系统 SUY 在 **ELUY** 模型上是强完全的。

证明 给定一个 SUY-一致集 Σ^-，扩充其为一个极大一致集 $\Sigma \in \Omega$。根据命题 3.4.5，存在 $F^\Sigma, G^\Sigma, f^\Sigma, g^\Sigma, h^\Sigma$ 使得 $\langle \Sigma, F^\Sigma, G^\Sigma, f^\Sigma, g^\Sigma, h^\Sigma \rangle \in W^c$。由真值引理3.4.12，有一个典范模型 $\mathcal{M}^c$ 满足 Σ，从而满足 Σ^-。

□

§3.5 系统 SUY 的模块化语义

§3.5.1 Fitting 模型与模块化模型

§3.2.2提到，一个核证逻辑的 Fitting 模型是一个四元组 $(W^J, R^J, \mathcal{E}^J, V^J)$，其中 $\mathcal{E}^J$ 是一个证据函数。核证公式 $t{:}\varphi$ 在一个点模型 $\langle \mathfrak{M}^J, w \rangle$ 上成立的充分必要条件是：（1）$w \in \mathcal{E}^J(t, \varphi)$；（2）对于所有的符合 wR^Jv 关系的 v 都有 φ 在 v 上成立。因此，在核证逻辑的 Fitting 模型里，当给公式 $t{:}\varphi$ 赋值的时候，我们只是直接指定哪些世界上满足 t 是 φ 的核证，而并不说明核证 t 到底是什么。

为了在模型里显式地表达核证项 t 的逻辑类型，[Artemov 2012] 给出了一种新的核证逻辑的语义学，称为模块化语义学（modular semantics）。模块化语义学相比 Fitting 给出的语义学更具一般性，它要确切地说明任意一个核证项 t 的本体论假设是什么。[Artemov 2012] 把每个核证项解释成其所证成的公式的集合。这种语义学被称为"模块化的"，是因为它先给出了核证项和原子命题的解释，然后在此之上用一种统一的、模块化的方式构建所有公式的解释。

具体而言，[Artemov 2012] 在模型里用一个解释函数 $*^J$ 代替之前的证据函数 $\mathcal{E}^J$ 与解释 V^J。一个核证逻辑的模块化模型是一个三元组 $(W^J, R^J, *^J)$，其中 W^J 是一个非空的可能世界的集合，$R^J \subseteq W^J \times W^J$ 是 W^J 上的二元关系，对于解释函数 $*^J$：

$$*^J{:}P^J \to 2^{W^J}; \quad *^J{:}W^J \times Tm \to 2^{Fm}$$

其中 P^J 是语言中的命题变元集，Tm 是语言中所有核证项的集合，Fm 是所有公式的集合。核证公式 $t{:}\varphi$ 在一个点模型 $\langle \mathfrak{M}^J, w \rangle$ 上成立的充分必要条件是：$\varphi \in *^J(w, t)$。然后，为了建立解释函数 $*^J$ 与关系 R^J 所代表的知识/信念结构之间的连接，模块化模型假设了有一个对 φ 的核证就意味着相信/知道 φ。即，令 $\Box_w$ 表示集合：

$$\{\varphi \mid \text{对于所有 } v \text{ 满足 } wR^Jv, \; v \vDash \varphi\}$$

于是"有一个对 φ 的核证就意味着相信/知道 φ"的原则说的就是：

$$* ^{J}(w,t) \subseteq \square_{w}$$

　　模块化模型与 Fitting 模型的联系是：首先，给定任一模块化模型 $(W^{J}, R^{J}, *^{J})$，假设不存在假的核证，即 $\mathcal{E}^{J}(t,\varphi) = \{w \mid \varphi \in *^{J}(w,t)\}$，那么该模块化模型就是一个 Fitting 模型。因此，模块化模型是一类没有假核证的 Fitting 模型。其次，任给一个 Fitting 模型 $(W^{J}, R^{J}, \mathcal{E}^{J}, V^{J})$，令 $*^{J}(w,t) = \{\varphi \mid w \in \mathcal{E}^{J}(t,\varphi)\} \cap \square_{w}$，则该 Fitting 就是一个模块化模型。

　　模块化语义学提出的动机不仅于此。从概念上说，[Artemov 2012] 考虑模块化模型的根本原因是想要在模型里把核证的概念与信念/知识的概念区别开来。具体而言，在 Fitting 模型里，核证公式 $t{:}\varphi$ 的真值条件依赖对 φ 的信念/知识条件，即所有 R 关系连通的世界上 φ 的情况。这就使得信念/知识结构似乎成为核证逻辑模型的初始成分，而核证看起来像是导出成分。事实上，核证逻辑的一个主要目的是刻画一种基于证据的信念/知识，在这个意义上 Fitting 模型做了一种反客为主的处理。在模块化模型里，核证公式的真值条件并不依靠 R 结构给出。这也正是为什么我们在这一节里想要在模块化模型想法的基础上重新给出一种"理解为何"的模型。

　　基于类似的考量，本章同样有动机为"理解为何"的语言构建一种模块化模型。下面是具体的技术内容。

§3.5.2　"理解为何"的模块化模型

　　基于核证逻辑模块化模型的想法，令上文 **ELUY** 模型中每个解释 t 都指称其解释的所有公式的集合。为方便模型定义，以下先定义一种记法：

定义 3.5.1　对任意公式集 X 和 Y，定义

$$X \triangleright Y = \{\psi \mid \text{对于某个}\varphi, \varphi \rightarrow \psi \in X \text{ 且 } \varphi \in Y\}$$

$X \triangleright Y$ 大致上表示的是对（给定次序的）X 和 Y 里的公式使用一次分离规则所得到的结果。

定义 3.5.2　一个 **ELUY*** 模型 $\mathcal{M}^{*}$ 是一个五元组 $(W, R, *, \circledast, V)$，其中：

- W 是一个非空的可能世界的集合；

- $R \subseteq W \times W$ 是 W 上的等价关系；

- 横向解释函数 $* : W \to \mathcal{P}(\mathcal{P}(L^P))$ 把每个世界 w 映射到主体在该世界 w 上所拥有的横向解释的集合 $*(w)$，并且满足以下条件：

  - 若 $X \in *(w)$ 且 $Y \in *(w)$，则 $X \triangleright Y \in *(w)$；
  - 对所有 $w \in W$，$\Lambda \in *(w)$。

- 纵向解释函数 $\circledast : W \to \mathcal{P}(\mathcal{P}(L^P))$ 把每个世界 w 映射到主体在该世界 w 上所拥有的纵向解释的集合 $*(w)$，并且满足以下条件：

  - 对所有 $w \in W$，$\Lambda^- \in \circledast(w)$。
  - 若 $X \in \circledast(w)$ 且 $Y \in *(w)$，则 $X \triangleright Y \in \circledast(w)$；
  - 若 $X \in *(w)$ 且 $Y \in \circledast(w)$，则 $X \triangleright Y \in \circledast(w)$；
  - $\circledast(w) \subseteq *(w)$；
  - 若 $!X = \{\bigcirc\varphi \mid \bigcirc\varphi \in X, X \in *(w), \bigcirc = \mathsf{K}, \mathsf{Ky}, \mathsf{Uy}\} \neq \emptyset$，则 $!X \in \circledast(w)$。

- $V : P \to 2^W$ 是一个赋值函数。

在新的模块化模型 **ELUY*** 中，横向解释函数 $*$ 与纵向解释函数 $\circledast$ 的定义方式有些类似模态逻辑的邻域语义对 $\Box\varphi$ 的解释。区别是，邻域语义对 $\Box\varphi$ 的解释是语义的，即邻域函数（neighborhood function）赋给每个世界一堆可能世界集，而这里的横向解释函数与纵向解释函数赋给每个可能世界一堆公式集。[①]

因此，在横向解释函数和纵向解释函数的作用下，每一个可能世界都与一个语形上有意义的集合相连。具体说，若 $\Sigma \in *(w)$，则 Σ 就代表一个横向解释 t，Σ 中的任意一个公式都被 t 解释。若 $\Sigma' \in \circledast(w)$，则 Σ' 就代表一个纵向解释 t_2 加上一个横向解释 t_1，对于任意 $\varphi \in \Sigma'$，t_2 都是 t_1 解释了 φ 的纵向解释。

---

① 关于模态逻辑邻域语义的严格定义以及更多讨论参见 [Pacuit 2017]。

定义 3.5.3

$\mathcal{M}^*, w \Vdash p$	$\Leftrightarrow$	$w \in V(p)$
$\mathcal{M}^*, w \Vdash \neg\varphi$	$\Leftrightarrow$	$\mathcal{M}^*, w \not\Vdash \varphi$
$\mathcal{M}^*, w \Vdash \varphi \wedge \psi$	$\Leftrightarrow$	$\mathcal{M}^*, w \Vdash \varphi$ 且 $\mathcal{M}^*, w \Vdash \psi$
$\mathcal{M}^*, w \Vdash \mathsf{K}\varphi$	$\Leftrightarrow$	对于所有满足 wRv 关系的 v，都有 $\mathcal{M}^*, v \Vdash \varphi$
$\mathcal{M}^*, w \Vdash \mathsf{Ky}\varphi$	$\Leftrightarrow$	(1) 对于所有满足 wRv 关系的 v，都存在集合 $X \subseteq L^P$ 使得 $\varphi \in X \in *(v)$
		(2) 对于所有满足 wRv 关系的 v，都有 $v \Vdash \varphi$
$\mathcal{M}^*, w \Vdash \mathsf{Uy}\varphi$	$\Leftrightarrow$	(1) 对于所有满足 wRv 关系的 v，都存在集合 $X \subseteq L^P$ 使得 $\varphi \in X \in \circledast(v)$
		(2) 对于所有满足 wRv 关系的 v，都有 $v \Vdash \varphi$

"理解为何"逻辑的模块化语义与上文中基于 Fitting 模型的"理解为何"语义（以下称为"标准语义"）是等价的。首先证明任意一个 **ELUY** 模型都可以变换成一个等价的模块化模型。

定义 3.5.4 给定一个 **ELUY** 模型 $\mathcal{M} = (W, E, R, \mathcal{E}, V)$，定义模块化模型 $\mathcal{M}^* = (W, R, *, \circledast, V)$，其中 $*$ 与 $\circledast$ 的定义如下：

- $X \in *(w) \Longleftrightarrow \exists t \in E$ 对于 $\forall\varphi \in X$ 都有 $w \in \mathcal{E}(t, \varphi)$
- $X \in \circledast(w) \Longleftrightarrow \exists t_1, t_2 \in E$ 对于 $\forall\varphi \in X$ 都有 $w \in \mathcal{E}(t_2, \langle t_1, \varphi\rangle)$

然后证明定义3.5.4中的模型 $\mathcal{M}^*$ 是一个 **ELUY*** 模型。

命题 3.5.5 $\mathcal{M}^*$ 是良定义的。

证明 以下证明 $\mathcal{M}^*$ 满足定义3.5.2中对于 $*$ 与 $\circledast$ 的各项约束条件。

首先，对于 $*$，

- 若 $X \in *(w)$ 且 $Y \in *(w)$，则根据定义3.5.4，$\exists t \in E$ 对于 $\forall\varphi \in X$ 都有 $w \in \mathcal{E}(t, \varphi)$，且 $\exists s \in E$ 对于 $\forall\psi \in Y$ 都有 $w \in \mathcal{E}(s, \psi)$。对于所有的 $\chi \to \xi \in X$ 以及 $\chi \in Y$，$w \in \mathcal{E}(t, \chi \to \xi) \cap \mathcal{E}(s, \chi)$，于是 $w \in \mathcal{E}(t \cdot s, \xi)$。再由定义3.5.1、3.5.4，可得 $X \triangleright Y \in *(w)$。
- 因为对于任意 $\varphi \in \Lambda$，$\mathcal{E}(c, \varphi) = W$，所以由定义3.5.4，对于任意 $w \in W$

有 $\Lambda \in *(w)$。

其次，对于 ⊛，

- 因为对于任意 $\varphi \in \Lambda^-$，$\mathcal{E}(!c, \langle c, \varphi \rangle) = W$，所以由定义3.5.4，对所有 $w \in W$，$\Lambda^- \in ⊛(w)$。

- 若 $X \in ⊛(w)$ 且 $Y \in *(w)$，则根据定义3.5.4，$\exists t_1, t_2 \in E$ 对于 $\forall \varphi \in X$ 都有 $w \in \mathcal{E}(t_2, \langle t_1, \varphi \rangle)$，且 $\exists s \in E$ 对于 $\forall \psi \in Y$ 都有 $w \in \mathcal{E}(s, \psi)$。对于所有的 $\chi \rightarrow \xi \in X$ 以及 $\chi \in Y$，$w \in \mathcal{E}(t_2, \langle t_1, \varphi \rangle) \cap \mathcal{E}(s, \chi)$，于是 $w \in \mathcal{E}(t_2, \langle t_1 \cdot s, \xi \rangle)$。再由定义3.5.1、3.5.4，可得，$X \triangleright Y \in ⊛(w)$。

- 若 $X \in *(w)$ 且 $Y \in ⊛(w)$，证明同上。

- 若 $X \in ⊛(w)$，则根据定义3.5.4，$\exists t_1, t_2 \in E$ 对于 $\forall \varphi \in X$ 都有 $w \in \mathcal{E}(t_2, \langle t_1, \varphi \rangle)$，于是 $w \in \mathcal{E}(t_1, \varphi)$。故 $X \in *(w)$。

- 若 $!X = \{ \bigcirc \varphi \mid \bigcirc \varphi \in X, X \in *(w), \bigcirc = \mathsf{K}, \mathsf{Ky}, \mathsf{Uy} \} \neq \emptyset$，则根据定义3.5.4，$\exists t \in E$，对于任意 $\bigcirc \varphi \in !X$ 都有 $w \in \mathcal{E}(t, \bigcirc \varphi)$。于是对于任意 $\bigcirc \varphi \in !X$ 都有 $w \in \mathcal{E}(!t, \langle t, \bigcirc \varphi \rangle)$。故由定义3.5.4，$!X \in ⊛(w)$。

$\square$

引理 3.5.6 对任意 **ELUY** 公式 φ：

$$\mathcal{M}, w \vDash \varphi \iff \mathcal{M}^*, w \Vdash \varphi$$

证明 对 φ 的结构施归纳。因为赋值函数 V 的定义不变，所以结论对于任意命题字母 p 显然成立。布尔情况由归纳假设易得。对于 $\mathsf{K}\varphi$ 的情况，因为可能世界集 W 以及等价关系 R 也不变，所以结论对于 $\mathsf{K}\varphi$ 的情况也成立。

对 $\mathsf{Ky}\varphi$ 的情况，

- 如果 $\mathcal{M}^*, w \Vdash \mathsf{Ky}\varphi$，则对于所有满足 wRv 关系的 v，都存在 $X \subseteq L^P$，使得 $\varphi \in X \in *(v)$，且 $v \Vdash$。根据定义3.5.4，存在一个 $t \in E$，使得 $v \in \mathcal{E}(t, \varphi)$。再由归纳假设，$v \vDash \varphi$，故 $\mathcal{M}, w \vDash \mathsf{Ky}\varphi$。

- 如果 $\mathcal{M}, w \vDash \mathsf{Ky}\varphi$，则对于所有满足 wRv 关系的 v，存在 $t \in E$ 使得 $v \in \mathcal{E}(t, \varphi)$，且 $v \vDash \varphi$。根据定义3.5.4，存在 $\{\varphi\} \subseteq L^P$，使得 $\varphi \in \{\varphi\} \in *(v)$。再由归纳假设，$v \Vdash \varphi$，故 $\mathcal{M}^*, w \Vdash \mathsf{Ky}\varphi$。

然后，对 $Uy\varphi$ 的情况，

- 如果 $\mathcal{M}^\cdot, w \Vdash Uy\varphi$，则对于所有满足 wRv 关系的 v，都存在 $X \subseteq L^P$，使得 $\varphi \in X \in \circledast(v)$，且 $v \Vdash \varphi$。根据定义3.5.4，存在一个 $t_1, t_2 \in E$，使得 $v \in \mathcal{E}(t_2, \langle t_1, \varphi \rangle)$。再由归纳假设，$v \vDash \varphi$，故 $\mathcal{M}, w \vDash Uy\varphi$。

- 如果 $\mathcal{M}, w \vDash Uy\varphi$，则对于所有满足 wRv 关系的 v，存在 $t_1, t_2 \in E$ 使得 $v \in \mathcal{E}(t_2, \langle t_1, \varphi \rangle)$，且 $v \vDash \varphi$。根据定义3.5.4，存在 $\{\varphi\} \subseteq L^P$，使得 $\varphi \in \{\varphi\} \in \circledast(v)$。再由归纳假设，$v \Vdash \varphi$，故 $\mathcal{M}^\cdot, w \Vdash Uy\varphi$。

$\square$

下面证明任意一个模块化模型都可以变换成一个等价的 **ELUY** 模型。

定义 3.5.7　给定一个 **ELUY**$^\cdot$ 模型 $\mathcal{N}^\cdot = (W, R, *, \circledast, V)$，定义的 **ELUY** 模型 $\mathcal{N} = (W, E, R, \mathcal{E}, V)$，其中 E 与 $\mathcal{E}$ 的定义如下：

- $E = \{t \mid t \in *(w), w \in W\}$
- 特殊解释 $c = \Lambda \in E$，$!c = \Lambda^-$
- 对任意 $t \in E, w \in W$，$w \in \mathcal{E}(t, \varphi) \Longleftrightarrow \varphi \in t \in *(w)$
- 对任意 $t_2, t_1 \in E, w \in W$，$w \in \mathcal{E}(t_2, \langle t_1, \varphi \rangle) \Longleftrightarrow \varphi \in t_1 \in *(w)$ 且 $\varphi \in t_2 \in \circledast(w)$

然后，证明定义3.5.7中的模型 $\mathcal{N}$ 是良定义的。

命题 3.5.8　$\mathcal{N}$ 是良定义的。

证明　以下证明 $\mathcal{N}$ 满足定义3.3.4中对于 $\mathcal{E}$ 的各项约束条件。

- 若 $w \in \mathcal{E}(t, \varphi \to \psi) \cap \mathcal{E}(s, \varphi)$，则根据定义3.5.7，$\varphi \to \psi \in t \in *(w)$ 并且 $\varphi \in s \in *(w)$。由定义3.5.1、3.5.2，$\psi \in t \rhd s \in *(w)$，于是根据定义3.5.7有 $w \in \mathcal{E}(s, \psi)$。

- 对任意 $\varphi \in \Lambda$，$w \in W$，由定义3.5.2，$\Lambda \in *(w)$，因此根据定义3.5.7有 $\mathcal{E}(c, \varphi) = W$，对于任意 $\varphi \in \Lambda^-$，对所有 $w \in W$，$\Lambda^- \in \circledast(w)$。故根据定义3.5.7有 $\mathcal{E}(!c, \langle \Lambda, \varphi \rangle) = W$。

- 若 $w \in \mathcal{E}(t_2, \langle t_1, \varphi \to \psi \rangle) \cap \mathcal{E}(s, \varphi)$，则根据定义3.5.7，$\varphi \to \psi \in t_1 \in *(w)$，$\varphi \to \psi \in t_2 \in \circledast(w)$ 并且 $\varphi \in s \in *(w)$。由定义3.5.2，$\psi \in t_2 \rhd$

$s \in \circledast(w)$ 并且 $\psi \in t_1 \rhd s \in {}_*(w)$。故根据定义3.5.7有 $w \in \mathcal{E}(t_2, \langle t_1, \psi \rangle)$。

- 若 $w \in \mathcal{E}(t, \varphi \to \psi) \cap \mathcal{E}(s_2, \langle s_1, \varphi \rangle)$，证明同上。

- 若 $w \in \mathcal{E}(t_2, \langle t_1, \varphi \rangle)$，则根据定义3.5.7，$\varphi \in t_2 \in \circledast(w)$ 并且 $\varphi \in t_1 \in {}_*(w)$。易知 $w \in \mathcal{E}(t_1, \varphi)$。

- 若 $w \in \mathcal{E}(t, \bigcirc \varphi)$，其中 $\bigcirc = \mathsf{K}, \mathsf{Ky}, \mathsf{Uy}$，则根据定义3.5.7，$\bigcirc \varphi \in t \in {}_*(w)$。由定义3.5.2，$\bigcirc \varphi \in {!}t \in \circledast(w)$。故根据定义3.5.7有 $w \in \mathcal{E}({!}t, \langle t, \varphi \rangle)$。

$\square$

引理 3.5.9 对任意 **ELUY** 公式 φ：

$$\mathcal{N}, w \vDash \varphi \iff \mathcal{N}^*, w \Vdash \varphi$$

证明 对 φ 的结构施归纳。与引理3.5.6的证明类似，只需考虑如下情况。

首先，对 $\mathsf{Ky}\varphi$ 的情况，

- 如果 $\mathcal{N}^*, w \Vdash \mathsf{Ky}\varphi$，则对于所有满足 wRv 关系的 v，都存在 $X \subseteq L^P$，使得 $\varphi \in X \in {}_*(v)$，且 $v \Vdash \varphi$。根据定义3.5.7，存在一个 $t = X \in E$，使得 $v \in \mathcal{E}(t, \varphi)$。再由归纳假设，$v \vDash \varphi$，故 $\mathcal{N}, w \vDash \mathsf{Ky}\varphi$。

- 如果 $\mathcal{N}, w \vDash \mathsf{Ky}\varphi$，则对于所有满足 wRv 关系的 v，存在 $t \in E$ 使得 $v \in \mathcal{E}(t, \varphi)$，且 $v \vDash \varphi$。根据定义3.5.7，$\varphi \in t \in {}_*(v)$。再由归纳假设，$v \Vdash \varphi$，故 $\mathcal{N}^*, w \Vdash \mathsf{Ky}\varphi$。

其次，对 $\mathsf{Uy}\varphi$ 的情况，

- 如果 $\mathcal{N}^*, w \Vdash \mathsf{Uy}\varphi$，则对于所有满足 wRv 关系的 v，都存在 $X \subseteq L^P$，使得 $\varphi \in X \in \circledast(v) \subseteq {}_*(X)$，且 $v \Vdash \varphi$。根据定义3.5.7，存在一个 $t_1 = t_2 = X \in E$，使得 $v \in \mathcal{E}(t_2, \langle t_1, \varphi \rangle)$。再由归纳假设，$v \vDash \varphi$，故 $\mathcal{N}, w \vDash \mathsf{Uy}\varphi$。

- 如果 $\mathcal{N}, w \vDash \mathsf{Uy}\varphi$，则对于所有满足 wRv 关系的 v，存在 $t_1, t_2 \in E$ 使得 $v \in \mathcal{E}(t_2, \langle t_1, \varphi \rangle)$，且 $v \vDash \varphi$。根据定义3.5.7，$\varphi \in t_2 \in \circledast(v)$。再由归纳假设，$v \Vdash \varphi$，故 $\mathcal{N}^*, w \Vdash \mathsf{Uy}\varphi$。

$\square$

至此可以证明系统 SUY 在新的模块化语义学下也是可靠并且强完全的：

定理 3.5.10 系统 SUY 在 **ELUY** * 模型上是可靠且强完全的。

证明 可靠性的具体证明易知，此处省略。强完全性由定理3.4.13、引理3.5.6以及引理3.5.9易得。   □

§3.6 “理解为何”的概念谱系

以上章节提出一种类似知识逻辑的框架来刻画“理解为何”，核心想法是，“解释”有助于弥合已知与尚未理解之间的鸿沟。严肃的“为什么”问题都需要解释。为什么一块铁片会生锈？对这一现象的解释是，铁片与氧气在有水的情况下（无论是液态形式的水还是空气中的水蒸气）发生了氧化还原反应。为什么天空是蓝色的？这要归因于太阳光与地球大气层的相互作用。构建解释的能力被广泛认为是科学理论化的基本特征，而提供解释就是对“为什么”问题作出回应。这一过程增进了我们对世界的理解。

当代哲学有众多关于“解释”的研究。[①] 按照文献中惯用的表达，我们使用拉丁语词 *explanandum* 和 *explanans* 分别指代被解释的内容和进行解释的内容。如果我们问“为什么 *X*？”那么 *X* 就是 *explanandum*。如果我们回答“因为 *Y*”，那么，*Y* 就是 *explanans*。例如，给定一个解释 *E*，可以表示为 $Y \Rightarrow X$，其中 *X* 是 *explanandum*（例如，铁片生锈的现象），*Y* 是 *explanans*（例如，氧化还原反应），而符号 $\Rightarrow$ 表示 *Y* 与 *X* 之间的解释关系。解释的理论将明确 $\Rightarrow$ 及 *Y* 和 *X* 的性质。

因此，各种解释理论【文献中所谓的解释模型（models of explanation）】之间的区别主要涉及可接受的 *explananda* 和 *explanantia* 的类型及其关系的

---

①虽然“解释”通常被称为“科学解释”（尤其是在科学哲学领域），但哲学家普遍认为，日常生活中的解释与科学领域中的解释具有显著的相似性（参见 [Woodward and L. Ross 2021] [Woodward 2005] [Wilkenfeld 2014]）。科学解释通常比我们在日常非科学语境中的解释更加精确和严谨，但这两种解释之间的区别主要是程度上的，而非本质上的差异。也就是说，日常解释与科学解释是连续的。因此本章视“解释”为一个统一的概念。

性质。例如：在亨普尔的演绎-律则（DN）模型（该模型也被认为是现代哲学关于解释讨论的基础之一，参见 [Hempel and Oppenheim 1948]）中，*explanans* 和 *explanandum* 由特定的命题集合组成，其解释关系为逻辑蕴涵；而在归纳-统计（IS）模型（参见 [Hempel 1965]）中，归纳支持被强调为主要的解释关系。在萨蒙（W. C. Salmon）的因果-机制（CM）模型（参见 [W. C. Salmon 1985]）中，*explanandum* 是一个事件，通过展示它如何适用于 *explanans* 所指的因果联系来进行解释，因此解释关系是因果的。

对解释概念的全面论述超出了本节的讨论范围。相反，本节将在抽象层面上处理解释的概念，专注于解释的元素（*explanandum* 和 *explanans*）及其二元关系，而不论其组成部分的性质。文献中已有若干沿循这一方向的形式化研究：

（1）关于解释的框架：

首先，有观点认为，解释只是一种特定类型的论证，因此可以应用 [Dung 1995] 引入的抽象论证框架来刻画解释的概念。文献 [Šešelja and Straßer 2013] 中的解释性论证框架（explanatory argumentation framework）是一个五元组 $\langle \mathcal{A}, \mathcal{X}, \rightarrow, \dashrightarrow, \sim \rangle$，其中 $\langle \mathcal{A}, \rightarrow \rangle$ 是由一组论证（解释）$\mathcal{A}$ 和攻击关系 $\rightarrow \subseteq \mathcal{A} \times \mathcal{A}$ 组成的论证框架。$\mathcal{X}$ 是解释对象的集合，$\dashrightarrow \subseteq (\mathcal{A} \times \mathcal{X}) \cup (\mathcal{A} \times \mathcal{A})$ 是存在于论证和解释对象之间，以及两个论证之间的解释关系，$\sim \subseteq \mathcal{A} \times \mathcal{A}$ 是论证之间的矛盾关系。①

其次，文献 [Sedlár and Halas 2015] 中的抽象解释框架（abstract explanation framework）是一个三元组 $\langle P, K, E \rangle$，其中 P 是解释对象和解释原因的集合，K 是对解释施加的标准集合，$E \subseteq K \rightarrow (P \times P)$ 是从 K 到 P 上二元关系的解释关系函数。②

（2）关于解释与认知概念的框架：

首先，前文提到 [C. Xu, Y. Wang and Studer 2021] 采用类似于核证逻辑

---

① 在解释性论证框架中，$a \dashrightarrow x$ 表示 "a 解释了 x"，其中 $a \in \mathcal{A}$，$x \in \mathcal{A} \cup \mathcal{X}$。论证之间的解释关系允许对解释本身再进行深入解释。更多细节见 [Šešelja and Straßer 2013]。

② 在抽象解释框架中，xE_iy 读作 "x 根据标准 i 解释了 y" 或 "x 是 y 的 i-解释因素"，其中 $x, y \in P$ 且 $i \in K$。更多细节见 [Sedlár and Halas 2015]。

的思想，结合标准的知识逻辑，以刻画主体 i 知道为何 p（公式表示为 $\mathsf{Ky}_i p$），语义上指主体 i 知道 p 的一个解释。具体的解释关系通过 $t{:}p$ 来表示，其在通常的核证逻辑中指的是"t 是 p 的一个核证"。因此，"知道为何 p"的语义分析就是 $\exists t \mathsf{K}_i(t{:}p)$。

其次，以及本章的工作，以上章节受到 [Lawler 2019] 的哲学启发和 [C. Xu, Y. Wang and Studer 2021] 的技术启发，将"理解为何 φ"（公式表示为 $\mathsf{Uy}\varphi$）分析为 $\exists t_1 \exists t_2 \mathsf{K}(t_2{:}(t_1{:}\varphi))$，其中 $t_1{:}\varphi$ 意味着 t_1 是 φ 的一个解释，$t_2{:}(t_1{:}\varphi)$ 表示 t_2 是一个**高阶**解释，解释了为什么"t_1 是 φ 的一个解释"。该框架体现了这样的哲学想法："理解为何"需要至少两个不同层次的解释，是比"知道为何"要求更多的认知状态。

在本节中，我们将借鉴一些关于"解释"的哲学、形式化研究，以扩展和增强本章提出的"理解为何"的逻辑架构。

§3.6.1　关于语言和语义的构想

基于 [C. Xu, Y. Wang and Studer 2021] 中的"知道为何"逻辑，以上章节在形式语言中定义了一个新的"打包"模态算子 Uy，并通过语义定义里的存在量词 $\exists t_1 \exists t_2 \mathsf{K}(t_2{:}(t_1{:}\varphi))$ 把高阶解释的信息隐藏在语义中，而非显示在语形上。"理解为何"的模型 $\mathcal{M}$ 被定义为一个五元组 $(W, E, R, \mathcal{E}, V)$，其中 (W, R, V) 是一个标准知识逻辑克里普克模型，E 是一个非空的解释集合，$\mathcal{E}$ 是一个可允许的解释函数，指定了对应于一层解释（$\mathcal{E}(t, \varphi)$）和二层解释（$\mathcal{E}(t_2, \langle t_1, \psi \rangle)$）的世界集合。如果 $w \in \mathcal{E}(t, \varphi)$，则 t 在世界 w 中是 φ 的（一层）解释；如果 $v \in \mathcal{E}(t_2, \langle t_1, \psi \rangle)$，则 v 是一个世界，其中 t_2 是"t_1 是 ψ 的解释"的二层解释。

标准算子的真值条件是常规的，另外加上如下定义：

（1）$\mathsf{Ky}\varphi$ 在 $\langle \mathcal{M}, w \rangle$ 上成立（为真）当且仅当：（i）存在 $t \in E$，使得对于所有满足 wRv 的 v，都有 $v \in \mathcal{E}(t, \varphi)$；并且（ii）对于所有满足 wRv 的 v，φ 在 v 上成立（为真）。

（2）$\mathsf{Uy}\varphi$ 在 $\langle \mathcal{M}, w \rangle$ 上成立（为真）当且仅当：（i）存在 $t_1, t_2 \in E$，使得对于所有满足 wRv 的 v，都有 $v \in \mathcal{E}(t_2, \langle t_1, \varphi \rangle)$；并且（ii）对于所有满足 wRv

的 v，$\mathcal{M}, v \vDash \varphi$。

因此，公式 K$y\varphi$ 的结构可以表示为 $\exists t$K$(t: \varphi) \wedge$ Kφ；同时公式 U$y\varphi$ 的结构可以表示为 $\exists t_1 \exists t_2$K$(t_2: (t_1: \varphi)) \wedge$ Kφ。该框架将解释限制为两层，主要建立"理解为何"与"知道为何"之间的区别。基于相关哲学观点，两层解释已经足够。

然而，"理解为何"似乎就成了一种全有或全无的概念。但正如 [Sliwa 2015] 中所指出，许多研究者认为，"理解为何"与"知道为何"是两种不同的认知状态，一个关键的区别在于，理解不同于知识，具有程度上的差异。人们可以在不同程度上拥有"理解为何"。[①] 因此，面临两个主要问题：

（1）什么是更好的理解？

（2）如何"定位"不同程度的理解概念？

关于第一个问题，根据哲学讨论，对同一现象的不同解释可以带来不同层次的理解，其中一些解释被认为比其他解释更深入或更好（参见 [Strevens 2013]）。例如，雷尔顿（P. Railton）[Railton 1981] 认为，追溯事件因果历史更远的解释更为深入。类似地，萨加德（P. Thagard）[Thagard 2007] 主张，在因果解释中提供了因果假设的基础性因果依据时，解释的深度得以加深。此外，斯特雷文斯（M. Strevens）[Strevens 2008] 认为，在其他条件相同的情况下，更抽象的因果模型比不那么抽象的模型更好。回顾 [Šešelja and Straßer 2013] 提出的解释性论证框架，该框架中同时存在论证与被解释项之间的解释关系，以及两个论证之间的解释关系。论证之间的解释关系允许解释得以深化。$c \dashrightarrow b \dashrightarrow a \dashrightarrow e$ 和 $b \dashrightarrow a \dashrightarrow e$ 可以被视为两种解释（其中 $a, b, c \in \mathcal{A}$，$e \in \mathcal{X}$），前者比后者更为深入。论证 c 可以用来解释论证 b 的某一前提或前提与结论之间的联系。

这些想法提示我们可以放宽模型中对两层解释的限制，允许更深层次的

---

① 借用 [Khalifa 2017] 中的一个例子，考虑一位杰出的大气物理学家艾丽斯。可以认为艾丽斯对天空为什么呈蓝色的理解非常透彻，包括了多种因果因素、深层理论原理、实验结果和方法。而与之相比，虽然她的大学一年级学生鲍勃对天空为何呈蓝色有一些理解，但他所知道的仅占艾丽斯知识的一小部分。在这个故事中，可以认为艾丽斯和鲍勃都理解为何天空呈现蓝色，但艾丽斯的理解明显优于鲍勃的理解。

解释，并在抽象层面上刻画关于解释的推理和不同理解程度的内容。对于待解释的现象 φ，我们将 $t:\varphi$ 称为原子解释。相比之下，$s:t:\varphi$ 代表比原子解释更深入的解释，因为它涉及更多层次。此外，我们有以下定义：

- 当且仅当 $n > m$ 时，解释 $t_n:\cdots:t_1:\varphi$ 比解释 $t_m:\cdots:t_1:\varphi$ 更**深入**。
- 如果 $t_n:\cdots:t_1:\varphi$ 和 $s_m:\cdots:s_1:\varphi$ 都不比对方更深入，那么它们是 φ **替代解释**。
- 当且仅当 $n \geqslant 2$ 时，解释 $t_n:\cdots:t_1:\varphi$ 被称为**要求严格的**。
- 解释 $t_n:\cdots:t_1:\varphi$ 是**理想的**，当且仅当它不能被进一步加深。

因此，通过解释的深化，我们可以在 φ 的不同解释之间建立一个严格的偏序关系，从而刻画不同程度的理解概念，以及它们之间的比较关系。

关于第二个问题，哈利法 [Khalifa 2017] 提出过两种设想：第一，通过确定所有理解概念所必需的条件来界定一种"最小理解"（ minimal understanding ）；第二，探索一种最大或理想的理解，这将作为最小理解的镜像。在这两种情况下，给出一种比较不同理解程度的方法将使我们能够描述完整的理解谱系，正如 [Khalifa 2017] 所表示的：

最小理解 < 日常理解 < 典型的科学理解 < 理想理解。

基于上述章节提出的"理解为何"的框架，提供解释是所有理解的必要条件，因此，知道为什么 φ（$K\gamma\varphi$）可以被视为理解为什么 φ 的最小理解。[①]此外，仅由两层解释构成的理解为何 ψ（$Uy\psi$）可以被视为日常理解。因此在形式语言中可以重新定义多种不同程度的理解模态，统称为 U，分别为：

- 最小理解：$U^M\varphi$，需要对 φ 的原子解释，即 $\exists t K(t:\varphi)$。
- 日常理解：$U^E\varphi$，需要对 φ 的两层解释，即 $\exists t_1 \exists t_2 K(t_2:t_1:\varphi)$。
- 严格理解：$U^D\varphi$，需要比 φ 的两层解释更深入的严格解释，即 $\exists t_1 \cdots \exists t_m K(t_m:\cdots:t_1:\varphi)$（$m > 2$）。

---

① 这类似于 [Khalifa 2017] 中对最小理解的定义："一个人对为何 p 有最小的理解当且仅当，对于某些 q，他相信 q 解释了为何 p，并且 q 对 p 的解释大致正确。"注意最小理解的概念是通过仅识别任何理解所需的必要条件来分析的，这并不是典型的理解概念。

- 理想理解：$U^I\varphi$，需要对 φ 的理想解释，即 $\exists t_1 \cdots \exists t_n \exists c K(c : t_n : \cdots : t_1 : \varphi)$（$n \geqslant 2$，$c$ 表示不能再进一步加深的自明解释）。

因此，在新的架构中表达的理解谱系为：

最小理解 $U^M <$ 日常理解 $U^E <$ 严格理解 $U^D <$ 理想理解 U^I。

对于要求严格的理解 $U^D\varphi$，由于新的架构中解释力比较仅限于比较解释的深度，无法进一步比较两种替代解释，例如说明其中一种更接近正确的科学解释。因此，我们尚无法准确定义典型的科学理解，而是定义了比日常理解 $U^E\varphi$ 更好的严格理解 $U^D\varphi$。我们将在之后的小节进一步讨论两种替代解释的比较原则问题。

简要总结，为了形式化不同程度的理解概念，我们拓展了上述章节中定义的"理解为何"的模型，在模型定义中增加更多的解释层次和理想解释的概念。本节主要贡献为：

（1）使用一个逻辑语言形式化了不同理解程度的概念，该语言包含四种模态，分别对应最小理解、日常理解、严格理解和理想理解。

（2）扩展了已经提出的日常理解模型，建立了不同解释之间的偏序关系，从而促进了理解的比较。

（3）提出了可靠并且完全的公理化系统，刻画不同理解程度之间的相互关系。

（4）探讨了新的模型在多主体场景中的应用，特别是用于对不同主体之间的理解比较和主体之间的元理解（meta-understanding）等。

下节将构建具体的逻辑架构。

§3.6.2 形式语言和形式语义

定义 3.6.1（比较理解的语言） 设定命题字母的非空集合 P，比较理解（comparative understanding）的语言 **ELCU** 定义如下（其中 $p \in P$）：

$$\varphi ::= p \mid \neg\varphi \mid (\varphi \wedge \varphi) \mid K\varphi \mid U^M\varphi \mid U^E\varphi \mid U^D\varphi \mid U^I\varphi$$

直观上，公式 $U^M\varphi$ 表示主体对为何 φ 成立的最小理解。表达式 $U^E\varphi$ 表

示主体对为何 φ 成立的日常理解。$\mathsf{U}^{\mathrm{D}}\varphi$ 表示主体对为何 φ 成立具有超过日常理解的严格理解。$\mathsf{U}^{\mathrm{I}}\varphi$ 表示主体对为何 φ 成立具有理想理解。在本节中，模态 U^{M}、U^{E}、U^{D} 和 U^{I} 将统一称为 U。

本节依旧接受 [C. Xu, Y. Wang and Studer 2021] 中的观点，即虽然某些命题是重言式，但我们可能并没有对"它为什么是重言式"拥有最小理解（"知道为何"）。引入一个特殊的"自明"重言式集合 Λ，假定主体对其有最小理解。例如，可以假设所有 $\varphi \wedge \psi \to \varphi$ 和 $\varphi \wedge \psi \to \psi$ 的实例为集合 Λ。当前并不假设一般性的 U 必然规则。

定义 3.6.2　一个 **ELCU** 模型 $\mathcal{M}$ 是一个五元组 $(W, E, R, \mathcal{E}, V)$，其中：

- W 是一个非空的可能世界集合。
- E 是一个非空的解释集合，并带有运算符 $\cdot$、$!$ 和 c，使得：
  (1) 如果 $t, s \in E$，则 $t \cdot s \in E$，
  (2) 如果 $t \in E$，则 $!t \in E$，
  (3) 一个特殊符号 c 在 E 中，满足 $c \cdot c = c$。
- $R \subseteq W \times W$ 是 W 上的一个等价关系。
- $\mathcal{E} : E^n \times \textbf{ELCU} \to 2^W \, (n \geq 1)$ 是一个可允许的解释函数，满足以下各个条件：

  解释应用： $\mathcal{E}(\langle t_n, \cdots, t_1 \rangle, \varphi \to \psi) \cap \mathcal{E}(\langle s_n, \cdots, s_1 \rangle, \varphi) \subseteq \mathcal{E}(\langle t_n \cdot s_n, \cdots, t_1 \cdot s_1 \rangle, \psi)$。

  常项说明： 如果 $\varphi \in \Lambda$，则 $\mathcal{E}(c, \varphi) = W$。

  高阶解释事实性： $\mathcal{E}(\langle t_{n+1}, t_n, \cdots, t_1 \rangle, \varphi) \subseteq \mathcal{E}(\langle t_n, \cdots, t_1 \rangle, \varphi)$。

  认知内省： $\mathcal{E}(t, \bigcirc \varphi) \subseteq \mathcal{E}(!t, \langle t, \bigcirc \varphi \rangle)$，其中 $\bigcirc = \mathsf{K}, \mathsf{U}$。

  理想解释： 如果 $w \in \mathcal{E}(\langle c, t_m, \cdots, t_1 \rangle, \varphi) \, (m \geq 2)$，则对任何 $s \in E$，$w \notin \mathcal{E}(\langle s, c, t_m, \cdots, t_1 \rangle, \varphi)$。

  理想解释应用 I： $\mathcal{E}(\langle c, t_m, \cdots, t_1 \rangle, \varphi \to \psi) \cap \mathcal{E}(\langle c, s_n, \cdots, s_1 \rangle, \varphi) \subseteq \mathcal{E}(\langle c, t_m, \cdots, t_k \cdot c, t_n \cdot s_n, \cdots, t_1 \cdot s_1 \rangle, \psi) \, (m > n \geq 2, m \geq k)$。

  理想解释应用 II： $\mathcal{E}(\langle c, t_m, \cdots, t_1 \rangle, \varphi \to \psi) \cap \mathcal{E}(\langle c, s_n, \cdots, s_1 \rangle, \varphi) \subseteq \mathcal{E}(\langle c, s_n, \cdots, c \cdot s_k, t_m \cdot s_m, \cdots, t_1 \cdot s_1 \rangle, \psi) \, (n > m \geq 2, n \geq k)$。

- $V: P \to 2^W$ 是一个赋值函数。

核证逻辑通常会使用运算符"$\cdot$"、"!"和"c"（参见 [Artemov and Fitting 2019]）。集合 E 在应用运算符"$\cdot$"下是封闭的，该运算符将两个解释组合成一个解释，同时 E 在正内省运算符"!"下也是封闭的。此外，集合 E 中包含一个特殊符号 c，它是一个自明的解释，在模型中扮演了双重角色：统一适用于指定集合 Λ 中的所有自明公式，以及统一适用于所有自明的高阶解释。c 表示任何自明的解释，因此 $c \cdot c = c$ 是自然的。求和运算符"$+$"被排除，因为它会满足条件 $\mathcal{E}(t, \varphi) \cup \mathcal{E}(s, \varphi) \subseteq \mathcal{E}(t + s, \varphi)$。这在不同世界可能对同一公式 φ 具有不同解释 $(t_1, \cdots, t_n)$ 的场景中是有问题的，因为 $\mathsf{U}^\mathsf{M} \varphi$ 可能会从由 $t_1 + \cdots + t_n$ 形成的统一解释中错误地推导出来。

可允许的解释函数 $\mathcal{E}$ 指定了第一层和更高层解释的世界集合。如果 $w \in \mathcal{E}(t, \varphi)$，则 t 是世界 w 中对 φ 的第一层解释。如果 $v \in \mathcal{E}(\langle t_n, \cdots, t_1 \rangle, \psi)$，则在世界 v 中 $\langle t_n, \cdots, t_1 \rangle$ 对 ψ 提供了更高层的解释。注意，这里 $\mathcal{E}(\langle t_n, \cdots, t_1 \rangle, \psi)$ 的表示对应于 §3.6.1 中的格式 $t_n : \cdots : t_1 : \psi$。

$\mathcal{E}$ 的前两个条件是显然的。第三个条件表示更高层的解释逻辑蕴涵更低层的解释，即 $w \in \mathcal{E}(\langle t_{n+1}, t_n, \cdots, t_1 \rangle, \varphi)$ 意味着 w 也是较低层的解释 $\langle t_n, \cdots, t_1 \rangle$ 解释了 φ 的一个世界。

认知内省条件的引入原因在 §3.3 中进行了详细阐述。公式 $\mathsf{KyK}\varphi$ 有关一个"为什么"问题：为什么一个人知道 φ。通常，提出这个问题的人并不期望主体提供为什么他对 φ 的信念不受盖梯尔问题的影响的理由；相反，他应该简单地阐述他相信 φ 的理由，即他对 φ 的核证（参见 [Avigad 2008]）。在这种情况下，核证本质上充当了一个解释。如果 $w \in \mathcal{E}(t, \mathsf{K}\varphi)$，那么 w 也是一个世界，其中 t 证成了 φ。因此，在这个架构中，"t 解释 $\mathsf{K}\varphi$"和标准核证逻辑中的"t 是 φ 的核证"之间存在概念上的联系，因为解释可以是核证。

核证逻辑通常遵循以下逻辑原则：$t : \varphi \to !t : (t : \varphi)$。费廷（M. Fitting）在 [Fitting 2004] 中论证了，我们通常能够在日常生活中证实我们知识的理由，并且如果没有对其有效性的证实，所谓的理由是没有价值的。因此，这一原则在核证逻辑中至关重要，它断言 $!t$ 总是作为 $t : \varphi$ 的核证，或者说 $!t$ 是确认 $t : \varphi$ 的内省行为。因此，可以推导出一个类似的逻辑原则：如果 $w \in \mathcal{E}(t, \mathsf{K}\varphi)$，

则 $w \in \mathcal{E}(\langle !t, t \rangle, \mathsf{K}\varphi)$，并且很自然可以推广到理解模态 U。**认知内省**条件将产生关于理解的两条公理：$\mathsf{U}^{\mathsf{M}}\mathsf{K}\varphi \to \mathsf{U}^{\mathsf{E}}\mathsf{K}\varphi$ 和 $\mathsf{U}^{\mathsf{M}}\mathsf{U}\varphi \to \mathsf{U}^{\mathsf{E}}\mathsf{U}\varphi$。

总之，如果一个认知宣称（$\mathsf{K}\varphi$ 或 $\mathsf{U}\varphi$）有一个解释 t，那么总是存在一个 t 的内省性的高阶解释 $!t$，使得日常理解成立。但是如果 φ 不是一个认知公式，其解释 t 就未必是一个核证了，因而 t 也就不一定能转换成 t 解释 φ 的一个高阶解释。

最后，**理想解释**条件以及**理想解释应用 I** 和**理想解释应用 II** 条件加在一起是为了刻画那些导致理想理解的理想解释，这将在具体语义定义中看得更清楚。具体的形式语义定义如下：

定义 3.6.3

$\mathcal{M}, w \vDash p$	$\Leftrightarrow$	$w \in V(p)$
$\mathcal{M}, w \vDash \neg\varphi$	$\Leftrightarrow$	$\mathcal{M}, w \nvDash \varphi$
$\mathcal{M}, w \vDash \varphi \wedge \psi$	$\Leftrightarrow$	$\mathcal{M}, w \vDash \varphi$ 且 $\mathcal{M}, w \vDash \psi$
$\mathcal{M}, w \vDash \mathsf{K}\varphi$	$\Leftrightarrow$	对所有 $v \in W$，若 wRv，则 $\mathcal{M}, v \vDash \varphi$
$\mathcal{M}, w \vDash \mathsf{U}^{\mathsf{M}}\varphi$	$\Leftrightarrow$	(1) 存在 $t \in E$，使得对所有 $v \in W$，若 wRv，则 $v \in \mathcal{E}(t, \varphi)$； (2) 对所有 $v \in W$，若 wRv，则 $\mathcal{M}, v \vDash \varphi$
$\mathcal{M}, w \vDash \mathsf{U}^{\mathsf{E}}\varphi$	$\Leftrightarrow$	(1) 存在 $t_1, t_2 \in E$，使得对所有 $v \in W$，若 wRv，则 $v \in \mathcal{E}(\langle t_2, t_1 \rangle, \varphi)$； (2) 对所有 $v \in W$，若 wRv，则 $\mathcal{M}, v \vDash \varphi$
$\mathcal{M}, w \vDash \mathsf{U}^{\mathsf{D}}\varphi$	$\Leftrightarrow$	(1) 存在 $t_1, \cdots, t_n \in E\ (n > 2)$，使得对所有 $v \in W$，若 wRv，则 $v \in \mathcal{E}(\langle t_n, \cdots, t_1 \rangle, \varphi)$； (2) 对所有 $v \in W$，若 wRv，则 $\mathcal{M}, v \vDash \varphi$
$\mathcal{M}, w \vDash \mathsf{U}^{\mathsf{I}}\varphi$	$\Leftrightarrow$	(1) 存在 $t_1, \cdots, t_m \in E$ 使得对所有 $v \in W$，若 wRv，则 $v \in \mathcal{E}(\langle c, t_m, \cdots, t_1 \rangle, \varphi)\ (m \geqslant 2)$； (2) 对所有 $v \in W$，若 wRv，则 $\mathcal{M}, v \vDash \varphi$

倘若在所有新的模型中加入一个限制原则：一切事物都有解释，该原则可以通过 $\mathcal{E}$ 上的条件表示，即对于任意 $w \in W$，存在一些 $t_1, \cdots, t_k$ 使得 $w \in \mathcal{E}(\langle t_k, \cdots, t_1 \rangle, \varphi)$，则 K 公式的真值条件可以写成如下等价的形式：

$$\mathcal{M}, w \vDash \mathsf{K}\varphi \quad \Leftrightarrow \quad \text{(1) 对所有 } v \in W, \text{ 若 } wRv, \text{ 则存在 } t_i, \cdots, t_k$$

$$(k \geqslant 1) \text{ 使得 } v \in \mathcal{E}(\langle t_k, \cdots, t_1 \rangle, \varphi),$$

$$\text{(2) 对所有 } v \in W, \text{ 若 } wRv, \text{ 则 } \mathcal{M}, v \vDash \varphi.$$

即 $\mathsf{K}\varphi$ 的结构可以表示为 $\mathsf{K}\exists t_1 \cdots \exists t_k(t_k{:}\cdots{:}t_1{:}\varphi)$。在这种情况下，K-公式和 U-公式在真值条件上的关键区别在于量词的嵌套结构。对于 $\mathsf{K}\varphi$，结构是 $\forall\cdots\exists$，而对于 $\mathsf{U}\varphi$，结构是 $\exists\cdots\forall$，其中 $\forall$ 遍历所有可能的状态，而 $\exists\cdots\exists$ 寻求可能的解释。

新的模型中包含了**高阶解释的真实性**条件。现在，同以上章节，可以证明如下定义的**一阶解释的真实性**在模型定义中并未被隐含地假设。

定义 3.6.4（一阶解释事实性） 一个 **ELCU** 模型 $\mathcal{M}$ 具有**一阶解释事实性**当且仅当，对于 $\mathcal{M}$ 中任意可能世界 $w \in W$ 与任意解释 $t \in E$，如果 $w \in \mathcal{E}(t, \varphi)$，则 $\mathcal{M}, w \vDash \varphi$。

给定一个 **ELCU** 模型 $\mathcal{M} = (W, E, R, \mathcal{E}, V)$，可以构造一个对应的具有一阶解释事实性的模型 $\mathcal{M}^F = (W, E, R, \mathcal{E}^F, V)$，其中 $\mathcal{E}^F(\langle t_n, \cdots, t_1 \rangle, \varphi) = \mathcal{E}(\langle t_n, \cdots, t_1 \rangle, \varphi) - \{w \mid \mathcal{M}, w \nvDash \varphi\}$ $(n \geqslant 1)$。显然所构造的 $\mathcal{M}^F$ 是一个 **ELCU** 模型。下面证明 **ELCU** 公式对于一阶解释事实性是中立的。

命题 3.6.5 对于任何 **ELCU** 公式 φ 和任何 $w \in W$，有 $\mathcal{M}, w \vDash \varphi$ 当且仅当 $\mathcal{M}^F, w \vDash \varphi$。

证明 对 **ELCU** 公式进行结构归纳。布尔公式的情况和 $\mathsf{K}\varphi$ 的情况是显而易见的。对于 U，我们仅检查如下下 U^D 的情况：

- $\Leftarrow$ 假设 $\mathcal{M}^F, w \vDash \mathsf{U}^\mathsf{D}\varphi$，则存在 $t_1, \cdots, t_n \in E\, (n > 2)$，使得对于所有满足 wRv 的世界 v，我们有 $\mathcal{M}^F, v \vDash \varphi$ 且 $v \in \mathcal{E}^F(\langle t_n, \cdots, t_1 \rangle, \varphi)$。根据定义，我们得到 $v \in \mathcal{E}(\langle t_n, \cdots, t_1 \rangle, \varphi)$。因此，根据归纳假设 $\mathcal{M}, w \vDash \mathsf{U}^\mathsf{D}\varphi$。
- $\Longrightarrow$ 另一个方向的证明类似。

$\square$

§3.6.3 公理化以及可靠性、完全性证明

我们现在发展用于不同理解程度的证明系统 SCU。

系统 SCU

公理模式

(TAUT)   经典命题逻辑公理

(DISTK) $K(\varphi \to \psi) \to (K\varphi \to K\psi)$

(T) $K\varphi \to \varphi$

(4) $K\varphi \to KK\varphi$

(5) $\neg K\varphi \to K\neg K\varphi$

(DISTU) $U(\varphi \to \psi) \to (U\varphi \to U\psi)$ （对 $U = U^M, U^E, U^D, U^I$）

(UYK) $U^M\varphi \to K\varphi$

(IYD) $U^I\varphi \to U^D\varphi$

(DYE) $U^D\varphi \to U^E\varphi$

(EYM) $U^E\varphi \to Ky\varphi$

(4$^\cdot$) $U\varphi \to KU\varphi$ （对 $U = U^M, U^E, U^D, U^I$）

(KYU) $U^M \bigcirc \varphi \to U^E \bigcirc \varphi$ （对 $\bigcirc = K, U$）

规则

(MP)   分离规则

(N) $\vdash \varphi \Rightarrow \vdash K\varphi$

(NE)   如果 $\varphi \in \Lambda$，那么 $\vdash Ky\varphi$

其中公理 (KYU) 表达了在特定的认知情境中"日常理解"是"最小理解"（即通常意义上的"知道为何"）的必要条件，这一公理对应于模型中的**认知内省**条件。回忆 §2.1 的内容，中世纪逻辑学家提出了理解的自省原则。一个自然的问题是，**ELCU** 模型是否对特定程度的理解概念有 $U\varphi \to UU\varphi$ 的有效性？但在当前设定下，四种理解模态都没有这样的有效性。我们可以讨论在什么条件下会产生理解的内省原则：一旦我们接受 $U^E\varphi \to U^MU^E\varphi$，那么借助公理 (KYU) 的一个实例 $U^MU^E\varphi \to U^EU^E\varphi$，得到日常理解的内省原

则，即 $U^E\varphi \to U^EU^E\varphi$ 将会是有效的。

命题 3.6.6 以下公式在 SCU 中是可证的：$(5^{\cdot})\ \neg U\varphi \to K\neg U\varphi$（对于 $U = U^M, U^E, U^D, U^I$）。

证明

$$
\begin{array}{lll}
(1) & \neg U\varphi \to \neg KU\varphi & (\text{T}) \\
(2) & \neg KU\varphi \to K\neg KU\varphi & (5) \\
(3) & K\neg KU\varphi \to K\neg U\varphi & (4^{\cdot}), K \text{ 的正规性} \\
(4) & \neg U\varphi \to K\neg U\varphi & (\text{MP})
\end{array}
$$

$\square$

定理 3.6.7 SCU 在 **ELCU** 模型上是可靠的。

证明 以下省略了标准公理和推理规则的情况，以及大多数不涉及特别处理的情况。

DISTU：例如，假设对于任意 **ELCU** 模型 $\mathcal{M}$，$\mathcal{M},w \vDash U^I(\varphi \to \psi)$ 且 $\mathcal{M},w \vDash U^I\varphi$。则存在 $t_1, \cdots, t_m, s_1, \cdots, s_n \in E\ (m, n \geqslant 2)$，使得对于所有 v 满足 wRv，有 $v \in \mathcal{E}(\langle c, t_m, \cdots, t_1 \rangle, \varphi \to \psi) \cap \mathcal{E}(\langle c, s_n, \cdots, s_1 \rangle, \varphi)$。假设 $m > n$，根据 $\mathcal{E}$ 的**理想解释应用 I** 条件，有 $v \in \mathcal{E}((c, t_m, \cdots, t_k \cdot c, t_n \cdot s_n, \cdots, t_1 \cdot s_1), \psi)$（$m \geqslant k$）。因此，$\mathcal{M},w \vDash U^I\psi$。

$\square$

接下来证明公理系统 SCU 的完全性。由于在新的逻辑架构中理解概念的谱系是 $U^M < U^E < U^D < U^I$，因此，在构造典型模型时，实际上只需要暂时包括四个层次的解释。而一旦我们将 **ELCU** 模型应用于多主体系统，对这四个层次的解释的限制需进一步放宽。我么将在下一节中进一步讨论多主体的情形。以下证明的技术细节受到 [C. Xu, Y. Wang and Studer 2021] 和以上章节"理解为何"逻辑的启发。

令 Ω 表示所有极大 SCU—一致公式集的集合。

定义 3.6.8（典范模型） SCU 的典范模型 $\mathcal{M}^c$ 是一个五元组 $(W^c, E^c, R^c, \mathcal{E}^c, V^c)$，其中：

- E^c 用 BNF 定义：$t ::= c \mid \varphi \mid (t \cdot t) \mid !t$，满足 $c \cdot c = c$，其中 $\varphi \in \textbf{ELCU}$。

- $W^c := \{\langle \Gamma, F, G, H, L, f, g, h, l \rangle \mid \langle \Gamma, F, G, H, L \rangle \in \Omega \times \mathcal{P}(E^c \times \textbf{ELCU}) \times \mathcal{P}(E^{c2} \times \textbf{ELCU}) \times \mathcal{P}(E^{c3} \times \textbf{ELCU}) \times \mathcal{P}(\{c\} \times E^{c3} \times \textbf{ELCU}), f : \{\varphi \mid \mathsf{U}^M \varphi \in \Gamma\} \to E^c, g : \{\varphi \mid \mathsf{U}^E \varphi \in \Gamma\} \to E^{c2}, h : \{\varphi \mid \mathsf{U}^D \varphi \in \Gamma\} \to E^{c3}, l : \{\varphi \mid \mathsf{U}^I \varphi \in \Gamma\} \to \{c\} \times E^{c3}$ 使得 f, g, h 和 l 满足以下条件$\}$

(1)   如果 $\langle t, \varphi \to \psi \rangle, \langle s, \varphi \rangle \in F$，则 $\langle t \cdot s, \psi \rangle \in F$。

(2)   如果 $\langle t_2, t_1, \varphi \to \psi \rangle, \langle s_2, s_1, \varphi \rangle \in G$，则 $\langle t_2 \cdot s_2, t_1 \cdot s_1, \psi \rangle \in G$。

(3)   如果 $\langle t_3, t_2, t_1, \varphi \to \psi \rangle, \langle s_3, s_2, s_1, \varphi \rangle \in H$，则 $\langle t_3 \cdot s_3, t_2 \cdot s_2, t_1 \cdot s_1, \psi \rangle \in H$。

(4)   如果 $\langle c, t_3, t_2, t_1, \varphi \to \psi \rangle, \langle c, s_3, s_2, s_1, \varphi \rangle \in L$，则 $\langle c, t_3 \cdot s_3, t_2 \cdot s_2, t_1 \cdot s_1, \psi \rangle \in L$。

(5)   如果 $\langle c, t_3, t_2, t_1, \varphi \to \psi \rangle \in L, \langle c, s_2, s_1, \varphi \rangle \in H$，则 $\langle c, t_3 \cdot c, t_2 \cdot s_2, t_1 \cdot s_1, \psi \rangle \in L$。

(6)   如果 $\langle c, t_2, t_1, \varphi \to \psi \rangle \in H, \langle c, s_3, s_2, s_1, \varphi \rangle \in L$，则 $\langle c, c \cdot s_3, t_2 \cdot s_2, t_1 \cdot s_1, \psi \rangle \in L$。

(7)   如果 $\varphi \in \Lambda$，则 $\langle c, \varphi \rangle \in F$。

(8) $\langle t_2, t_1, \varphi \rangle \in G$ 蕴涵 $\langle t_1, \varphi \rangle \in F$。

(9) $\langle t_3, t_2, t_1, \varphi \rangle \in H$ 蕴涵 $\langle t_2, t_1, \varphi \rangle \in G$。

(10) $\langle c, t_3, t_2, t_1, \varphi \rangle \in L$ 蕴涵 $\langle t_3, t_2, t_1, \varphi \rangle \in H$。

(11) $\langle c, t_2, t_1, \varphi \rangle \in H$ 蕴涵 $\langle c, c, t_2, t_1, \varphi \rangle \notin L$。

(12) $\langle t, \bigcirc \varphi \rangle \in F$ 蕴涵 $\langle !t, t, \bigcirc \varphi \rangle \in G$，对于 $\bigcirc = \mathsf{K}, \mathsf{U}$。

(13) $\mathsf{U}^M \varphi \in \Gamma$ 蕴涵 $\langle f(\varphi), \varphi \rangle \in F$。

(14) $\mathsf{U}^E \varphi \in \Gamma$ 蕴涵 $\langle g(\varphi), \varphi \rangle \in G$。

(15) $\mathsf{U}^D \varphi \in \Gamma$ 蕴涵 $\langle h(\varphi), \varphi \rangle \in H$。

(16) $\mathsf{U}^I \varphi \in \Gamma$ 蕴涵 $\langle l(\varphi), \varphi \rangle \in L$。

- $\langle \Gamma, F, G, H, L, f, g, h, l \rangle R^c \langle \Delta, F', G', H', L', f', g', h', l' \rangle$ 当且仅当 (1) $\{\varphi \mid \mathsf{K} \varphi \in \Gamma\} \subseteq \Delta$，且 (2) $f = f', g = g', h = h', l = l'$。

- • $\mathcal{E}^c: E^{cn} \times \mathbf{ELCU} \to 2^{W^c}$ $(1 \leqslant n \leqslant 4)$ 定义为

$$\begin{cases} \mathcal{E}^c(t, \varphi) = \{\langle \Gamma, F, G, H, L, f, g, h, l \rangle \mid \langle t, \varphi \rangle \in F\} \\ \mathcal{E}^c(\langle t_2, t_1 \rangle, \varphi) = \{\langle \Gamma, F, G, H, L, f, g, h, l \rangle \mid \langle t_2, t_1, \varphi \rangle \in G\} \\ \mathcal{E}^c(\langle t_3, t_2, t_1 \rangle, \varphi) = \{\langle \Gamma, F, G, H, L, f, g, h, l \rangle \mid \langle t_3, t_2, t_1, \varphi \rangle \in H\} \\ \mathcal{E}^c(\langle t_4, t_3, t_2, t_1 \rangle, \varphi) = \{\langle \Gamma, F, G, H, L, f, g, h, l \rangle \mid \langle t_4, t_3, t_2, t_1, \varphi \rangle \in L\} \end{cases}$$

  - • $\mathcal{E}^c: E^{cn} \times \mathbf{ELCU} \to 2^{W^c}$ $(n > 4)$ 定义为 $\mathcal{E}^c(\langle t_n, \cdots, t_1 \rangle, \varphi) = \emptyset$。

- • $V^c(p) = \{\langle \Gamma, F, G, H, L, f, g, h, l \rangle \mid p \in \Gamma\}$。

上述构造中,对于典范模型中的每个世界 $\langle \Gamma, F, G, H, L, f, g, h, l \rangle \in W^c$,它都包含了 Γ 中每个 U 公式所对应的各个解释的层次信息。具体来说,f 是一个见证函数,为 $\{\varphi \mid \mathsf{U}^{\mathsf{M}}\varphi \in \Gamma\}$ 中的每个公式挑出一个解释 t,并把 t 解释 φ 的信息存储在 F 中。同样,h 是一个见证函数,为集合 $\{\varphi \mid \mathsf{U}^{\mathsf{D}}\varphi \in \Gamma\}$ 中的每个公式挑出一个 $\langle t_3, t_2, t_1 \rangle$,并且 $\langle t_3, t_2, t_1 \rangle$ 解释 φ 的信息存储在 H 中。

以下说明集合 W^c 确实是非空的。

定义 3.6.9 对于任意 $\Gamma \in \Omega$,构造 $F^\Gamma, G^\Gamma, H^\Gamma, L^\Gamma, f^\Gamma, g^\Gamma, h^\Gamma, l^\Gamma$ 如下:

- • $F_0^\Gamma = \{\langle \varphi, \varphi \rangle \mid \mathsf{U}^{\mathsf{M}}\varphi \in \Gamma\} \cup \{\langle c, \varphi \rangle \mid \varphi \in \Lambda\}$
- • $G_0^\Gamma = \{\langle \varphi \cdot \varphi, !\varphi, \varphi \rangle \mid \mathsf{U}^{\mathsf{E}}\varphi \in \Gamma\}$
- • $H_0^\Gamma = \{\langle !!\varphi, \varphi \cdot \varphi, !\varphi, \varphi \rangle \mid \mathsf{U}^{\mathsf{D}}\varphi \in \Gamma\}$
- • $L_0^\Gamma = \{\langle c, !!\varphi, \varphi \cdot \varphi, !\varphi, \varphi \rangle \mid \mathsf{U}^{\mathsf{I}}\varphi \in \Gamma\}$
- • $F_{n+1}^\Gamma = F_n^\Gamma \cup \{\langle t \cdot s, \psi \rangle \mid \langle t, \varphi \to \psi \rangle, \langle s, \varphi \rangle \in F_n^\Gamma$ 对某个 $\varphi\} \cup \{\langle t_1, \varphi \rangle \mid \langle t_2, t_1, \varphi \rangle \in G_n^\Gamma\}$
- • $G_{n+1}^\Gamma = G_n^\Gamma \cup \{\langle t_2 \cdot s_2, t_1 \cdot s_1, \psi \rangle \mid \langle t_2, t_1, \varphi \to \psi \rangle, \langle s_2, s_1, \varphi \rangle \in G_n^\Gamma$ 对某个 $\varphi\} \cup \{\langle t_2, t_1, \varphi \rangle \mid \langle t_3, t_2, t_1, \varphi \rangle \in H_n^\Gamma\} \cup \{\langle !t, t, \bigcirc\varphi \rangle \mid \langle t, \bigcirc\varphi \rangle \in F_n^\Gamma$ 对 $\bigcirc = \mathsf{K}, \mathsf{U}\}$
- • $H_{n+1}^\Gamma = H_n^\Gamma \cup \{\langle t_3 \cdot s_3, t_2 \cdot s_2, t_1 \cdot s_1, \psi \rangle \mid \langle t_3, t_2, t_1, \varphi \to \psi \rangle, \langle s_3, s_2, s_1, \varphi \rangle \in H_n^\Gamma$ 对某个 $\varphi\} \cup \{\langle t_3, t_2, t_1, \varphi \rangle \mid \langle c, t_3, t_2, t_1, \varphi \rangle \in L_n^\Gamma\}$
- • $L_{n+1}^\Gamma = L_n^\Gamma \cup \{\langle c, t_3 \cdot s_3, t_2 \cdot s_2, t_1 \cdot s_1, \psi \rangle \mid \langle c, t_3, t_2, t_1, \varphi \to \psi \rangle, \langle c, s_3, s_2, s_1, \varphi \rangle \in L_n^\Gamma$ 对某个 $\varphi\} \cup \{\langle c, t_3 \cdot c, t_2 \cdot s_2, t_1 \cdot s_1, \psi \rangle \mid \langle c, t_3, t_2, t_1, \varphi \to \psi \rangle \in L_n^\Gamma, \langle c, s_2, s_1, \varphi \rangle \in H_n^\Gamma$ 对某个 $\varphi\} \cup \{\langle c, c \cdot s_3, t_2 \cdot s_2, t_1 \cdot s_1, \psi \rangle \mid \langle c, t_2, t_1, \varphi \to$

$\psi\rangle \in H_n^\Gamma, \langle c, s_3, s_2, s_1, \varphi\rangle \in L_n^\Gamma$ 对某个 φ }

- $F^\Gamma = \bigcup_{n \in \mathbb{N}} F_n^\Gamma$
- $G^\Gamma = \bigcup_{n \in \mathbb{N}} G_n^\Gamma$
- $H^\Gamma = \bigcup_{n \in \mathbb{N}} H_n^\Gamma$
- $L^\Gamma = \bigcup_{n \in \mathbb{N}} L_n^\Gamma$
- $f^\Gamma : \{\varphi \mid \mathsf{U}^\mathsf{M}\varphi \in \Gamma\} \to E^c, f^\Gamma(\varphi) = \varphi.$
- $g^\Gamma : \{\varphi \mid \mathsf{U}^\mathsf{E}\varphi \in \Gamma\} \to E^c \times E^c, g^\Gamma(\varphi) = \langle \varphi \cdot \varphi, !\varphi\rangle.$
- $h^\Gamma : \{\varphi \mid \mathsf{U}^\mathsf{D}\varphi \in \Gamma\} \to E^c \times E^c \times E^c, h^\Gamma(\varphi) = \langle !!\varphi, \varphi \cdot \varphi, !\varphi\rangle.$
- $l^\Gamma : \{\varphi \mid \mathsf{U}^\mathsf{I}\varphi \in \Gamma\} \to \{c \mid c \in E^c\} \times E^c \times E^c, l^\Gamma(\varphi) = \langle c, !!\varphi, \varphi \cdot \varphi, !\varphi\rangle.$

命题 3.6.10 对于任意的 $\Gamma \in \Omega$，有 $\langle \Gamma, F^\Gamma, G^\Gamma, H^\Gamma, L^\Gamma, f^\Gamma, g^\Gamma, h^\Gamma, l^\Gamma\rangle \in W^c$。

证明 我们证明 W^c 定义中的条件 1—16 都得到了满足。以下仅详细写出其中的部分条件：

- 对条件 1，假设 $\langle t_2, t_1, \varphi \to \psi\rangle, \langle s_2, s_1, \varphi\rangle \in G^\Gamma$。则存在 $k, l \in \mathbb{N}$ 使得 $\langle t_2, t_1, \varphi \to \psi\rangle \in G_k^\Gamma$ 且 $\langle s_2, s_1, \varphi\rangle \in G_l^\Gamma$。不妨假设 $k > l$。那么根据以上的构造，可以得到 $\langle t_2 \cdot s_2, t_1 \cdot s_1, \psi\rangle \in G_{k+1}^\Gamma$。因此，$\langle t_2 \cdot s_2, t_1 \cdot s_1, \psi\rangle \in G^\Gamma$。

- 对条件 6，假设 $\langle c, t_2, t_1, \varphi \to \psi\rangle \in H^\Gamma$ 且 $\langle c, s_3, s_2, s_1, \varphi\rangle \in L^\Gamma$，则存在 $k, l \in \mathbb{N}$ 使得 $\langle c, t_2, t_1, \varphi \to \psi\rangle \in H_k^\Gamma$ 且 $\langle c, s_3, s_2, s_1, \varphi\rangle \in L_l^\Gamma$。不妨假设 $k > l$。那么根据构造方法，我们得到 $\langle c, c \cdot s_3, t_2 \cdot s_2, t_1 \cdot s_1, \psi\rangle \in L_{k+1}^\Gamma$。因此，$\langle c, c \cdot s_3, t_2 \cdot s_2, t_1 \cdot s_1, \psi\rangle \in L^\Gamma$。

- 对条件 8，假设 $\langle t_2, t_1, \varphi\rangle \in G^\Gamma$，则存在 $k \in \mathbb{N}$ 使得 $\langle t_2, t_1, \varphi\rangle \in G_k^\Gamma$，这意味着 $\langle t_1, \varphi\rangle \in F_{k+1}^\Gamma$。因此，根据 F^Γ 的构造，我们有 $\langle t_1, \varphi\rangle \in F^\Gamma$。

- 对条件 12，假设 $\langle t, \bigcirc\varphi\rangle \in F^\Gamma$，那么有 $\langle t, \bigcirc\varphi\rangle \in F_k^\Gamma$ 对某个 $k \in \mathbb{N}$ 成立，这意味着根据 G^Γ 的构造，$\langle !t, t, \bigcirc\varphi\rangle \in G_{k+1}^\Gamma$。

- 对条件 13，假设 $\mathsf{U}^\mathsf{M}\varphi \in \Gamma$，那么根据 F_0^Γ 和 F^Γ 的构造，$\langle \varphi, \varphi\rangle \in F^\Gamma$，这意味着根据 f^Γ 的构造，$\langle f^\Gamma(\varphi), \varphi\rangle \in F^\Gamma$。

- 对条件 14，假设 $\mathsf{U}^\mathsf{E}\varphi \in \Gamma$，那么根据 G_0^Γ 和 G^Γ 的构造，我们得到 $\langle \varphi \cdot \varphi, !\varphi, \varphi\rangle \in G^\Gamma$。此外，根据 g^Γ 的构造，我们有 $\langle g^\Gamma(\varphi), \varphi\rangle \in G^\Gamma$。

- 对条件 16，假设 $\mathsf{U}^\mathsf{I}\varphi \in \Gamma$，那么根据 L_0^Γ 和 L^Γ 的构造，我们得到

$\langle c,!!\varphi,\varphi\cdot\varphi,!\varphi,\varphi\rangle\in L^{\Gamma}$。此外，根据 l^{Γ} 的构造，我们有 $\langle l^{\Gamma}(\varphi),\varphi\rangle\in L^{\Gamma}$。

□

命题 3.6.11 R^c 是等价关系。

证明 这是由 R^c 的构造以及公理 (T)、(4) 和 (5) 直接得出的。 □

而对于典范模型中 $\mathcal{E}^c$ 的定义是否是良性的，我们检查以下命题：

命题 3.6.12 $\mathcal{E}^c$ 满足 **ELCU** 模型定义中的所有条件。

证明 我们仅验证部分情况：

解释应用：假设 $\langle\Gamma,F^{\Gamma},G^{\Gamma},H^{\Gamma},L^{\Gamma},f^{\Gamma},g^{\Gamma},h^{\Gamma},l^{\Gamma}\rangle\in\mathcal{E}^c(t,\varphi\to\psi)\cap\mathcal{E}^c(s,\varphi)$。根据 $\mathcal{E}^c$ 的构造，我们有 $\langle t,\varphi\to\psi\rangle$ 和 $\langle s,\varphi\rangle$ 都在 F 中。然后根据 W^c 的条件 1，我们得到 $\langle t\cdot s,\psi\rangle\in F$，这意味着 $\langle\Gamma,F^{\Gamma},G^{\Gamma},H^{\Gamma},L^{\Gamma},f^{\Gamma},g^{\Gamma},h^{\Gamma},l^{\Gamma}\rangle\in\mathcal{E}^c(t\cdot s,\psi)$。

常项说明：假设 $\varphi\in\Lambda$。对于每个 $\langle\Gamma,F^{\Gamma},G^{\Gamma},H^{\Gamma},L^{\Gamma},f^{\Gamma},g^{\Gamma},h^{\Gamma},l^{\Gamma}\rangle\in W^c$，根据 W^c 的条件 7，我们有 $\langle c,\varphi\rangle\in F$，这意味着 $\mathcal{E}^c(c,\varphi)=W^c$。

解释事实性：假设 $\langle\Gamma,F^{\Gamma},G^{\Gamma},H^{\Gamma},L^{\Gamma},f^{\Gamma},g^{\Gamma},h^{\Gamma},l^{\Gamma}\rangle\in\mathcal{E}^c(\langle t_2,t_1\rangle,\varphi)$，这意味着 $\langle t_2,t_1,\varphi\rangle\in G$。然后根据条件 8，我们有 $\langle t_1,\varphi\rangle\in F$，这意味着 $\langle\Gamma,F^{\Gamma},G^{\Gamma},H^{\Gamma},L^{\Gamma},f^{\Gamma},g^{\Gamma},h^{\Gamma},l^{\Gamma}\rangle\in\mathcal{E}^c(t_1,\varphi)$。

认知内省：根据条件 12，这是显然的。

理想解释：假设 $\langle\Gamma,F^{\Gamma},G^{\Gamma},H^{\Gamma},L^{\Gamma},f^{\Gamma},g^{\Gamma},h^{\Gamma},l^{\Gamma}\rangle\in\mathcal{E}(\langle c,t_2,t_1\rangle,\varphi)$。根据 $\mathcal{E}^c$ 的构造，对于任意 $s\in E^c$，我们有 $\mathcal{E}(\langle s,c,t_2,t_1\rangle,\varphi)=\emptyset$。因此，对于任意 $s\in E^c$，我们有 $\langle\Gamma,F^{\Gamma},G^{\Gamma},H^{\Gamma},L^{\Gamma},f^{\Gamma},g^{\Gamma},h^{\Gamma},l^{\Gamma}\rangle\notin\mathcal{E}(\langle s,c,t_2,t_1\rangle,\varphi)$。

理想解释应用 I：假设 $\langle\Gamma,F^{\Gamma},G^{\Gamma},H^{\Gamma},L^{\Gamma},f^{\Gamma},g^{\Gamma},h^{\Gamma},l^{\Gamma}\rangle\in\mathcal{E}(\langle c,t_3,t_2,t_1\rangle,\varphi\to\psi)\cap\mathcal{E}(\langle c,s_2,s_1\rangle,\varphi)$。根据 $\mathcal{E}^c$ 的构造，我们有 $\langle c,t_3,t_2,t_1,\varphi\to\psi\rangle\in L$ 和 $\langle c,s_2,s_1,\varphi\to\psi\rangle\in H$，这意味着根据 W^c 的条件 5，我们有 $\langle c,t_3\cdot c,t_2\cdot s_2,t_1\cdot s_1,\psi\rangle\in L$。因此，按照定义，我们有 $\langle\Gamma,F^{\Gamma},G^{\Gamma},H^{\Gamma},L^{\Gamma},f^{\Gamma},g^{\Gamma},h^{\Gamma},l^{\Gamma}\rangle\in\mathcal{E}(\langle c,t_3\cdot c,t_2\cdot s_2,t_1\cdot s_1\rangle,\psi)$。

□

因此，根据命题 3.6.10、3.6.11 和 3.6.12，典范模型是良定义的：

命题 3.6.13 典范模型 $\mathcal{M}^c$ 是良定义的。

接下来分别证明关于 K、U^M、U^E、U^D 和 U^I 的存在引理。

引理 3.6.14（K-存在引理）　对于任意的 $\langle \Gamma, F, G, H, L, f, g, h, l \rangle \in W^c$，如果 $\neg K\varphi \in \Gamma$，那么存在一个 $\langle \Delta, F', G', H', L', f', g', h', l' \rangle \in W^c$，使得 $\langle \Gamma, F, G, H, L, f, g, h, l \rangle R^c \langle \Delta, F', G', H', L', f', g', h', l' \rangle$，并且 $\neg\varphi \in \Delta$。

证明　（略述）假设 $\neg K\varphi \in \Gamma$。令 $\Delta^- = \{\psi \mid K\psi \in \Gamma\} \cup \{\neg\varphi\}$。首先，$\Delta^-$ 是一致的。通过 (DISTK) 和 (N) 可以进行常规证明。接下来将 Δ^- 扩展成一个极大一致集 Δ。最后，构造 $F', G', H', L', f', g', h', l'$ 以形成 W^c 中的一个世界。可以直接令 $F' = F, G' = G, H' = H, L' = L$ 并且 $f' = f, g' = g, h' = h, l' = l$。　□

为了在保持 $K\psi$ 公式的同时语义上否定 $U^M\psi$，可以构造一个可通达的世界，使得该世界中关于 ψ 的第一层解释与当前世界不同。在 [C. Xu, Y. Wang and Studer 2021] 中，所有关于 φ 的原始第一层解释在构造过程中都被替换为不同的解释。现在简化证明，通过在构造否定 $U^M\psi$ 的典范世界时删除所有关于 ψ 的解释，如上面章节对"理解为何"的逻辑证明中所述。

引理 3.6.15（U^M-存在引理）　对于任意 $K\psi \in \Gamma$ 的 $\langle \Gamma, F, G, H, L, f, g, h, l \rangle \in W^c$，如果 $U^M\varphi \notin \Gamma$，那么对于任意 $\langle t, \psi \rangle \in F$，存在一个 $\langle \Delta, F', G', H', L', f', g', h', l' \rangle \in W^c$ 使得 $\langle t, \psi \rangle \notin F'$，并且 $\langle \Gamma, F, G, H, L, f, g, h, l \rangle R^c \langle \Delta, F', G', H', L', f', g', h', l' \rangle$。

证明　假设 $U^M\psi \notin \Gamma$，构造 $\langle \Delta, F', G', H', L', f', g', h', l' \rangle$ 如下：

- $\Delta = \Gamma$
- $F' = \{\langle s, \varphi \rangle \mid \langle s, \varphi \rangle \in F \text{ 且 } U^M\varphi \in \Gamma\}$
- $G' = \{\langle s_2, s_1, \varphi \rangle \mid \langle s_2, s_1, \varphi \rangle \in G \text{ 且 } U^M\varphi \in \Gamma\}$
- $H' = \{\langle s_3, s_2, s_1, \varphi \rangle \mid \langle s_3, s_2, s_1, \varphi \rangle \in H \text{ 且 } U^M\varphi \in \Gamma\}$
- $L' = \{\langle c, s_3, s_2, s_1, \varphi \rangle \mid \langle c, s_3, s_2, s_1, \varphi \rangle \in L \text{ 且 } U^M\varphi \in \Gamma\}$
- $f' : \{\varphi \mid U^M\varphi \in \Delta\} \to E^c$ 被定义为 $f'(\varphi) = f(\varphi)$
- $g' : \{\varphi \mid U^E\varphi \in \Delta\} \to E^c$ 被定义为 $g'(\varphi) = g(\varphi)$
- $h' : \{\varphi \mid U^D\varphi \in \Delta\} \to E^c$ 被定义为 $h'(\varphi) = h(\varphi)$
- $l' : \{\varphi \mid U^I\varphi \in \Delta\} \to E^c$ 被定义为 $l'(\varphi) = l(\varphi)$

根据以上构造 $F' \subseteq F, G' \subseteq G, H' \subseteq H, L' \subseteq L$。构造 F'、G'、H' 以及 L'

的主要想法是"谨慎地"删除所有关于 $\{\varphi \mid \mathsf{U}^\mathsf{M}\varphi \notin \Gamma\}$ 的第一层解释。由于 $\mathsf{U}^\mathsf{M}\psi \notin \Gamma$,根据构造显然对任意 $\langle t, \psi \rangle \in F$,有 $\langle t, \psi \rangle \notin F'$。为了完成这个证明,首先检查 W^c 定义中的条件 1—16 来证明 $\langle \Delta, F', G', H', L', f', g', h', l' \rangle \in W^c$。下面只写出其中几个条件的证明过程:

- 对条件 4,假设 $\langle c, t_3, t_2, t_1, \varphi \to \psi \rangle, \langle c, s_3, s_2, s_1, \varphi \rangle \in L' \subseteq L$,那么 $\langle c \cdot c, t_3 \cdot s_3, t_2 \cdot s_2, t_1 \cdot s_1, \varphi \rangle = \langle c, t_3 \cdot s_3, t_2 \cdot s_2, t_1 \cdot s_1, \varphi \rangle \in L$,且 $\mathsf{U}^\mathsf{M}(\varphi \to \psi)$ 和 $\mathsf{U}^\mathsf{M}\varphi \in \Gamma$。由公理 (DISTU) 和 MCS 的性质,我们有 $\mathsf{U}^\mathsf{M}\psi \in \Gamma$。因此,$\langle c, t_3 \cdot s_3, t_2 \cdot s_2, t_1 \cdot s_1, \psi \rangle \in L'$。

- 对条件 7,假设 $\varphi \in \Lambda$,那么根据 (NE) 和 MCS 的性质,我们有 $\mathsf{U}^\mathsf{M}\varphi \in \Gamma$,这意味着 $\langle c, \varphi \rangle \in F'$。

- 对条件 9,假设 $\langle t_3, t_2, t_1, \varphi \rangle \in H' \subseteq H$,那么 $\langle t_2, t_1, \varphi \rangle \in G$,且 $\mathsf{U}^\mathsf{M}\varphi \in \Gamma$,这意味着 $\langle t_2, t_1, \varphi \rangle \in G'$。

- 对条件 11,假设 $\langle c, t_2, t_1, \varphi \rangle \in H' \subseteq H$,那么 $\langle c, c, t_2, t_1, \varphi \rangle \notin L$,这意味着 $\langle c, c, t_2, t_1, \varphi \rangle \notin L'$。

- 对条件 12,假设 $\langle t, \bigcirc\varphi \rangle \in F' \subseteq F$。然后我们得到 $\langle !t, t, \bigcirc\varphi \rangle \in G$ 且 $\mathsf{U}^\mathsf{M}\bigcirc\varphi \in \Gamma$,这意味着 $\langle !t, t, \bigcirc\varphi \rangle \in G'$。

- 对条件 15,假设 $\mathsf{U}^\mathsf{D}\varphi \in \Delta$。那么我们得到 $\mathsf{U}^\mathsf{D}\varphi \in \Gamma$ 通过 $\Gamma = \Delta$,因此 $\langle h(\varphi), \varphi \rangle \in H$。根据 (DYE)、(EYM) 和 MCS 的性质,我们有 $\mathsf{U}^\mathsf{M}\varphi \in \Delta$,所以 $\langle h'(\varphi), \varphi \rangle = \langle h(\varphi), \varphi \rangle \in H'$。

- 对条件 16,假设 $\mathsf{U}^\mathsf{I}\varphi \in \Delta$。那么我们通过 $\Gamma = \Delta$ 得到 $\mathsf{U}^\mathsf{I}\varphi \in \Gamma$,因此 $\langle l(\varphi), \varphi \rangle \in L$。根据 (IYD)、(DYE)、(EYM) 和 MCS 的性质,我们有 $\mathsf{U}^\mathsf{M}\varphi \in \Delta$,所以 $\langle l'(\varphi), \varphi \rangle = \langle l(\varphi), \varphi \rangle \in L'$。

其次,$\langle \Gamma, F, G, H, L, f, g, h, l \rangle R^c \langle \Delta, F', G', H', L', f', g', h', l' \rangle$ 是成立的。只需检查以下条件:

- 由于 $\Delta = \Gamma$,显然有 $\{\varphi \mid \mathsf{K}\varphi \in \Gamma\} \subseteq \Delta$。

- 由于 $\Delta = \Gamma$,显然 $dom(f) = dom(f')$, $dom(g) = dom(g')$, $dom(h) = dom(h')$ 和 $dom(l) = dom(l')$。然后对于任意 $\varphi \in \{\varphi \mid \mathsf{U}^\mathsf{M}\varphi \in \Delta\}$,根据 f' 的定义,有 $f(\varphi) = f'(\varphi)$。类似地,对于任意 $\varphi \in \{\varphi \mid \mathsf{U}^\mathsf{E}\varphi \in \Delta\}$,有

$g(\varphi) = g'(\varphi)$；对于任意 $\varphi \in \{\varphi \mid \mathsf{U}^\mathsf{D}\varphi \in \Delta\}$，有 $h(\varphi) = h'(\varphi)$；对于任意 $\varphi \in \{\varphi \mid \mathsf{U}^\mathsf{I}\varphi \in \Delta\}$，有 $l(\varphi) = l'(\varphi)$。因此 $f = f'$，$g = g'$，$h = h'$ 和 $l = l'$。

$\square$

同样，为使得 $\mathsf{U}^\mathsf{E}\varphi$ 不成立同时保持 $\mathsf{U}^\mathsf{M}\varphi$，可以用同样的想法构造一个可通达的典范世界，在该世界中，φ 的任何第二层解释都不同于当前世界中的解释。

引理 3.6.16（U^E-存在引理） 对于任何 $\langle \Gamma, F, G, H, L, f, g, h, l \rangle \in W^c$ 其中 $\mathsf{U}^\mathsf{M}\psi \in \Gamma$，如果 $\mathsf{U}^\mathsf{E}\psi \notin \Gamma$，则对于任何 $\langle s, t, \psi \rangle \in G$，存在一个 $\langle \Delta, F', G', H', L', f', g', h', l' \rangle \in W^c$，使得 $\langle s, t, \psi \rangle \notin G'$ 且 $\langle \Gamma, F, G, H, L, f, g, h, l \rangle R^c \langle \Delta, F', G', H', L', f', g', h', l' \rangle$。

证明 假设 $\mathsf{U}^\mathsf{E}\psi \notin \Gamma$，我们构造 $\langle \Delta, F', G', H', L', f', g', h', l' \rangle$ 如下：

- $\Delta = \Gamma$
- $F' = \{\langle s, \varphi \rangle \mid \langle s, \varphi \rangle \in F \text{ 且 } \mathsf{U}^\mathsf{M}\varphi \in \Gamma\}$
- $G' = \{\langle s_2, s_1, \varphi \rangle \mid \langle s_2, s_1, \varphi \rangle \in G \text{ 且 } \mathsf{U}^\mathsf{E}\varphi \in \Gamma\}$
- $H' = \{\langle s_3, s_2, s_1, \varphi \rangle \mid \langle s_3, s_2, s_1, \varphi \rangle \in H \text{ 且 } \mathsf{U}^\mathsf{E}\varphi \in \Gamma\}$
- $L' = \{\langle c, s_3, s_2, s_1, \varphi \rangle \mid \langle c, s_3, s_2, s_1, \varphi \rangle \in L \text{ 且 } \mathsf{U}^\mathsf{E}\varphi \in \Gamma\}$
- $f': \{\varphi \mid \mathsf{U}^\mathsf{M}\varphi \in \Delta\} \to E^c$ 定义为 $f'(\varphi) = f(\varphi)$
- $g': \{\varphi \mid \mathsf{U}^\mathsf{E}\varphi \in \Delta\} \to E^c$ 定义为 $g'(\varphi) = g(\varphi)$
- $h': \{\varphi \mid \mathsf{U}^\mathsf{D}\varphi \in \Delta\} \to E^c$ 定义为 $h'(\varphi) = h(\varphi)$
- $l': \{\varphi \mid \mathsf{U}^\mathsf{I}\varphi \in \Delta\} \to E^c$ 定义为 $l'(\varphi) = l(\varphi)$

省略剩余的证明细节，因为它与引理 3.6.17 中的证明相应部分类似。 $\square$

引理 3.6.17（U^D-存在引理） 对任何 $\langle \Gamma, F, G, H, L, f, g, h, l \rangle \in W^c$ 其中 $\mathsf{U}^\mathsf{E}\psi \in \Gamma$，如果 $\mathsf{U}^\mathsf{D}\psi \notin \Gamma$，则对于任何 $\langle r, s, t, \psi \rangle \in H$，存在一个 $\langle \Delta, F', G', H', L', f', g', h', l' \rangle \in W^c$，使得 $\langle r, s, t, \psi \rangle \notin H'$ 且 $\langle \Gamma, F, G, H, L, f, g, h, l \rangle R^c \langle \Delta, F', G', H', L', f', g', h', l' \rangle$。

证明 假设 $\mathsf{U}^\mathsf{D}\psi \notin \Gamma$。我们构造 $\langle \Delta, F', G', H', L', f', g', h', l' \rangle$ 如下：

- $\Delta = \Gamma$

- $F' = \{\langle s, \varphi \rangle \mid \langle s, \varphi \rangle \in F \text{ 且 } \mathsf{U}^\mathsf{M}\varphi \in \Gamma\}$
- $G' = \{\langle s_2, s_1, \varphi \rangle \mid \langle s_2, s_1, \varphi \rangle \in G \text{ 且 } \mathsf{U}^\mathsf{E}\varphi \in \Gamma\}$
- $H' = \{\langle s_3, s_2, s_1, \varphi \rangle \mid \langle s_3, s_2, s_1, \varphi \rangle \in H \text{ 且 } \mathsf{U}^\mathsf{D}\varphi \in \Gamma\}$
- $L' = \{\langle c, s_3, s_2, s_1, \varphi \rangle \mid \langle c, s_3, s_2, s_1, \varphi \rangle \in L \text{ 且 } \mathsf{U}^\mathsf{D}\varphi \in \Gamma\}$
- $f' \colon \{\varphi \mid \mathsf{U}^\mathsf{M}\varphi \in \Delta\} \to E^c$ 定义为 $f'(\varphi) = f(\varphi)$
- $g' \colon \{\varphi \mid \mathsf{U}^\mathsf{E}\varphi \in \Delta\} \to E^c$ 定义为 $g'(\varphi) = g(\varphi)$
- $h' \colon \{\varphi \mid \mathsf{U}^\mathsf{D}\varphi \in \Delta\} \to E^c$ 定义为 $h'(\varphi) = h(\varphi)$
- $l' \colon \{\varphi \mid \mathsf{U}^\mathsf{I}\varphi \in \Delta\} \to E^c$ 定义为 $l'(\varphi) = l(\varphi)$

显然，$F' \subseteq F$，$G' \subseteq G$，$H' \subseteq H$，$L' \subseteq L$。同样，构造的主要想法是"仔细"删除所有关于 $\{\psi \mid \mathsf{U}^\mathsf{D}\psi \notin \Gamma\}$ 的第三层解释。显然，对任何 $\langle t_3, t_2, t_1, \psi \rangle \in H$，有 $\langle t_3, t_2, t_1, \psi \rangle \notin H'$，因为我们构造了这样的 H'，并且假设 $\mathsf{U}^\mathsf{D}\psi \notin \Gamma$。为了完成该证明，首先，验证 W^c 定义中的条件 1—16 表明 $\langle \Delta, F', G', H', L', f', g', h', l' \rangle \in W^c$。仅详细列出以下选定的情况：

- 对条件 3，假设 $\langle t_3, t_2, t_1, \varphi \to \psi \rangle, \langle s_2, s_2, s_1, \varphi \rangle \in H' \subseteq H$，则 $\langle t_3 \cdot s_3, t_2 \cdot s_2, t_1 \cdot s_1, \varphi \rangle \in H$。此外，由公理 (DISTU) 和 $\mathsf{U}^\mathsf{D}(\varphi \to \psi), \mathsf{U}^\mathsf{D}\varphi \in \Gamma$，我们有 $\mathsf{U}^\mathsf{D}\psi \in \Gamma$。因此 $\langle t_3 \cdot s_3, t_2 \cdot s_2, t_1 \cdot s_1, \psi \rangle \in H'$。
- 对条件 9，假设 $\langle t_3, t_2, t_1, \varphi \rangle \in H' \subseteq H$，则 $\langle t_2, t_1, \varphi \rangle \in G$ 且 $\mathsf{U}^\mathsf{D}\varphi \in \Gamma$，因此由公理 (DYE) 知道 $\mathsf{U}^\mathsf{E}\varphi \in \Gamma$，这意味着 $\langle t_2, t_1, \varphi \rangle \in G'$。
- 对条件 10，假设 $\langle c, t_3, t_2, t_1, \varphi \rangle \in L' \subseteq L$，则 $\langle t_3, t_2, t_1, \varphi \rangle \in H$ 且 $\mathsf{U}^\mathsf{D}\varphi \in \Gamma$，因此 $\langle t_3, t_2, t_1, \varphi \rangle \in H'$。
- 对条件 16，假设 $\mathsf{U}^\mathsf{I}\varphi \in \Delta$。由于 $\Gamma = \Delta$，我们有 $\mathsf{U}^\mathsf{I}\varphi \in \Gamma$，因此 $\langle l(\varphi), \varphi \rangle \in L$。根据公理 (IYD) 和 MCS 的性质，我们知道 $\mathsf{U}^\mathsf{D}\varphi \in \Delta$，所以 $\langle l'(\varphi), \varphi \rangle = \langle l(\varphi), \varphi \rangle \in L'$。

其余情况可以类似得证。

最后，检查 $\langle \Gamma, F, G, H, L, f, g, h, l \rangle \, R^c \, \langle \Delta, F', G', H', L', f', g', h', l' \rangle$ 成立。

$\square$

引理 3.6.18（U^I-存在引理） 对于任何 $\langle \Gamma, F, G, H, L, f, g, h, l \rangle \in W^c$，如果 $\mathsf{U}^\mathsf{D}\psi \in \Gamma$，且 $\mathsf{U}^\mathsf{I}\psi \notin \Gamma$，那么对于任何 $\langle c, r, s, t, \psi \rangle \in H$，存在一个 $\langle \Delta, F', G', H',$

$L', f', g', h', l'\rangle \in W^c$，使得 $\langle c, r, s, t, \psi\rangle \notin H'$ 并且 $\langle \Gamma, F, G, H, L, f, g, h, l\rangle\ R^c\ \langle \Delta, F', G', H', L', f', g', h', l'\rangle$。

证明 如果 $\mathsf{U}^\mathsf{I}\psi \notin \Gamma$，则按照如下方法构造 $\langle \Delta, F', G', H', L', f', g', h', l'\rangle$：

- $\Delta = \Gamma$
- $F' = \{\langle s, \varphi\rangle \mid \langle s, \varphi\rangle \in F\ \text{且}\ \mathsf{U}^\mathsf{M}\varphi \in \Gamma\}$
- $G' = \{\langle s_2, s_1, \varphi\rangle \mid \langle s_2, s_1, \varphi\rangle \in G\ \text{且}\ \mathsf{U}^\mathsf{E}\varphi \in \Gamma\}$
- $H' = \{\langle s_3, s_2, s_1, \varphi\rangle \mid \langle s_3, s_2, s_1, \varphi\rangle \in H\ \text{且}\ \mathsf{U}^\mathsf{D}\varphi \in \Gamma\}$
- $L' = \{\langle c, s_3, s_2, s_1, \varphi\rangle \mid \langle c, s_3, s_2, s_1, \varphi\rangle \in L\ \text{且}\ \mathsf{U}^\mathsf{I}\varphi \in \Gamma\}$
- $f' \colon \{\varphi \mid \mathsf{U}^\mathsf{M}\varphi \in \Delta\} \to E^c$ 定义为 $f'(\varphi) = f(\varphi)$
- $g' \colon \{\varphi \mid \mathsf{U}^\mathsf{E}\varphi \in \Delta\} \to E^c$ 定义为 $g'(\varphi) = g(\varphi)$
- $h' \colon \{\varphi \mid \mathsf{U}^\mathsf{D}\varphi \in \Delta\} \to E^c$ 定义为 $h'(\varphi) = h(\varphi)$
- $l' \colon \{\varphi \mid \mathsf{U}^\mathsf{I}\varphi \in \Delta\} \to E^c$ 定义为 $l'(\varphi) = l(\varphi)$

由上述构造得到 $F' \subseteq F, G' \subseteq G, H' \subseteq H, L' \subseteq L$。由于 $\mathsf{U}^\mathsf{I}\psi \notin \Gamma$，通过“仔细”删除所有第四层解释，可以确保对于任何 $\langle c, t_3, t_2, t_1, \psi\rangle \in L$，有 $\langle c, t_3, t_2, t_1, \psi\rangle \notin L'$。首先证明 $\langle \Delta, F', G', H', L', f', g', h', l'\rangle \in W^c$，以下省略大部分的情况：

- 对条件 4，假设 $\langle c, t_3, t_2, t_1, \varphi \to \psi\rangle, \langle c, s_3, s_2, s_1, \varphi\rangle \in L' \subseteq L$，则 $\langle c, t_3 \cdot s_3, t_2 \cdot s_2, t_1 \cdot s_1, \varphi\rangle \in L$。此外，由于公理 (DISTU) 和 $\mathsf{U}^\mathsf{I}(\varphi \to \psi), \mathsf{U}^\mathsf{I}\varphi \in \Gamma$，我们有 $\mathsf{U}^\mathsf{I}\psi \in \Gamma$，因此，$\langle c, t_3 \cdot s_3, t_2 \cdot s_2, t_1 \cdot s_1, \psi\rangle \in L'$。
- 对条件 10，假设 $\langle c, t_3, t_2, t_1, \varphi\rangle \in L' \subseteq L$，则 $\langle t_3, t_2, t_1, \varphi\rangle \in H$，且 $\mathsf{U}^\mathsf{I}\varphi \in \Gamma$，因此 $\mathsf{U}^\mathsf{D}\varphi \in \Gamma$，这意味着 $\langle t_3, t_2, t_1, \varphi\rangle \in H'$。

其次，显然 $\langle \Gamma, F, G, H, L, f, g, h, l\rangle\ R^c\ \langle \Delta, F', G', H', L', f', g', h', l'\rangle$ 成立。

$\square$

最后，证明以下真值引理。

引理 3.6.19（真值引理） 对于任意的 $\varphi \in \mathbf{ELCU}$，$\langle \Gamma, F, G, H, L, f, g, h, l\rangle \vDash \varphi$ 当且仅当 $\varphi \in \Gamma$。

证明 对 φ 的结构进行归纳。原子情况和布尔情况的证明略去。对于 $\varphi = \mathsf{K}\psi$

的情况，依据引理 3.6.14 是显然的。对于 $\varphi = \mathsf{U}^\mathsf{M}\psi$ 的情况，借助引理 3.6.14 和 3.6.15 易证。对于 $\varphi = \mathsf{U}^\mathsf{E}\psi$ 的情况，我们省略其证明，因为它与以下情况的证明非常相似，主要应用引理 3.6.16。

对 $\varphi = \mathsf{U}^\mathsf{D}\psi$ 的情况，

- $\Longleftarrow$: 假设 $\mathsf{U}^\mathsf{D}\psi \in \Gamma$。那么对于任意的 $\langle \Delta, F', G', H', L', f', g', h', l' \rangle$，只要 $\langle \Gamma, F, G, H, L, f, g, h, l \rangle\ R^c\ \langle \Delta, F', G', H', L', f', g', h', l' \rangle$，就能得到 $\mathsf{U}^\mathsf{D}\psi \in \Delta$，再根据 $(4^\cdot)$、(DYE)、(EYM)、(UYK)、(T) 以及 MCS 的性质，这意味着 $\psi \in \Delta$。因此根据归纳假设 $\langle \Delta, F', G', H', L', f', g', h', l' \rangle \vDash \psi$。此外，我们有 $\langle h(\psi), \psi \rangle \in H$，$\langle h'(\psi), \psi \rangle \in H'$ 和 $h = h'$，根据 $\mathcal{M}^c$ 的定义，这意味着存在 $h(\psi) = h'(\psi) \in E^{c3}$ 以及 $\langle \Delta, F', G', H', L', f', g', h', l' \rangle \in \mathcal{E}^c(h'(\psi), \psi)$。因此 $\langle \Gamma, F, G, H, L, f, g, h, l \rangle \vDash \mathsf{U}^\mathsf{D}\psi$。

- $\Longrightarrow$: 假设 $\mathsf{U}^\mathsf{D}\psi \notin \Gamma$，则有以下四种情况：

  - $\mathsf{K}\psi \notin \Gamma$。根据引理 3.6.14，得到 $\langle \Gamma, F, G, H, L, f, g, h, l \rangle \nvDash \mathsf{K}\psi$，因此 $\langle \Gamma, F, G, H, L, f, g, h, l \rangle \nvDash \mathsf{U}^\mathsf{D}\psi$。

  - $\mathsf{K}\psi \in \Gamma$ 但 $\mathsf{U}^\mathsf{M}\psi \notin \Gamma$。根据引理 3.6.15，有 $\langle \Gamma, F, G, H, L, f, g, h, l \rangle \nvDash \mathsf{U}^\mathsf{M}\psi$，因此 $\langle \Gamma, F, G, H, L, f, g, h, l \rangle \nvDash \mathsf{U}^\mathsf{D}\psi$。

  - $\mathsf{U}^\mathsf{M}\psi \in \Gamma$ 但 $\mathsf{U}^\mathsf{E}\psi \notin \Gamma$。根据引理 3.6.16，可得 $\langle \Gamma, F, G, H, L, f, g, h, l \rangle \nvDash \mathsf{U}^\mathsf{E}\psi$，因此 $\langle \Gamma, F, G, H, L, f, g, h, l \rangle \nvDash \mathsf{U}^\mathsf{D}\psi$。

  - $\mathsf{U}^\mathsf{E}\psi \in \Gamma$。如果对于任何 $r, s, t \in E^c$，都有 $\langle r, s, t, \psi \rangle \notin H$，则根据语义定义，$\langle \Gamma, F, G, H, L, f, g, h, l \rangle \nvDash \mathsf{U}^\mathsf{D}\psi$。如果存在 t_1、t_2 和 t_3 使得 $\langle t_3, t_2, t_1, \psi \rangle \in H$，那么应用引理 3.6.17 完成证明。

对 $\varphi = \mathsf{U}^\mathsf{I}\psi$ 的情况，

- $\Longleftarrow$: 与上述 $\mathsf{U}^\mathsf{D}\psi$ 的情况类似。假设 $\mathsf{U}^\mathsf{I}\psi \in \Gamma$。那么对于任意的 $\langle \Delta, F', G', H', L', f', g', h', l' \rangle$，只要 $\langle \Gamma, F, G, H, L, f, g, h, l \rangle\ R^c\ \langle \Delta, F', G', H', L', f', g', h', l' \rangle$，就得到 $\mathsf{U}^\mathsf{I}\psi \in \Delta$，依据 $(4^\cdot)$、(IYD)、(DYE)、(EYM)、(UYK)、(T) 和 MCS 的性质，这意味着 $\psi \in \Delta$。因此由归纳假设 $\langle \Delta, F', G', H', L', f', g', h', l' \rangle \vDash \psi$。此外，我们有 $\langle l(\psi), \psi \rangle \in L$，$\langle l'(\psi), \psi \rangle \in L'$ 和 $l = l'$，根据 $\mathcal{M}^c$ 的定义，这意味着存在 $l(\psi) = l'(\psi) \in E^{c3}$ 以及 $\langle \Delta, F', G', H', L',$

$f', g', h', l' \rangle \in \mathcal{E}^c(l(\psi), \psi)$，因此 $\langle \Gamma, F, G, H, L, f, g, h, l \rangle \vDash \mathsf{U}^{\mathsf{I}}\psi$。

- $\Longrightarrow$：假设 $\mathsf{U}^{\mathsf{I}}\psi \notin \Gamma$。那么根据 $\mathsf{U}^{\mathsf{D}}\psi$ 的情况的证明，只需检查以下一种情况：

  - $\mathsf{U}^{\mathsf{D}}\psi \in \Gamma$。如果对于任何 $r, s, t \in E^c$，都有 $\langle c, r, s, t, \psi \rangle \notin H$，那么显然 $\langle \Gamma, F, G, H, L, f, g, h, l \rangle \nvDash \mathsf{U}^{\mathsf{I}}\psi$。如果存在 t_1、t_2 和 t_3 使得 $\langle c, t_3, t_2, t_1, \psi \rangle \in H$，那么应用引理 3.6.18 就完成了证明。

  $\square$

定理 3.6.20　系统 SCU 在 **ELCU** 模型上是强完全的。

证明　给定一个 SCU-一致的集合 Σ^-，它可以扩展到一个极大一致集 $\Sigma \in \Omega$。然后，根据命题 3.6.10，存在 $F^\Sigma, G^\Sigma, H^\Sigma, L^\Sigma, f^\Sigma, g^\Sigma, h^\Sigma, l^\Sigma$，使得 $\langle \Sigma, F^\Sigma, G^\Sigma, H^\Sigma, L^\Sigma, f^\Sigma, g^\Sigma, h^\Sigma, l^\Sigma \rangle \in W^c$。由于真值引理 3.6.19，存在一个典范模型 $\mathcal{M}^c$ 满足 Σ，从而满足 Σ^-。　$\square$

§3.6.4　多主体的理解比较与元理解

在本节中，我们探讨当前逻辑架构在一些多主体场景中的应用，特别是关于不同主体之间理解的比较命题以及主体之间的元理解表述。

理解的比较

首先在前述逻辑架构的基础上，扩展到多主体场景，从而能够表达不同主体之间理解的比较命题，如艾丽斯比鲍勃更理解为何天空是蓝色的。在这样的扩展架构中，我们引入新的模态词来比较不同主体之间的理解深度。为聚焦不同主体的理解比较，定义如下形式语言：

定义 3.6.21（多主体理解比较的认知语言）　给定一个非空的命题字母集 P 和一个非空的主体集 I，语言 **MELCU** 定义如下（其中 $p \in P$，$i, j \in I$）：

$$\varphi ::= p \mid \neg\varphi \mid (\varphi \wedge \varphi) \mid \mathsf{K}_i\varphi \mid \mathsf{U}_i\varphi \mid \mathsf{U}_{i>j}\varphi$$

$\mathsf{U}_i\varphi$ 表示主体 i 理解为何 φ。两个主体之间的理解比较记为 $\mathsf{U}_{i>j}\varphi$，读作主体 i 比主体 j 更理解为何 φ。

然后，修改定义 3.6.2 中 **ELCU** 模型的定义，以得到新的适用于语言 **MELCU** 的多主体模型。

定义 3.6.22　一个 **MELCU** 模型 $\mathcal{M}^\cdot$ 是一个五元组 $(W, E, \{R_i \mid i \in I\}, \{\mathcal{E}_i \mid i \in I\}, V)$，其中：

- W 是一个非空的可能世界的集合。
- E 是一个带有运算符 $\cdot$、$!$ 和 c 的非空解释集，使得：
  (1) 如果 $t, s \in E$，那么 $t \cdot s \in E$；
  (2) 如果 $t \in E$，那么 $!t \in E$；
  (3) 一个特殊符号 c 在 E 中。
- 对于每个 $i \in I$，$R_i \subseteq W \times W$ 是一个等价关系。
- $\mathcal{E}_i \colon E^n \times \mathbf{MELCU} \to 2^W$ $(n \geqslant 1)$ 是一个可允许的解释函数，满足以下条件：
  解释应用：　$\mathcal{E}_i(\langle t_n, \cdots, t_1 \rangle, \varphi \to \psi) \cap \mathcal{E}_i(\langle s_n, \cdots, s_1 \rangle, \varphi) \subseteq \mathcal{E}_i(\langle t_n \cdot s_n, \cdots, t_1 \cdot s_1 \rangle, \psi)$。
  常项说明：　如果 $\varphi \in \Lambda$，那么 $\mathcal{E}_i(c, \varphi) = W$。
  高阶解释事实性：　$\mathcal{E}_i(\langle t_{n+1}, t_n, \cdots, t_1 \rangle, \varphi) \subseteq \mathcal{E}_i(\langle t_n, \cdots, t_1 \rangle, \varphi)$。
  认知内省：　$\mathcal{E}_i(t, \bigcirc_i \varphi) \subseteq \mathcal{E}_i(\langle !t, t \rangle, \bigcirc_i \varphi)$，其中 $\bigcirc = \mathsf{K}, \mathsf{U}$。
- $V \colon P \to 2^W$ 是一个赋值函数。

该定义中关于理想解释的条件暂且省略。正如 §3.6.2 中的讨论，对特定认知陈述的解释应该被视为核证。因此模型定义需要一个相对于个体集合 I 的可允许的解释函数 $\mathcal{E}_i$。考虑**认知内省**条件，在解释函数 $\mathcal{E}_i$ 相对化个体集合 I 的情况下，认为在世界 w 上 t 是主体 i 的对于 $\mathsf{K}_i \varphi$ 核证更合理。将可允许解释函数调整为相对于 I 也使模型定义更为一般化，便于讨论元理解命题，如艾丽斯理解鲍勃的理解。我们将在下一小节中进一步讨论这一点。

简要的形式语义定义如下：

定义 3.6.23

$$\mathcal{M}^\ast, w \Vdash \mathsf{U}_i\varphi \quad \Leftrightarrow \quad \text{(1) 存在 } t_1, \cdots, t_n \in E\,(n \geqslant 2) \text{ 使得对于所有}$$

满足 wR_iv 的 $v \in W$, $v \in \mathcal{E}_i(\langle t_n, \cdots, t_1 \rangle, \varphi)$

(2) 对于所有满足 wR_iv 的 $v \in W$, $\mathcal{M}^\ast, v \Vdash \varphi$

$$\mathcal{M}^\ast, w \Vdash \mathsf{U}_{i>j}\varphi \quad \Leftrightarrow \quad \text{(1) 存在 } t_1, \cdots, t_n, \cdots, t_m \in E\,(m > n \geqslant 2) \text{ 使得}$$

对所有满足 wR_iv 的 v, $v \in \mathcal{E}_i(\langle t_m, \cdots, t_1 \rangle, \varphi)$,

且对所有满足 wR_ju 的 u, $u \in \mathcal{E}_j(\langle t_n, \cdots, t_1 \rangle, \varphi)$,

且存在 wR_ju' 满足 $u' \notin \mathcal{E}_j(\langle t_m, \cdots, t_1 \rangle, \varphi)$

(2) 对于所有满足 wR_iv 或 wR_jv 的 v, $\mathcal{M}^\ast, v \Vdash \varphi$

公式 $\mathsf{U}_i\varphi$ 包含掌握一个要求严格的解释，而 $\mathsf{U}_{i>j}\varphi$ 说的是主体 i 拥有比主体 j 更深入的解释。公式 $\mathsf{U}_{i>j}\varphi$ 的结构大致是 $\exists t_1 \cdots \exists t_n \cdots \exists t_m(\mathsf{K}_i(t_m : \cdots : t_1 : \varphi) \wedge \mathsf{K}_j(t_n : \cdots : t_1 : \varphi) \wedge \neg\mathsf{K}_j(t_m : \cdots : t_1 : \varphi))$ $(m > n \geqslant 2)$。如 §3.6.1 提到的，哲学文献中一个被普遍接受的观点是解释的深度会影响理解的层次。当主体 i 和 j 都拥有现象 φ 的（要求严格的）解释时，他们对 φ 为什么发生也都有了一定的理解，尽管其理解程度可能不同。因此，根据语义定义有以下关于公式 $\mathsf{U}_{i>j}\varphi$ 的有效式：

- $\vdash \neg\mathsf{U}_{i>i}\varphi$。
- $\vdash \mathsf{U}_{i>j}\varphi \to \mathsf{U}_i\varphi \wedge \mathsf{U}_j\varphi$。

然而，公式 $\mathsf{U}_{i>j}\varphi \wedge \mathsf{U}_{j>i}\varphi$ 在某些 **MELCU** 点模型上也是可满足的，即存在两种替代解释 $t_1, \cdots, t_n, \cdots, t_m \in E\,(m > n \geqslant 2)$ 和 $s_1, \cdots, s_{n'}, \cdots, s_{m'} \in E\,(m' > n' \geqslant 2)$ 使得 $\exists t_1 \cdots \exists t_n \cdots \exists t_m(\mathsf{K}_i(t_m : \cdots : t_1 : \varphi) \wedge \mathsf{K}_j(t_n : \cdots : t_1 : \varphi) \wedge \neg\mathsf{K}_j(t_m : \cdots : t_1 : \varphi))$ 和 $\exists s_1 \cdots \exists s_{n'} \cdots \exists s_{m'}(\mathsf{K}_j(s_{m'} : \cdots : s_1 : \varphi) \wedge \mathsf{K}_i(s_{n'} : \cdots : s_1 : \varphi) \wedge \neg\mathsf{K}_i(s_{m'} : \cdots : s_1 : \varphi))$ 同时成立。

这里存在的问题是，公式 $\mathsf{U}_{i>j}\varphi \wedge \mathsf{U}_{j>i}\varphi$ 看起来似乎并不符合直觉。不同主体的理解比较通常会参照一个客观标准，比如科学解释。问题在于当前逻辑架构中的解释力比较仅限于解释的深度。一旦我们能够进一步比较两种替代解释，如说明其中一种比另一种更接近正确的科学解释，就能得到一个不同的解释间的全序。在这种情况下，给定一个待解释的现象 φ,

- 一个解释 $t_n : \cdots : t_1 : \varphi$ 比另一个解释 $s_m : \cdots : s_1 : \varphi$ **解释力更强**当且仅

当 $t_n{:}\cdots{:}t_1{:}\varphi$ 比 $s_m{:}\cdots{:}s_1{:}\varphi$ 更深入，或者它们是 φ 的**替代解释**且 $t_n{:}\cdots{:}t_1{:}\varphi$ 比 $s_m{:}\cdots{:}s_1{:}\varphi$ **更具科学性**。

相应地，公式 $U_{i>j}\varphi$ 将表示对于主体 j 所拥有的 φ 的每个解释，主体 i 都有一个比它解释力更强的解释。

元理解

当前逻辑架构应用于多主体情况时，会引发更多关于理解的有趣讨论。考虑公式 $U_iU_j\varphi$，它反映了一个主体（即 i）对另一个主体 j 的理解的理解，可以称之为**元理解**（meta-understanding）。公式 $U_iU_j\varphi$ 表示 i 从 j 的视角进行的元理解。

举例来说，什么叫艾丽斯理解鲍勃对天空为何是蓝色的理解？基本上会涉及以下几点。首先，艾丽斯自己需要理解天空为什么是蓝色的。其次，她需要理解鲍勃对天空为什么是蓝色的解释或观点。这不仅仅是简单知道鲍勃理解这一现象，还需要掌握导致鲍勃理解的解释。这就涉及一个元认知层次。最后，艾丽斯大概还需要识别她的理解和鲍勃的理解之间的差异，并理解这些差异为什么存在。

基于对元理解的概念分析，公式 $K_iU_{i>j}\varphi \rightarrow U_iU_j\varphi$ 应该在模型中有效，而公式 $K_jU_{i>j}\varphi \rightarrow U_jU_i\varphi$ 不应是有效的。为在模型中体现这样的信息，定义 $\mathcal{M}^{\ast\ast}$ 为带有元理解的 **MELCU*** 模型。它类似于定义 3.6.22 中的 $\mathcal{M}^\ast$，只是对 $\mathcal{E}_i$ 添加了一个额外的条件：

元理解：对任意 w，如果对每个满足 wR_iv 的 v，都有 $v \in \mathcal{E}_i(\langle t_m,\cdots,t_n,\cdots,t_1\rangle,\varphi)$，并且对于每个满足 wR_ju 的 u，都有 $u \in \mathcal{E}_j(\langle t_n,\cdots,t_1\rangle,\varphi)$ $(m>n\geqslant 2)$，则 $w \in \mathcal{E}_i(\langle t_n,\cdots,t_1\rangle,U_j\varphi)$。

也就是说，如果在一个世界 w 中，主体 i 掌握了 φ 的解释 $\langle t_m,\cdots,t_1\rangle$，而主体 j 掌握了 φ 的较低层次的解释 $\langle t_n,\cdots,t_1\rangle$，那么 w 也是一个主体 i 可以追溯 $\langle t_n,\cdots,t_1\rangle$ 以理解主体 j 为何理解 φ 的世界。在该条件中，我们不使用 $\langle t_m,\cdots,t_1\rangle$ 或 $\langle t_m,\cdots,t_{n+1}\rangle$ 作为 $U_j\varphi$ 的解释，因为 $\langle t_m,\cdots,t_{n+1}\rangle$ 可以并不涉及主体 j 的视角。

基于此，以下有效性显然成立：

命题 3.6.24　$K_iU_{i>j}\varphi \rightarrow U_iU_j\varphi$ 在 **MELCU** * 模型中是有效的。

证明　对于任意 **MELCU** * 模型 $\mathcal{M}^{**}$，假设 $\mathcal{M}^{**}, w \Vdash K_iU_{i>j}\varphi$。则对于所有满足 wR_iv 的 v，存在 $t_1, \cdots, t_n, \cdots, t_m \in E$ $(m > n \geqslant 2)$，使得对于所有满足 vR_iu 的 u，有 $u \in \mathcal{E}_i(\langle t_m, \cdots, t_1 \rangle, \varphi)$，对于所有满足 vR_jv' 的 v'，有 $v' \in \mathcal{E}_j(\langle t_n, \cdots, t_1 \rangle, \varphi)$，并且存在 vR_ju' 满足 $u' \notin \mathcal{E}_j(\langle t_m, \cdots, t_1 \rangle, \varphi)$。根据 $\mathcal{E}_i$ 的**元理解**条件，$v \in \mathcal{E}_i(\langle t_n, \cdots, t_1 \rangle, U_j\varphi)$。此外，$\mathcal{M}^{**}, v \Vdash U_j\varphi$，这意味着 $\mathcal{M}^{**}, w \Vdash U_iU_j\varphi$。　　　　　　□

模型 **MELCU** 与 **MELCU** * 下完整的逻辑留待进一步工作。

§3.7　结语以及未来工作

知识逻辑学家很少关注"理解"这一概念，这与科学哲学和知识论领域的研究现状形成了鲜明对比。首先，本章提出了一种类似知识逻辑的架构来刻画"理解为何"。哲学家普遍认为"理解为何"比"知道为何"要求更多，但在"多"了什么上见解不同。本章受非还原论者的启发，认为"理解为何"比"知道为何""多"在需要更多层次的解释以回答更多种类的问题。因此，本章在模型中引入纵向解释（高阶解释），在不过多考虑文献中纵向解释具体的意义或作用的前提下，给出了最具一般性的模型定义，并说明了在一般模型的基础上，可以通过增添不同的纵向解释条件模拟不同的哲学观点。与此同时，"理解为何"的模型也容纳更多"知道为何"的概念。本章的出发点是在"知道为何"的基础之上研究"理解为何"，结果反过来丰富了"知道为何"的形式描述。

其次，由于"解释"有助于弥合已知与尚未理解之间的鸿沟，本章继续扩展了"理解为何"的逻辑架构，以包含不同程度的解释概念，并在这些解释之间建立一种偏序关系。受哲学讨论的启发，新的逻辑在语形上包含了一系列"理解为何"的模态，从最小理解到日常理解、严格理解，以及理想理解。本章继续给出了一个可靠完全的公理系统刻画这些"理解为何"的概念，并讨论了这样的逻辑在多主体情境中的应用，如探讨不同主体之间的理解比较以及主体之间的元理解等。

未来可以继续的一个研究是，在本章初始的逻辑框架中更细致地区分"知道为何"的概念，如：

- $\mathsf{K}\exists t\exists e(t{:}(e{:}\varphi))$
- $\mathsf{K}\exists t(t{:}\exists e\mathsf{K}(e{:}\varphi))$
- $\exists t\mathsf{K}(t{:}\exists e\mathsf{K}(e{:}\varphi))$
- $\exists t\mathsf{K}\exists e(t{:}\mathsf{K}(e{:}\varphi))$
- $\exists t\exists e\mathsf{K}(t{:}\mathsf{K}(e{:}\varphi))$

等，并试图通过这种方法理清文献中对"知道为何"概念的不同区分。

此外，"理解为何"的逻辑只在最一般的模型上建立了公理化系统，并证明了可靠性和强完全性的结果。因此，一个自然的继续研究方向，就是在 $\mathcal{E}$ 上甄选合理的条件并提出新的公理化。

虽然哲学上"理解为何"的研究多是在"知道为何"的基础上，但我们也可以选择其他基础，比如在"知道如何"（knowing how）之上讨论"理解为何"。前面提到的很多哲学文献中其实给出不少这样的线索，如"理解为何需要**知道**起因和结果之间是**如何**联系在一起的"。

对扩展的"理解为何"的逻辑架构，未来可能的研究包括给出多主体场景的逻辑公理化，其中包含更丰富的解释比较方式以及元理解。更一般地，扩展后的逻辑架构亦为刻画动态解释做好了准备，如刻画多主体互动和解释获取的推理，类似 [Luo, Studer and Dastani 2023] 的工作。最后，关于群体是否真正具有理解能力仍然存在争议，[Boyd 2019] 讨论的群体理解（group understanding）的概念可以在当前逻辑架构中做进一步研究。

第四章 "理解现象"的逻辑

§4.1 问题简介

§4.1.1 问题背景

本章的主要目标是提出一个"理解现象"的逻辑。根据第一章中的分类,"理解现象"是"理解事物"的代表,[Kelp 2015] [Kelp 2016] [Dellsén 2018] 等在讨论"理解事物"时,就将其限定为"理解现象"。另有哲学家视"理解事物"为理解一个主题(topic/subject matter),如"张三理解量子物理学",或理解一个理论,如"李四理解热的燃素理论"。① 总之,本章的主题就是形如"S 理解 P"类型的理解概念,其中 P 代表一个或一种现象。"理解现象"概念的重要性在于,它是一种典型的"科学理解"(scientific understanding)。[Kelp 2016] 说,科学探索就是为了理解世界上各种各样的现象。[Dellsén 2018] 也指出,"理解现象"的典型示例都是在自然科学中,因此讨论"理解现象"就是讨论"科学理解"。

[Baumberger 2014] 区分了两个与"理解"密切相关的概念:理解的对象(object)与理解的载体(vehicle)。"理解的对象"容易理解,如本章关注的"理解现象"的理解对象就是"现象";而"理解的载体"是指某人达到理解

---

① 更多概述参见 [Dellsén 2018] 以及其中的参考文献。

某个对象的状态所凭借的工具或者方式。比如上一章中讨论的"理解为何"，其理解的对象也可以是某个/某种现象①，如"张三理解为什么气温上升"的理解对象就是气温上升这一现象，而理解的载体通常被认为是"解释"，这些解释回答了如"为什么气温上升"等问题。正是凭借这些解释，张三才理解了为什么气温上升。因其载体的特点，上一章也提到了，"理解为何"又常常被称为"解释式的理解"。借用"理解的对象"与"理解的载体"的概念，如果要用形式化的方法研究"理解现象"，首先面临如下两个问题：

（1）"S 理解 P"中，"理解"的对象显然是 P，但是如何刻画 P？
（2）"S 理解 P"中，"理解"的载体是什么？如何形式化这样的载体？

§4.1.2 问题分析与相关研究

对第一个问题，[Dellsén 2018] 讨论了"S 理解 P"这样的形式会产生一定的误导，它仿佛告诉我们 P 就只是单个的物体。作为理解对象的现象 P 往往不是一个单独的事物，而是一个复杂的系统。例如，我们可以说某人理解机器设备、理解经济、理解人类等，这些都是由相互作用的部分组成的复杂系统。而且，所谓的现象 P 甚至不必是经验的或可观察的，像原子、夸克、电场等，都可以作为理解事物的目标对象。[Dellsén 2018] 认为，任何存在之物都是某个现象，或者是某个其他现象的一部分，因此任何存在之物都可以被设想为人们理解的目标对象。

根据 [Kelp 2015]，"理解现象"中的目标现象会有各式各样的形而上学本质，包括物体、事件、过程、性质，以及关系等。[Dellsén 2018] 提出，最自然的看法是，认为 P 是由若干相互作用的部分所构成，而理解一个现象就等同于对现象之中依赖关系有一个模型。哲学文献中其实有不少类似的想法，

---

① 根据 [Hills 2015] 的总结，"理解为何"的理解对象可以有：（1）道德领域的，如一个行为的对错（理解为什么一个行为是对的或错的）、一个人的善恶、一个性格特征的好坏等；（2）审美领域的，如一幅画的审美价值（理解为什么一幅画具有审美价值而另一幅没有）、一个文学作品的内涵（理解为什么一本小说是深刻的）等；（3）哲学领域的，如自由意志与决定论的关系（理解为什么自由意志与决定论相容或不相容）、个人同一性（理解为什么个人同一性建立在心理特质之上）等；（4）数学领域的，如费马大定理（理解为什么费马大定理是对的）等；（5）科学领域的，如全球气温上升等。

如"当我们思考理解的本质时，首先浮上脑海的就是片段的信息相互之间联结的方式"（[Kvanvig 2009], p. 96）。人工智能文献中对"理解现象"中的现象的刻画是：令 W 表示世界，一个现象 $\Phi \subset W$（可以是过程、事态、事件）是由一个元素集 $\{\varphi_1, \cdots, \varphi_n \in \Phi\}$ 和一个关系 $R_\Phi \subseteq 2^W \times 2^W$【包括因果的、分体的（mereological）等关系】组成，其中关系 R_Φ 既包括 Φ 中元素之间的关系，也包括 Φ 与其他现象之间的关系（[Thórisson, Kremelberg, Steunebrink and Nivel 2016], pp. 108-109）。

　　受到这些观点的启发，结合科学家实践，本章把"S 理解 P"中的目标现象 P 看成一个经由实验观察得到的依赖关系（dependence relations）的集合。自然界中的事物常常不是孤立的，科学家通过形形色色的实验观察到许多依赖关系，如光电效应实验发现光照射金属片导致金属片表面激发出电子。科学中最常见的依赖关系或许就是因果依赖关系，但那只是依赖关系的一种，还存在着其他种类的非因果的依赖关系。比如文献中常常会举的例子：这幅画很漂亮，因为它的色彩组合引人注目。但是，在画的美丽和引人注目的色彩组合之间不存在因果关系。因此，使用"依赖关系"这个术语想要表达的是一种比因果关系更加一般化和普遍化的关系概念（参见 [Greco 2014] [Grimm 2014]）。

　　单独一个依赖关系可以成为一个现象，如上例中的光电效应，也被称作光电效应现象。但更多时候科学家把一些（相关的）依赖关系放在一起当作一个有意义的现象。如声致发光（sono-luminescence）现象，它指的是液体中气泡受到声音的激发时，气泡内爆（implosion）并迸发出极短暂的亮光。[①]这一现象最早在 1934 年被科学家弗伦泽尔（H. Frenzel）与舒尔茨（H. Schultes）观察到，实际上是那个战争年代在研究声呐（sonar）过程中的一个意外的发现。科学家后来逐渐发现在通入声波和气泡发光之间存在多种物理过程，比如流体动力学（fluid dynamics）过程、热量与质量的传递，以及特定化学反应等。科学家感兴趣的声致发光现象实际上就是这些物理过程涉及的依赖关系的集合。因此，抽象地看一个现象 P 是一些依赖关系的集合，要点是依赖关系的个数是不固定的。

_____

① 例子来自 [Boon 2009]。

科学实验揭示的典型的依赖关系是一种二元关系，科学家在实验中设置一种输入状态，随后产生相应的输出状态。从语形的层面看，每个依赖关系都可以看成由两个相互联系的部分 ψ 和 φ 构成，其中 ψ 和 φ 分别描述了那些观察到该依赖关系的实验中的输入状态与输出状态。我们引入一个新的模态词 $O(\psi, \varphi)$ 以表达科学家通过实验观察到 ψ 和 φ 具有依赖关系。在语义中，我们设置一个可能的状态集，再引入一个二元关系表示实验中相应输入状态与输出状态之间的转变关系。$O(\psi, \varphi)$ 说的大概是，对实验中每个输入状态，如果它是一个 ψ-状态，那么对应的输出状态一定是一个 φ-状态。假设科学家在声致发光现象中的观察是：$O(\psi_1, \varphi_1), \cdots, O(\psi_n, \varphi_n)$，那么理解声致发光现象就可以形式化为 $U((\psi_1, \varphi_1) \wedge \cdots \wedge (\psi_n, \varphi_n))$，其中 U 表示理解模态，$\wedge$ 指把这些 ψ_i 到 φ_i 的实验结果放在一起，而非经典逻辑中的合取算子。

对第二个问题，什么是"理解现象"的理解载体？哲学文献中有如下几类观点：

- 解释观，认为**解释**是"理解现象"的载体，即理解一个现象等于拥有对该现象的解释（[Strevens 2013] [De Regt 2017]）；
- 知识观，认为理解一个现象需要有对目标现象详尽，且相互间联系良好的（well-connected）**命题知识**（[Kelp 2016]）；
- 模型观，认为理解一个现象就是拥有一个该现象中依赖关系的**模型**（[Dellsén 2018]）；
- 理论观，认为**科学理论**是"理解现象"的载体，即理解一个现象等于拥有对该现象的（恰当的）科学理论（[De Regt and Dieks 2005] [Wilkenfeld 2013]）。

知识观、模型观与理论观统称**非解释观**。许多哲学家，如 [Baumberger 2014] [Kelp 2015] [Dellsén 2018] 等都论证过，因为"理解现象"的理解载体未必是解释，所以"理解现象"不能归约到"理解为何"。我们会在下一章中详细地讨论"理解现象"与"理解为何"的关系。本章中"理解现象"的语义受到上述**理论观**的启发。[De Regt, Leonelli and Eigner 2009] 谈到科学家试图理解一个现象典型的做法就是发展一个理论。[De Regt and Dieks 2005] 也说：

对于一个现象 P，如果存在明白易懂的（intelligible）理论 T（同时满足通常的逻辑的、方法论的以及经验的要求），那么现象 P 可以被理解。[①]（[De Regt and Dieks 2005]）

在讨论"理解现象"的时候援引科学理论这一理解的载体并不出乎意料。在科学实践中，科学家并不满足于仅仅观察到有意思的现象，他们更想要借助科学理论理解这些现象。在这一点上，科学发展的历史展示了很多成功的例子，比如爱因斯坦通过提出光量子理论使我们理解光电效应。

科学理论有什么样的结构？哲学文献中大致有三种回答。第一，形式观（syntactic view），一个科学理论就是一个公理化的系统，其中的公理是一些规律陈述（law statements）。这些规律陈述的标准形式是全称量化的实质蕴涵句，即对于所有的 x，如果 x 是 F，那么 x 是 G（参见 [Craver 2002]）。第二，语义观（semantic view），一个理论就是一个非语言的模型集。而按照第三种观点，科学理论是一种无固定组织的物项（amorphous entity），其中可以包含语句、模型、样例等成分（参见 [Ratzsch 1992] [Winther 2021]）。基于形式观的思想，我们要在模型里引入的科学理论 $\mathbb{T}$ 也是一个由具有 $F \rightarrow G$ 形式的普遍规律（universal law）组成的集合，所不同的是，F 和 G 都指代科学家在实验和观察中可能会遇到的那些可能状态的子集。此外，"所有的 F 都是 G"这种形式说的是每当一个 F 种类的事件发生时，都会伴随着一个 G 种类的事件。$F \rightarrow G$ 强调一种动态的意味：任意 F 种类的状态发生时，都会存在向某个 G 种类状态的转变。不难理解，这种理论中的动态含义是为了匹配观察中的状态转变关系。

至此，本章主要的语义想法就是，理解一个现象等同于对经由实验观察得到的、现象中的种种依赖关系有一个（统一的）科学理论。例如，理解声致发光现象就是对其中观察到的各个物理过程所涉及的依赖关系有一个统一的理论。前面给出理解声致发光现象的公式表示是 $U((\psi_1, \varphi_1) \wedge \cdots \wedge (\psi_n, \varphi_n))$，因为这里的算子 $\wedge$ 显然不是经典逻辑中的合取算子，为示区别，下文中把理解一个现象表示为 $U((\psi_1, \varphi_1) \cdot \cdots \cdot (\psi_n, \varphi_n))$。它的意思大概是存在一个科学

---

①简单地说，科学理论的明白易懂性（intelligibility）指的是科学家能够"定性地辨识出理论 T 的特征性后果（characteristic consequences），而不用进行精准的计算"。

理论，其中有 n 个覆盖律（covering law）[①] $F_1 \rightarrow G_1, \cdots, F_n \rightarrow G_n$，使得对于每一个 $1 \leqslant i \leqslant n$，$\psi_i$-状态都在 F_i 中，并且所有 G_i 状态都是 φ_i-状态。

对于本章引入的观察模态词 $O(\psi, \varphi)$ 以及当 $n = 1$ 时的特殊理解模态 $U((\psi, \varphi))$，它们与条件句逻辑中的二元条件联接词 $\psi > \varphi$，以及 [Y. Wang 2018a] 提出的"知道如何"（knowing how）模态词 $Kh(\psi, \varphi)$（即给定前提 ψ 主体知道如何实现 φ）相比，无论在意义上还是逻辑规律上都有很多相似点。后面的 §4.6.2 将详细讨论这些逻辑的比较，以及其他一些有意思的问题。

§4.1.3　示例与初步讨论

下面给一个简单的例子，来说明上文中所提出的（语义的）想法。

示例 4.1.1　假设该例只关心两个基本命题 p 与 q，则一共有四个可能的状态，记作 s, t, u, v。如下位于左边的图记录一个科学家在进行一系列可靠的实验之后，所观察到的 s, t, u, v 四个不同状态之间的转变情况。具体的转变关系用带有标记 "o" 的箭头表示。如，从 u 到 v 的转变关系意味着，所有以 u 状态为输入状态的实验都会得到输出状态 v。类似地，从 s 到 t 与 u 的转变意味着以 s 状态为输入状态的实验结果是非确定性的（indeterministic），也即，转变关系可以是非确定的。

借用 [Kvanvig 2009] 的例子，设想一个非确定性的系统，该系统中发射的电子可能向左运动，也可能向右运动，左右两种轨迹各 50% 的概率。在对该系统进行发射电子观测轨迹的实验时，令 s 表示输入状态"发射一个电子"，q 表示"电子向右运行"，于是不断重复实验就会得到 u 和 t 两种输出状态。此外，图中没有以 v 为起始点的转变关系，这意味着没有做过以 v 状态为输入状态的实验，简单地说，该科学家在状态 v 上没有做过实验。

从下图左图中可以观察到一种**引入**-p 的依赖关系，即对所有的实验，若其输入状态为 $\neg p$-状态（图中就是状态 s），则其输出状态一定是某个 p-状态。

---

① 根据 [Hempel 1966] 的论述，"在一个科学解释中援引的规律也被叫作待解释现象（explanandum phenomenon）的覆盖律，一个解释的论述就是把待解释项归入这些规律"。同样，当一个理论中的规律被用于"覆盖"观察到的依赖关系时，我们就把这样的规律叫作覆盖律。

注意，v 尽管也是一个 $\neg p$-状态，但并不是某个实验的输入状态。

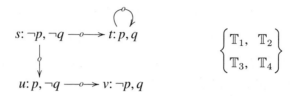

在语言中，我们就用公式 $O(\neg p,p)$ 表达这一**引入**-p 的依赖关系，具体地说，表达了**引入**-p 的依赖关系被观察到。同样地，我们也观察到 q-到-q 的依赖关系，用语言表示为 $O(q,q)$。然后，假设我们把 $\neg p$-到-p 和 q-到-q 两个依赖关系放在一起看成一个目标现象，为理解该现象，我们需要科学理论这一模型中的重要组成部分。

上面位于右边的图则表示四个相关的科学理论：

$$\mathbb{T}_1 = \{\{s,v\} \multimap \{u,t\}, \{u,t\} \multimap \{t,v\}, \{t,v\} \multimap \{t\}\}$$

$$\mathbb{T}_2 = \{\{s,v\} \multimap \{u,t\}, \{u,t,v\} \multimap \{v\}\}$$

$$\mathbb{T}_3 = \{\{s,u,v\} \multimap \{u,t,v\}\}$$

$$\mathbb{T}_4 = \{\{s\} \multimap \{u,t\}, \{u\} \multimap \{v\}, \{t\} \multimap \{t\}\}$$

"理解现象"的逻辑框架假设科学理论是与现有观察结果一致的，即，对于理论中的所有规律 $F \multimap G$，若一个输入状态 s 属于 F，则所有 s 的输出状态都属于集合 G。即是，理论需要被实验所检验。不难验证理论 $\mathbb{T}_1 \cdots \mathbb{T}_4$ 都是与实验观察相一致的。下面解释对"理解现象"的刻画建立在把观察与理论相匹配的想法上。

理论 $\mathbb{T}_1$ 中的科学规律 $\{s,v\} \multimap \{u,t\} \in \mathbb{T}_1$ 是一个 $\neg p$-到-p 关系的覆盖律，意思是，所有的 $\neg p$-状态都在 $\{s,v\}$ 中，并且 $\{u,t\}$ 属于 p-状态的集合。类似地，$\{t,v\} \multimap \{t\}$ 是针对 $O(q,q)$ 中依赖关系的覆盖律。理论 $\mathbb{T}_1$ 直观上帮助我们理解依赖关系 $\neg p$-到-p 与 q-到-q。回忆上文关于 U 公式语义的想法，$U((\neg p,p) \cdot (q,q))$ 为真意味着存在一个理论，并且存在该理论中的科学规律覆盖这两个依赖关系。于是理论 $\mathbb{T}_1$ 正好充当这样的见证，使得 $U((\neg p,p) \cdot (q,q))$ 在上图的模型中成立。

此外，应用理论 $\mathbb{T}_1$ 中的规律 $\{t,v\} \multimap \{t\}$，我们可以预测当 v 作为某个

实验的输入状态时，它将会转变到一个输出状态 t 上去。倘若确实在 v 状态上进行了可靠的实验，且新的实验结果否定了这个预测，如 t 转变到了其他状态上，那么科学理论 $\mathbb{T}_1$（或者至少是 $\{t,v\} \multimap \{t\}$ 这个部分）就被否证了。

由 ¬p-到-p 和 q-到-q 所组成的现象也可以经由理论 $\mathbb{T}_2$ 被理解，但拥有理论 $\mathbb{T}_3$ 并不能使我们理解这个现象，这是因为 $O(q,q)$ 中的观察不能被理论 $\mathbb{T}_3$ 中的规律所覆盖。从这个例子里也可以看出，两个理论，如 $\mathbb{T}_1$ 与 $\mathbb{T}_2$，可以共享同样的一个（或若干个）$F \multimap G$，而在其他的规律上并不相同。至于理论 $\mathbb{T}_4 = \{\{s\} \multimap \{u,t\}, \{u\} \multimap \{v\}, \{t\} \multimap \{t\}\}$，这是一个过度拟合（over-fitting）的理论，恰好完全刻画了实验观察。但是过度拟合的理论 $\mathbb{T}_4$ 也不能作为 $U((¬p,p) \cdot (q,q))$ 的见证，易见 ¬p-到-p 与 q-到-q 两个依赖关系均不能被该理论中的科学规律所覆盖。还有很多科学理论的其他性质可以体现在这样的模型里，如：

- 一个理论 $\mathbb{T}$ 一般化（generalizes）另一个理论 $\mathbb{T}'$：对于理论 $\mathbb{T}'$ 中的每一个规律 $F' \multimap G'$，$\mathbb{T}$ 中都存在一个规律 $F \multimap G$ 使得 $F' \subseteq F$ 且 $G \subseteq G'$；
- 一个理论是不一致的：该理论包含若干不一致的规律 $F_1 \multimap G_1, \cdots,$ $F_n \multimap G_n$，它们满足 $F_1 \cap \cdots \cap F_n \neq \emptyset$ 但 $G_1 \cap \cdots \cap G_n = \emptyset$；
- $\mathbb{T}$ 和 $\mathbb{T}'$ 两个理论是关于一个现象的竞争的理论（competing theories）：二者都包含对该现象中依赖关系的覆盖律，与此同时把两个理论中的规律放在一起是不一致的。

在展开技术细节之前，还有一个重要的哲学问题值得讨论。对广义上的"理解"概念，从"理解的对象"这个角度，可以把理解简单划分为两大类：一类是"理解事实"（factual understanding），即理解的对象是世界上的物项，如一个自然现象；另一类是"理解符号"（symbolic understanding），即理解的对象是某个符号表征，如一个语句、一个解释、一张图表或一个理论等。两类理解最大的不同在于：理解一个符号表征不要求主体承诺该表征，也不用管它是否是真的、事实的或准确的，如"张三理解燃素理论"；但是理解一个世界上的物项需要某种事实性的约束（factivity constraint）。

本章沿循 [Grimm 2006] 中的想法：科学家试图把握的是事物实际上如何处在这个世界上，在这个意义上科学理解事物具有事实性，换句话说，并非实际处于这个世界上的就不能被理解。[Kelp 2015] 也强调，作为理解事物的对象的现象必须在相关的意义上是真实的（actual），"这也正是为什么它们能算作现象"。我们试着把理解事物的事实性用形式语言表示为 $\Diamond^{in}\psi_i \wedge \neg O(\psi_i, \varphi_i) \to \neg U((\psi_1, \varphi_1) \cdots (\psi_i, \varphi_i) \cdots (\psi_n, \varphi_n))$，其中 $i \leqslant n$，$\Diamond^{in}\psi$ 代表一个特殊的可能模态，表达在全体输入状态的集合里存在某个 ψ_i-输入状态，$\Diamond^{in}\psi_i \wedge \neg O(\psi_i, \varphi_i)$ 说的是从 ψ_i-状态到 φ_i-状态的转变是非真实的。因此，这种形式化确实表达了如果 ψ_i 和 φ_i 的依赖关系是非真实的，那么包含了非真实依赖关系的现象不能被理解。

$\Diamond^{in}\psi_i \wedge \neg O(\psi_i, \varphi_i) \to \neg U((\psi_1, \varphi_1) \cdots (\psi_i, \varphi_i) \cdots (\psi_n, \varphi_n))$ 可以被称为"理解现象"的事实性公式。有两点需要澄清：第一，根据下面要给出的语义定义，存在模态 $\Diamond^{in}$ 事实上可以被初始的模态算子 O 所定义（即，$\Diamond^{in}\psi_i := \neg O(\psi_i, \bot)$）。第二，根据形式语义，$\neg O(\psi_i, \varphi_i) \to \Diamond^{in}\psi_i$ 将是有效式，因此事实性公式还可以等价地写成 $U((\psi_1, \varphi_1) \cdots (\psi_i, \varphi_i) \cdots (\psi_n, \varphi_n)) \to O(\psi_i, \varphi_i)$。

初始模态词 O 和 U 中隐含的知识含义与标准知识逻辑中的知识含义相比有很大差异。标准知识逻辑中刻画的知识强调知识在认知主体所有可设想的情况下都为真，而观察公式 $O(\psi, \varphi)$ 传达了一种经验知识，这种知识的获得依靠非偶然的且无反例的观察，或者说有把握的观察；与此同时，理解公式 $U((\psi_1, \varphi_1) \cdots (\psi_n, \varphi_n))$ 传达了一种理论知识，这种知识的获得依靠科学家提出的科学理论匹配科学家有把握的观察。标准的知识模态是局部的，观察模态 O 和理解模态 U 都是全局的，这从下一节严格的语义定义中会看得更清楚。

本章工作所做的贡献如下：

（1）用形式化的逻辑方法研究了作为一种典型的科学理解的"理解现象"概念；

（2）提出了两个新的全局的"观察"和"理解"模态，分别用以刻画实验观察到的依赖关系以及对现象中的依赖关系的理解，还在带有科学理论的关系结构之上定义了一种形式语义学；

（3）给出了一个可靠完全的公理化系统表达观察模态和理解模态之间的相互作用，并证明了该系统的可判定性；

（4）在该逻辑框架内讨论了许多具有科学哲学趣味的概念，如确证、否证、理论的一般化、竞争理论、事实性、真实必然性、物理必然性等，并且与一些相关联的逻辑做了对比。

本章具体的结构安排是，§4.2 严格定义刻画实验观察、科学理论以及科学家理解一个现象的逻辑架构。§4.3 给出一个公理系统，介绍其推理能力和可靠性，详细的完全性与可判定性证明在 §4.5 中。§4.6 讨论两个可定义的全称模态算子可以被看作科学哲学中所关系的必然性概念，并比较了其他一些相关联的逻辑。§4.7对本章内容做简单总结，并指出未来可继续研究的方向。

§4.2 "理解现象"的逻辑架构

本节正式给出形式语言和形式语义的严格定义，讨论该语言的表达力问题，并给出模型中一些非琐碎的有效式的具体例子，为下一节公理化系统的提出作准备。

§4.2.1 形式语言与形式语义

由于研究兴趣的重点是探讨科学家群体的"理解现象"，而非把"理解现象"归附给某一个主体，故多主体的情况暂不考虑。

定义 4.2.1（"理解现象"的语言） 给定一个非空的命题字母集合 P，形式语言定义为（其中 $p \in P$, $n \in \mathsf{N}^+$）:

$$\varphi ::= \top \mid p \mid \neg\varphi \mid (\varphi \wedge \varphi) \mid \mathsf{O}(\varphi,\varphi) \mid \mathsf{U}(\underbrace{(\varphi,\varphi)\cdot\dots\cdot(\varphi,\varphi)}_{n})$$

LU_P 指相对于集合 P 的所有合式公式集。依照惯常，我们把 $\neg\bot$ 简写作 $\bot$，把 $\neg(\neg\psi \wedge \neg\varphi)$、$\neg(\psi \wedge \neg\varphi)$ 与 $(\psi \to \varphi) \wedge (\varphi \to \psi)$ 分别记作 $\psi \vee \varphi$、$\psi \to \varphi$ 与 $\psi \leftrightarrow \varphi$。

观察公式 $\mathsf{O}(\psi,\varphi)$ 表达科学家经由实验观察到 ψ 与 φ 具有依赖关系，或

者说，实验看来，如果有 ψ 那么一定会有 φ。在实验观察的基础上，科学家把某些依赖关系，如 ψ_1-到-φ_1、ψ_2-到-φ_2，$\cdots$，ψ_n-到-φ_n 整体看作一个感兴趣的现象。理解公式 $\mathsf{U}((\psi_1,\varphi_1)\cdot\cdots\cdot(\psi_n,\varphi_n))$ 表达科学家理解该现象，或者说，理解该现象中的这些依赖关系。以下也把 $\mathsf{U}((\psi_1,\varphi_1)\cdot\cdots\cdot(\psi_n,\varphi_n))$ 简写作 $\mathsf{U}(\overline{(\psi,\varphi)})$，其中 $\overline{(\psi,\varphi)}$ 是一个向量式的记法，表示 $(\psi_1,\varphi_1)\cdot\cdots\cdot(\psi_n,\varphi_n)$。令 $|\overline{(\psi,\varphi)}|$ 表示"向量"$\overline{(\psi,\varphi)}$ 的元数，即 $\overline{(\psi,\varphi)}$ 中包含有序对 (ψ_i,φ_i) 的个数。令 $(\psi_i,\varphi_i)\in\overline{(\psi,\varphi)}$ 表示 (ψ_i,φ_i) 是 $\overline{(\psi,\varphi)}$ 包含有序对中的一个。当不关心理解公式中 n 的具体取值时，也把 $\mathsf{U}((\psi_1,\varphi_1)\cdot\cdots\cdot(\psi_n,\varphi_n))$ 写作 $\mathsf{U}(\cdots\cdot(\psi_i,\varphi_i)\cdot\cdots)$。

当 $|\overline{(\psi,\varphi)}|=1$ 时，特殊的"理解现象"$\mathsf{U}(\overline{(\psi,\varphi)})$ 也可以直接被读作理解依赖关系（或理解关系），即理解依赖关系 ψ-到-φ。为简化公式的记法，以下也把 $\mathsf{U}((\psi,\varphi))$ 写作 $\mathsf{U}(\psi,\varphi)$。下文中将会证明，"理解现象"$\mathsf{U}(\overline{(\psi,\varphi)})$ 的表达力大于理解依赖关系 $\mathsf{U}(\psi,\varphi)$，即"理解现象"不能由理解依赖关系组合而成。

特别指出，因为观察公式 $\mathsf{O}(\psi,\varphi)$ 的意义对应于实验观察，是一个或一类实验输入-输出结果的抽象，所以形式语言里没有类似"理解现象"公式的 $\mathsf{O}((\psi_1,\varphi_1)\cdot\cdots\cdot(\psi_n,\varphi_n))$ 形状的公式。合式公式 $\mathsf{O}(\psi,\varphi)$ 可以有意义地表达某个现象中的一个依赖关系，或者两个现象间的依赖关系。总之 $\mathsf{O}(\psi,\varphi)$ 表达了客观的实验结果，基于这些结果，科学家再去考虑哪些依赖关系放在一起形成了一个有意思的科学现象。

定义 4.2.2（模型）　一个模型是一个四元组 $(S,\to,\mathfrak{T},V)$，其中：

- S 是一个非空的可能状态集；
- $\to\,\subseteq S\times S$ 是一个**非空的**二元关系，表示实验中状态之间输入-输出式的转变关系；
- $\mathfrak{T}\subseteq\mathcal{P}(\mathcal{P}(S)\times\mathcal{P}(S))$ 是一个**非空的**科学理论的集合，把 $\bigcup\mathfrak{T}\subseteq\mathcal{P}(S)\times\mathcal{P}(S)$ 记作关系 $\mathrel{\dashv\mkern-6mu\ni}$，$\mathfrak{T}$ 中的理论满足下列条件：
  - （**证据支持**）：给定 $F\mathrel{\dashv\mkern-6mu\ni}G$，其中 $F,G\subseteq S$，对任意 $s\in F$，有 $\{t|s\to t\}\subseteq G$；
  - （**基本律**）：对任意 $\mathbb{T}\in\mathfrak{T}$，$\emptyset\mathrel{\dashv\mkern-6mu\ni}\emptyset\in\mathbb{T}$，$S\mathrel{\dashv\mkern-6mu\ni}S\in\mathbb{T}$；
  - （**对交封闭**）：对任意 $\mathbb{T}\in\mathfrak{T}$，任意 $F_1\mathrel{\dashv\mkern-6mu\ni}G_1,F_2\mathrel{\dashv\mkern-6mu\ni}G_2\in\mathbb{T}$，$F_1\cap F_2\mathrel{\dashv\mkern-6mu\ni}$

$$G_1 \cap G_2 \in \mathbb{T};$$

- （**一致**）：对任意 $F \rightarrow^3 G$，若 $F \neq \emptyset$，则 $G \neq \emptyset$。
- $V: P \rightarrow 2^S$ 是一个赋值函数，把命题字母映射到 S 的子集上。

称定义4.2.2中的模型为 UP 模型，每个 UP 模型本质上是一个克里普克模型 $(S, \rightarrow, V)$ 再附带上刻画科学理论的成分。可以把 S 看作被 $\mathcal{M}$ 模型化的特定的科学认知场景，它指代科学家在实验观察和理论构想中所有可能遇到的状态的集合。可以把每个具体的 $\rightarrow$ 关系看作表征一个实验，或一类统一的实验，例如 $s \rightarrow t$ 表征一类以 s 为输入状态同时以 t 为输出状态的实验。$\rightarrow$ 关系是现象存在的证据，意在映照出作为理解对象的目标现象来。因为需要目标现象存在，所以需要在模型里加速 $\rightarrow$ 关系非空。

任意 UP 模型 $\mathcal{M}$ 都可以是非确定性的，即对某个 $s \in S$，可以存在一个以上的状态 t 满足 $s \rightarrow t$。回忆前文中发射电子向左向右运动的例子，对于发射电子这一输入状态，实验表明相对电子运动的轨迹有两种输出状态。

模型中一个科学理论 $\mathbb{T} \in \mathfrak{T}$ 是一个普遍规律或全称律的集合。每个科学规律 $F \rightarrow^3 G \in \mathbb{T}$ 都包含一种 $\forall\exists$ 的形式，即对于所有的 F 中的状态，都存在一个或若干个到 G 中状态的转变。

对模型定义中的**证据支持**条件，科学规律不应该与实验证据相矛盾。对任意规律 $F \rightarrow^3 G$，任意证据 $s \rightarrow t$，如果 $s \in F$ 且 $t \in G$，那么 $\langle s, t \rangle$ 就是规律 $F \rightarrow^3 G$ 的一个实例（actual instance）。如果存在 $\langle s', t' \rangle$ 满足 $s' \in F$ 且 $t' \in G$，但并非 $s' \rightarrow t'$，那么称 $\langle s', t' \rangle$ 是 $F \rightarrow^3 G$ 的一个可能示例（possible instance）。不排除某种理论中的科学规律只有很少实例，即对于几乎所有的 $s \in F$ 有 $\{t \mid s \rightarrow t\} = \emptyset$。一个理论 $\mathbb{T}$ 的所有实例就是集合 $\{\langle s, t \rangle \mid s \in F, \{t \mid s \rightarrow t\} \subseteq G, F \rightarrow^3 G \in \mathbb{T}\}$。

基本律的条件要求 $\emptyset \rightarrow^3 \emptyset$、$S \rightarrow^3 S$ 两个基本的规律必须包含在每个科学理论中，这是因为，当公式 ψ 在模型里每个状态上都为假，并且公式 χ 处处为真的时候，对任意公式 φ，这两个规律可以作为覆盖律使得 $\mathsf{U}((\psi, \varphi) \cdot (\varphi, \chi))$ 总是成立。也就是说，如果 $\neg\psi$ 和 χ 是这种认知场景下的背景科学知识的时候，科学家们理解 ψ 到一切和一切到 χ。

对交封闭的条件是显然的。正因为科学律对交封闭，所以**一致**条件也很合理。由**对交封闭**和**一致**这两个条件，我们可以得到如下结论：

命题 4.2.3 给定模型 $\mathcal{M}$，对任意 $\mathbb{T} \in \mathfrak{T}$，任意 $F_1 \multimap G_1, \cdots, F_n \multimap G_n \in \mathbb{T}$（其中 n 小于等于集合 $\mathbb{T}$ 的基数），若 $F_1 \cap \cdots \cap F_n \neq \emptyset$，则 $G_1 \cap \cdots \cap G_n \neq \emptyset$。

令 $\mathcal{E}^{\mathrm{in}}$ 与 $\mathcal{E}^{\mathrm{out}}$ 分别指所有实验中的输入状态与所有实验中的输出状态，即 $\mathcal{E}^{\mathrm{in}} = \{s \mid \exists t \in S \ 使得 s \to t\}$，$\mathcal{E}^{\mathrm{out}} = \{t \mid \exists s \ 使得 s \to t\}$。于是集合 $\mathcal{E} = \mathcal{E}^{\mathrm{in}} \cup \mathcal{E}^{\mathrm{out}} = \{s \mid \exists t \in S \ 使得 s \to t \ 或 \ t \to s\}$ 就指所有的实验状态或证据状态。通过区分 $\mathcal{E}$ ($\mathcal{E}^{\mathrm{in}}$, $\mathcal{E}^{\mathrm{out}}$) 与 S，"理解现象"的模型其实可以表达很多关于科学理论的性质。科学理论的一大优势就是可以做预测，理论不仅关乎事物目前的状况，还关乎其未来是什么样，这一点可以体现在模型里：

- 实验预测：给定一个理论 $\mathbb{T}$ 和一个科学规律 $F \multimap G \in \mathbb{T}$，倘若未来状态 $s \in F \cap (S \setminus \mathcal{E}^{\mathrm{in}})$ 作为某个实验的输入状态出现，那么 $t \in G$ 将会作为该实验的输出状态被观察到。

此外，以一个动态的视角来看，科学理论可以被新的证据检测（tested），每个理论可以被未来的实验确证，也可以被否证：

- 科学律的确证（confirmation）（可以推广到理论的确证）：当进行了许多新的实验之后，状态 $\mathcal{E}$ 被扩展到了 $\mathcal{E}^+$，转换关系 $\to$ 被扩展到了 $\to^+$。对于一个规律 $F \multimap G$，当一个新的实验证据 $s \to^+ t$ 满足 $s \in F$，$t \in G$ 并且 $s, t \in \mathcal{E}^+ \setminus \mathcal{E}$ 时，它就确证了该科学律。
- 科学律的否证（refutation）：新的实验结果挑战既有的理论。对于 $F \multimap G \in \mathbb{T}$，有一个新的可靠实验表明 $s \to t$，但 $s \in F$ 且 $t \notin G$。于是 $F \multimap G$ 被证否。

而且，不同理论之间的联系也可以表现在模型里：

- 一般化：任意两个理论 $\mathbb{T}$ 与 $\mathbb{T}'$，如果对 $\mathbb{T}'$ 中每个 $F' \multimap G'$，$\mathbb{T}$ 中都有一个 $F \multimap G$ 使得 $F' \subseteq F$ 以及 $G \subseteq G'$，那么理论 $\mathbb{T}$ 就是理论 $\mathbb{T}'$ 的一般化理论。
- 竞争理论：任意两个理论 $\mathbb{T}$ 与 $\mathbb{T}'$，如果它们拥有相同的实例但在可能的示例上有所不同，那么理论 $\mathbb{T}$ 与 $\mathbb{T}'$ 就是相互竞争的理论。

- 等价理论：任意两个理论 $\mathbb{T}$ 与 $\mathbb{T}'$，如果它们做出完全相同的预测，那么理论 $\mathbb{T}$ 与 $\mathbb{T}'$ 就是等价理论。

下面给出真值条件的定义：

定义 4.2.4

$$
\begin{array}{lll}
\mathcal{M}, s \vDash \top & & \text{总是如此} \\[4pt]
\mathcal{M}, s \vDash p & \Leftrightarrow & s \in V(p) \\[4pt]
\mathcal{M}, s \vDash \neg\varphi & \Leftrightarrow & \mathcal{M}, s \nvDash \varphi \\[4pt]
\mathcal{M}, s \vDash \varphi \wedge \psi & \Leftrightarrow & \mathcal{M}, s \vDash \varphi \text{ 并且 } \mathcal{M}, s \vDash \psi \\[4pt]
\mathcal{M}, s \vDash \mathsf{O}(\psi, \varphi) & \Leftrightarrow & \text{对于任意 } s', t \in S \text{ 满足 } s' \to t, \text{ 如果} \\
& & \mathcal{M}, s' \vDash \psi, \text{ 那么 } \mathcal{M}, t \vDash \varphi \\[4pt]
\mathcal{M}, s \vDash \mathsf{U}(\overline{(\psi, \varphi)}) & \Leftrightarrow & \text{存在 } \mathbb{T} \in \mathfrak{T} \text{ 与 } F_1 \rightarrowtail G_1, \cdots, F_n \rightarrowtail G_n \in \mathbb{T}, \\
(\text{其中 } |\overline{(\psi, \varphi)}| = n) & & \text{使得对于每个 } 1 \leqslant i \leqslant n \text{ 都有 } [\![\psi_i]\!]_{\mathcal{M}} \subseteq F_i \\
& & \text{并且 } G_i \subseteq [\![\varphi_i]\!]_{\mathcal{M}}
\end{array}
$$

其中记号 $[\![\varphi]\!]_{\mathcal{M}}$ 指在模型中 φ 的真值集，即，$[\![\varphi]\!]_{\mathcal{M}} = \{s \mid \mathcal{M}, s \vDash \varphi\}$。以下在不引起误解的情况下，也把 $[\![\varphi]\!]_{\mathcal{M}}$ 简写为 $[\![\varphi]\!]$。

在上面的定义里，观察公式 $\mathsf{O}(\psi, \varphi)$ 的真值条件可以等价地写成：

$$\mathcal{M}, s \vDash \mathsf{O}(\psi, \varphi) \Leftrightarrow \text{对于任意} s', t \in \mathcal{E} \text{ 满足} s' \to t, \text{ 如果} \mathcal{M}, s' \vDash \psi \text{ 那么} \mathcal{M}, t \vDash \varphi$$

定义中说"对于任意 $s', t \in S$ 满足 $s' \to t$"的时候，其量化的是模型中所有的输入–输出式的转换关系。

而在理解公式的语义中，不仅作为见证的理论中**存在**覆盖现象中每个依赖关系的科学律，而且该理论中**任意**科学律都不会与相应理解公式中的某个依赖关系相矛盾，即，

命题 4.2.5 给定 UP 模型 $\mathcal{M}$ 与公式 $\mathsf{U}(\overline{(\psi, \varphi)})$，如果存在 $\mathbb{T} \in \mathfrak{T}$ 与 $F_1 \rightarrowtail G_1, \cdots, F_n \rightarrowtail G_n \in \mathbb{T}$，使得对于每个 $1 \leqslant i \leqslant n$ 都有 $[\![\psi_i]\!] \subseteq F_i$ 并且 $G_i \subseteq [\![\varphi_i]\!]$，那么对于所有 $F' \rightarrowtail G' \in \mathbb{T}$，若 $[\![\psi_i]\!] \cap F' \neq \emptyset$ 则 $[\![\varphi_i]\!] \cap G' \neq \emptyset$。

证明 若 $[\![\psi_i]\!] \cap F' \neq \emptyset$，则根据语义定义 $F' \cap F_i \neq \emptyset$，由模型 $\mathcal{M}$ 的**一致**条件得，$G' \cap G_i \neq \emptyset$，根据语义定义，即 $[\![\varphi_i]\!] \cap G' \neq \emptyset$。 □

从严格定义中可以看出，观察公式 $O(\psi, \varphi)$ 和理解公式 $U(\overline{(\psi, \varphi)})$ 的真值条件本质上都是全局的，即它们的取值不依赖指定的赋值点。因此，任意 $O(\psi, \varphi)$ 或 $U(\overline{(\psi, \varphi)})$，要么在所有的可能状态上为真，要么不在任何状态上为真。

§4.2.2　表达力与有效式

这一小节首先证明理解模态 $U(\overline{(\psi, \varphi)})$ 不能被其特殊的形式，即理解关系 $U(\psi, \varphi)$ 定义。然后说明若干特殊形式的观察公式和理解关系公式可以表达特殊的模态概念。最后基于此，本小节证明了一些非琐碎的公式在模型里是有效的。

定义 4.2.6　定义语言 LU_P 的一个片段 LU_P^- 如下：

$$\varphi ::= \top \mid p \mid \neg\varphi \mid (\varphi \wedge \varphi) \mid O(\varphi, \varphi) \mid U(\varphi, \varphi)$$

语言 LU_P^- 并不能表达 $U((\psi_1, \varphi_1) \cdot \cdots \cdot (\psi_n, \varphi_n))$ $(n > 1)$。证明的思路是构造两个语言 LU_P^- 不能区分，但语言 LU_P 可以区分的模型。

命题 4.2.7　理解模态 $U((\psi_1, \varphi_1) \cdot \cdots \cdot (\psi_n, \varphi_n))$ $(n > 1)$ 在语言 LU_P^- 中不能被定义。

证明　不妨假设 P 中只包含两个命题变元 p 与 q。考虑如下两个模型：

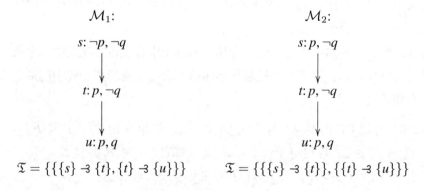

模型 $\mathcal{M}_1$、$\mathcal{M}_2$ 唯一的不同在于科学理论。$\mathcal{M}_1$ 中只有一个理论：$\{\{s\} \mathbin{\multimap} \{t\}, \{t\} \mathbin{\multimap} \{u\}\}$，而模型 $\mathcal{M}_2$ 中有两个理论 $\{\{s\} \mathbin{\multimap} \{t\}\}$ 与 $\{\{t\} \mathbin{\multimap} \{u\}\}$。令

$\psi = \neg p \wedge \neg q$, $\varphi = p \wedge \neg q$, $\chi = p \wedge q$。于是有 $\mathcal{M}_1, s \vDash \mathsf{U}((\psi, \varphi) \cdot (\varphi, \chi))$ 且 $\mathcal{M}_2, s \nvDash \mathsf{U}((\psi, \varphi) \cdot (\varphi, \chi))$。即，公式 $\mathsf{U}((\psi, \varphi) \cdot (\varphi, \chi))$ 可以区分 $\mathcal{M}_1, s$ 与 $\mathcal{M}_2, s$。但是公式 $\mathsf{U}(\psi, \varphi)$ 与 $\mathsf{U}(\varphi, \chi)$ 在模型 $\mathcal{M}_1, s$ 和 $\mathcal{M}_2, s$ 上都为真。基于该观察，对任意 $\varphi \in \mathrm{LU}_P^-$，很容易对 φ 的结构施归纳，证明 $\mathcal{M}_1, s \vDash \varphi$ 当且仅当 $\mathcal{M}_2, s \vDash \varphi$。故 LU_P^- 不能区分上述两个模型。 □

现在引入一个状态空间 $\mathcal{E}$ 上的全局/全称模态算子 A：

- $\mathcal{M}, s \vDash \mathsf{A}\varphi \Leftrightarrow$ 对于所有的 $t \in \mathcal{E}$, $\mathcal{M}, t \vDash \varphi$

A 其实可以被基础的模态词 O 所定义：

命题 4.2.8 任意 UP 模型 $\mathcal{M}$，$\mathcal{M}, s \vDash \mathsf{A}\varphi$ 当且仅当 $\mathcal{M}, s \vDash \mathsf{O}(\top, \varphi) \wedge \mathsf{O}(\neg\varphi, \bot)$

证明 具体证明如下：

$\mathcal{M}, s \vDash \mathsf{O}(\neg\varphi, \bot)$	$\Leftrightarrow$	对于所有 $s', t \in S$ 满足 $s' \to t$, 如果 $\mathcal{M}, s' \vDash \neg\varphi$ 那么 $\mathcal{M}, t \vDash \bot$
	$\Leftrightarrow$	对于所有 $s', t \in S$ 满足 $s' \to t$, $\mathcal{M}, s' \nvDash \neg\varphi$
	$\Leftrightarrow$	对于所有 $s', t \in S$ 满足 $s' \to t$, $\mathcal{M}, s' \vDash \varphi$
$\mathcal{M}, s \vDash \mathsf{O}(\top, \varphi)$	$\Leftrightarrow$	对于所有 $s', t \in S$ 满足 $s' \to t$, 如果 $\mathcal{M}, s' \vDash \top$ 那么 $\mathcal{M}, t \vDash \varphi$
	$\Leftrightarrow$	对于所有 $s', t \in S$ 满足 $s' \to t$, $\mathcal{M}, t \vDash \varphi$

因此 $\mathsf{A}\varphi$ 可以被定义为 $\mathsf{O}(\top, \varphi) \wedge \mathsf{O}(\neg\varphi, \bot)$，其中 $\mathsf{O}(\neg\varphi, \bot)$ 说的是 φ 在 $\mathcal{E}^{\mathrm{in}}$ 中的所有状态上成立，$\mathsf{O}(\top, \varphi)$ 说的是 φ 在 $\mathcal{E}^{\mathrm{out}}$ 中的所有状态上成立。 □

一个直接的观察是，可以同时定义另外两种状态空间 $\mathcal{E}^{\mathrm{in}}$ 和 $\mathcal{E}^{\mathrm{out}}$ 上的全称模态 A^{in} 和 $\mathsf{A}^{\mathrm{out}}$。具体而言：

- $\mathcal{M}, s \vDash \mathsf{A}^{\mathrm{in}}\varphi \Leftrightarrow \mathcal{M}, s \vDash \mathsf{O}(\neg\varphi, \bot) \Leftrightarrow$ 对于所有 $t \in \mathcal{E}^{\mathrm{in}}$, $\mathcal{M}, t \vDash \varphi$
- $\mathcal{M}, s' \vDash \mathsf{A}^{\mathrm{out}}\varphi \Leftrightarrow \mathcal{M}, s' \vDash \mathsf{O}(\top, \varphi) \Leftrightarrow$ 对于所有 $t' \in \mathcal{E}^{\mathrm{out}}$, $\mathcal{M}, t' \vDash \varphi$

命题 4.2.9 下列公式都是有效的：

(1) $\neg\mathsf{A}\bot$

(2) $\neg O(\psi, \varphi) \to \neg A^{\text{in}} \neg \psi$

(3) $A^{\text{in}}(\psi_2 \to \psi_1) \wedge A^{\text{out}}(\varphi_1 \to \varphi_2) \wedge O(\psi_1, \varphi_1) \to O(\psi_2, \varphi_2)$

(4) $O(\psi \vee \chi, \varphi) \to O(\psi, \varphi) \wedge O(\chi, \varphi)$

(5) $O(\psi, \varphi \wedge \chi) \to O(\psi, \varphi) \wedge O(\psi, \chi)$

证明　根据定义，$\neg A \bot$ 实际上就是 $\neg O(\top, \bot)$。对于公式 (1)：

$$
\begin{aligned}
\mathcal{M}, s \vDash \neg O(\top, \bot) \quad &\Leftrightarrow \quad \mathcal{M}, s \nvDash O(\top, \bot) \\
&\Leftrightarrow \quad \text{存在 } s', t \in S \text{ 满足 } s' \to t, \text{ 如果} \\
&\qquad \mathcal{M}, s' \vDash \top, \text{ 那么 } \mathcal{M}, t \vDash \top \\
&\Leftrightarrow \quad \text{存在 } s', t \in S \text{ 满足 } s' \to t
\end{aligned}
$$

因为在模型定义里 $\to$ 关系就是非空的，所以 $\neg A \bot / \neg O(\top, \bot)$ 是有效的。对于 (2)，其逆否命题的有效性由语义定义易得。对于 (3)，$A^{\text{in}}(\psi_2 \to \psi_1) \wedge O(\psi_1, \varphi_1)$ 说的是每个输入状态，如果它满足 ψ_2，那么它满足 ψ_1，并且对于每个 ψ_1-输入状态，其所有输出状态都满足 φ_1-状态。又因为 $A^{\text{out}}(\varphi_1 \to \varphi_2)$ 每个输出状态，如果它满足 φ_1-那么它满足 φ_2，于是我们有 $A^{\text{in}}(\psi_2 \to \psi_1) \wedge O(\psi_1, \varphi_1) \wedge A^{\text{out}}(\varphi_1 \to \varphi_2) \to O(\psi_2, \varphi_2)$ 有效。(4) 和 (5) 的有效性由公式 (2) 易得。　　　　　　　　　　　　　　　　□

公式 $A\bot / O(\top, \bot)$ 其实说的是，科学家从没有做过实验，或我们对任何可能状态之间的关系一无所知。这种情况显然是不合理的。

此外，自然还有所有状态 S 上的全称模态算子 G：

- $\mathcal{M}, s \vDash G\varphi \Leftrightarrow$ 对于所有 $t \in S$，$\mathcal{M}, t \vDash \varphi$

前面提到过，$G\varphi$ 说的是 φ 是一种背景知识，而且根据下一节里给出的证明系统可以看到，G 其实是一种 $S5$ 的模态词。G 可以被 U 定义：

命题 4.2.10　对任意 UP 模型 $\mathcal{M}$，$\mathcal{M}, s \vDash G\varphi$ 当且仅当 $\mathcal{M}, s \vDash U(\neg\varphi, \bot)$

证明　首先验证：

$$\begin{aligned}
\mathcal{M}, s \vDash \mathsf{U}(\neg\varphi, \bot) \quad & \Leftrightarrow \quad \text{存在 } \mathbb{T} \in \mathfrak{T},\ F \multimap G \in \mathbb{T} \text{ 满足 } [\![\neg\varphi]\!] \subseteq F, \text{ 并且} \\
& \qquad G \subseteq [\![\bot]\!] = \emptyset \\
& \Leftrightarrow \quad \text{存在 } \mathbb{T} \in \mathfrak{T},\ F \multimap G \in \mathbb{T} \text{ 满足 } [\![\neg\varphi]\!] \subseteq F = \emptyset \\
& \Leftrightarrow \quad \text{对于所有 } s \in S,\ \mathcal{M}, s \vDash \varphi
\end{aligned}$$

$\mathsf{G}\varphi$ 被 $\mathsf{U}(\neg\varphi, \bot)$ 定义，说的是 φ 在模型的所有状态上都成立。

$\square$

与 A 的定义对照看，$\mathsf{U}(\top, \varphi)$ 并不用于定义 G。对于一个模型 $\mathcal{M}$，当 $[\![\varphi]\!] \neq S^{\mathcal{M}}$ 时，$\mathcal{M}, s \vDash \mathsf{U}(\top, \varphi)$ 说的是存在某个科学理论，其中的规律 $F \multimap G$ 满足 $F = S^{\mathcal{M}} \neq G$，换句话说，除了 $S \multimap S$，我们有一个关于 $\mathcal{M}$ 中描述的认知场景中所有情况的理论。因此，$\mathsf{U}(\top, \varphi)$ 也可以简单读作科学家理解 φ。

在定义了 $\mathsf{G}\varphi$ 之后，我们再给出一些有效的公式：

命题 4.2.11 下列公式都是有效的【其中 $(\psi_i, \varphi_i) \in \overline{(\psi, \varphi)}$】：

(1) $\mathsf{U}(\overline{(\psi, \varphi)}) \to \mathsf{O}(\psi_i, \varphi_i)$

(2) $\mathsf{G}\neg\psi \vee \mathsf{G}\varphi \to \mathsf{U}(\psi, \varphi)$

(3) $\mathsf{G}\varphi \to \varphi$

(4) $\mathsf{O}(\psi, \varphi) \to \mathsf{GO}(\psi, \varphi),\ \mathsf{U}(\overline{(\psi, \varphi)}) \to \mathsf{GU}(\overline{(\psi, \varphi)})$

(5) $\neg\mathsf{O}(\psi, \varphi) \to \mathsf{G}\neg\mathsf{O}(\psi, \varphi),\ \neg\mathsf{U}(\overline{(\psi, \varphi)}) \to \mathsf{G}\neg\mathsf{U}(\overline{(\psi, \varphi)})$

(6) $\mathsf{G}(\chi \to \psi_i) \wedge \mathsf{G}(\varphi_i \to \xi) \wedge \mathsf{U}(\overline{(\psi, \varphi)}) \to \mathsf{U}(\overline{(\psi, \varphi)} \cdot (\chi, \xi))$

证明 由模型里的**证据支持**条件，(1) 是显然的。(2) 是由于**基本律**条件，即当 $\neg\psi$ 或 φ 是背景知识时，$\mathsf{U}(\psi, \varphi)$ 成立。(3)、(4) 和 (5) 都是由于 O 与 U 具有全局的语义本质。对于 (6)，假设我们对 ψ_i-到-φ_i 有一个覆盖律，如果 ψ_i 被加强并且 φ_i 被减弱，其结果仍然能被这一规律覆盖，即加上这样一个依赖关系科学家仍然有理解。公式 (2) 的一部分 $\mathsf{G}\neg\psi \to \mathsf{U}(\psi, \varphi)$ 其实就是 (6) 的推论。如果把公式 $\mathsf{G}\neg\psi \to \mathsf{U}(\psi, \varphi)$ 等价地写成公式 $\mathsf{U}(\psi, \bot) \to \mathsf{U}(\psi, \varphi)$ 就比较明显了。

$\square$

§4.3 公理化

在上一节所证明的有效公式的基础上，我们给出"理解现象"的证明系统 SOSU 如下。同样，公理模式与推理规则的表述也会借助上文定义的全局模态算子 A 与 G。

公理系统 SOSU

公理模式

(TAUT)	经典命题逻辑公理
(ICON)	$O(\psi, \varphi) \land O(\chi, \varphi) \leftrightarrow O(\psi \lor \chi, \varphi)$
(OCON)	$O(\psi, \varphi) \land O(\psi, \chi) \leftrightarrow O(\psi, \varphi \land \chi)$
(DA)	$\neg A\bot$
(TG)	$G\varphi \to \varphi$
(4)	$O(\psi, \varphi) \to GO(\psi, \varphi)$
(5)	$\neg O(\psi, \varphi) \to G\neg O(\psi, \varphi)$
(UYO)	$U(\overline{(\psi, \varphi)}) \to O(\psi_i, \varphi_i)$
	【其中 $(\psi_i, \varphi_i) \in \overline{(\psi, \varphi)}$ 】
(COMMU)	$U(\overline{(\psi, \varphi)} \cdot \overline{(\chi, \xi)}) \to U(\overline{(\chi, \xi)} \cdot \overline{(\psi, \varphi)})$
(DECOM)	$U(\overline{(\psi, \varphi)} \cdot \overline{(\chi, \xi)}) \to U(\overline{(\psi, \varphi)}) \land U(\overline{(\chi, \xi)})$
(BGKU)	$G\chi \land U(\overline{(\psi, \varphi)}) \to U(\overline{(\psi, \varphi)} \cdot (\xi, \chi))$
	【这里允许 $\lvert \overline{(\psi, \varphi)} \rvert = 0$ 】
(WSU)	$G(\chi \to \psi_i) \land G(\varphi_i \to \xi) \land U(\overline{(\psi, \varphi)}) \to U(\overline{(\psi, \varphi)} \cdot (\chi, \xi))$
	【其中 $(\psi_i, \varphi_i) \in \overline{(\psi, \varphi)}$ 】
(INSEC)	$U(\overline{(\psi, \varphi)}) \to U(\overline{(\psi, \varphi)} \cdot (\psi_i \land \psi_j, \varphi_i \land \varphi_j))$
	【其中 $(\psi_i, \varphi_i), (\psi_j, \varphi_j) \in \overline{(\psi, \varphi)}$ 】
(4UG)	$U(\overline{(\psi, \varphi)}) \to GU(\overline{(\psi, \varphi)})$
(5UG)	$\neg U(\overline{(\psi, \varphi)}) \to G\neg U(\overline{(\psi, \varphi)})$

规则

(MP)	分离规则
(REI)	$\vdash \psi \leftrightarrow \varphi \Rightarrow\ \vdash \mathsf{O}(\psi, \chi) \leftrightarrow \mathsf{O}(\varphi, \chi)$
(REO)	$\vdash \psi \leftrightarrow \varphi \Rightarrow\ \vdash \mathsf{O}(\chi, \psi) \leftrightarrow \mathsf{O}(\chi, \varphi)$
(NECG)	$\vdash \chi \Rightarrow\ \vdash \mathsf{G}\chi$

再次指出，上述公理模式中出现的 $\mathsf{U}(\overline{(\psi, \varphi)})$ 是公式 $\mathsf{U}((\psi_1, \varphi_1) \cdots \cdot$ $(\psi_n, \varphi_n))$ 的简写，其中 $n = |\overline{(\psi, \varphi)}|$。除非特别指出【如在公理 (BGKU) 中】，$|\overline{(\psi, \varphi)}| \geqslant 1$。

首先，公理 (ICON) 与 (OCON) 是根据命题4.2.9中的有效式提出的。如上所述，(DA) 说的是科学家对这个世界是有观察的。(TG) 是关于背景科学知识的事实性。(4) (5) 说的是观察公式在语义上的全局性。(UYO) 确定了 U 与 O 之间的基本关系。(COMMU) 显示了对现象的理解不受现象中依赖关系之间顺序的影响。(DECOM) 说明，理解一个现象蕴涵理解其部分，但反过来对部分现象的理解未必构成对整体现象的理解。

其次，(BGKU) 其实是两个公理，当 $|\overline{(\psi, \varphi)}| \neq 0$ 时，(BGKU) 说的正是什么时候两个理解能够组合成一个统一的理解，将其写成 $\mathsf{U}(\neg\chi, \bot) \wedge \mathsf{U}(\overline{(\psi, \varphi)}) \to$ $\mathsf{U}(\overline{(\psi, \varphi)} \cdot (\xi, \chi))$ 或许看得更清楚。当 $|\overline{(\psi, \varphi)}| = 0$ 时，(BGKU)，即 $\mathsf{G}\chi \to \mathsf{U}(\xi, \chi)$ 表达了在给定一个背景科学知识的情况下主体能理解什么。

再次，(WSU) 给出了另外一种若干理解组合成一个统一的理解的方式，本质上说的是对于现象中任一个依赖关系，减弱输入加强输出并不会影响主体的理解。(INSEC) 是说，如果主体理解一个现象，那么在依赖关系上还能再增加些什么关系，同时保持对原来现象的理解。该公理给出的回答是可以增加已有依赖关系的交运算关系。

最后，(4UG) 和 (5UG) 表达了理解公式在语义上的全局性。(REI) 与 (REO) 是关于观察公式的等值替换规则，而 (NECG) 是 G 版本的必然化公理。

基于公理系统 SOSU，我们可以证明一些有意义的内定理。这些内定理帮助我们更好地理解新的观察模态和理解模态的逻辑性质，建立其与经典模态的联系。

命题 4.3.1　下列公式在系统 SOSU 中是可推演的。

(DISTI)	$O(\neg\psi,\varphi) \land O(\neg(\psi \to \chi),\varphi) \to O(\neg\chi,\varphi)$
(DISTO)	$O(\psi,\varphi) \land O(\psi,\varphi \to \chi) \to O(\psi,\chi)$
(NECO)	$(i) \vdash \chi \Rightarrow \vdash O(\neg\chi,\varphi);$
	$(ii) \vdash \chi \Rightarrow \vdash O(\psi,\chi)$
(MONOT)	$(i) \vdash \psi \to \varphi \Rightarrow \vdash O(\neg\psi,\chi) \to O(\neg\varphi,\chi);$
	$(ii) \vdash \psi \to \varphi \Rightarrow \vdash O(\chi,\psi) \to O(\chi,\varphi)$
(AGGRW)	$U(\overline{(\psi,\varphi)}) \land G\chi \to U(\overline{(\psi,\varphi)} \cdot (\xi,\chi) \cdot (\neg\chi,\xi'))$

证明　首先证明 (MONOT)-(i)，(MONOT)-(ii) 的证明类似:

(1) $\psi \to \varphi$ 　　　　　　　　　　　　　假设

(2) $\neg\psi \leftrightarrow \neg\psi \lor \neg\varphi$ 　　　　　　　　　　经典命题推理(1)

(3) $O(\neg\psi,\chi) \leftrightarrow O(\neg\psi \lor \neg\varphi,\chi)$ 　　　(REI)(2)

(4) $O(\neg\psi \lor \neg\varphi,\chi) \to O(\neg\psi,\chi) \land O(\neg\varphi,\chi)$ 　(ICON)(3)

(5) $O(\neg\psi,\chi) \to O(\neg\varphi,\chi)$ 　　　　　经典命题推理(3)(4)

(6) $O(\chi,\psi) \to O(\chi,\varphi)$ 　　　　　　　类似地

接下来证明 (DISTO)，(DISTI) 的证明类似:

(1) $\varphi \land (\varphi \to \chi) \to \chi$ 　　　　　　　命题重言式

(2) $O(\psi,\varphi \land (\varphi \to \chi)) \to O(\psi,\chi)$ 　　(MONOT)(2)

(3) $O(\psi,\varphi \land (\varphi \to \chi)) \leftrightarrow$ 　　　　　(OCON)
　　$O(\psi,\varphi) \land O(\psi,\varphi \to \chi)$

(4) $O(\psi,\varphi) \land O(\psi,\varphi \to \chi) \to O(\psi,\chi)$ 　经典推理(2)(3)

然后证明 (NECO):

(1) χ 　　　　　　　　　　　　　　　　假设

(2) $\top \to \chi$ 　　　　　　　　　　　　　经典命题推理(1)

(3) $(O(\bot,\varphi) \to O(\neg\chi,\varphi)) \land (O(\psi,\top) \to$ 　(MONOT)(2)
　　$O(\psi,\chi))$

(4) $O(\bot,\varphi) \land O(\psi,\top)$ 　　　　　　　(OU)(NECG)(UYO)(MP)

(5) $O(\neg\chi,\varphi) \land O(\psi,\chi)$ 　　　　　　经典命题推理(3)(4)

最后证明 (AGGRW):

(1) $U(\overline{(\psi,\varphi)}) \wedge U(\chi,\bot) \rightarrow$ (BGKU)
      $U(\overline{(\psi,\varphi)} \cdot (\xi,\neg\chi))$

(2) $\bot \rightarrow \xi'$ 重言式

(3) $G(\bot \rightarrow \xi')$ (NECG)

(4) $U(\chi,\bot) \wedge G(\bot \rightarrow \xi') \rightarrow U(\chi,\xi')$ (WSU)(DECOM)

(5) $U(\overline{(\psi,\varphi)}) \wedge U(\chi,\bot) \rightarrow$ 经典命题推理(1)(4)
      $U(\overline{(\psi,\varphi)} \cdot (\neg\chi,\xi') \cdot (\xi,\chi))$

                                         □

    如果把二元算子 O 看作一个一元算子，即看作 O 赋给每一个 φ 一个一元算子 $O(\neg\_,\varphi)$，或者赋给每一个 ψ 一个一元算子 $O(\psi,\_)$，那么命题4.3.1里的定理和规则 (DISTI)、(DISTO)、(NECO) 和 (MONOT) 在形式上就变得熟悉了。比如把 $O(\neg\psi,\varphi)$ 和 $O(\psi,\varphi)$ 分别改写为 $\Box_\varphi\psi$（带索引 φ）与 $\Box_\psi\varphi$（带索引 ψ），这些定理和规则就是标准的对必然算子 $\Box_\varphi\psi$ 和 $\Box_\psi\varphi$ 的分配公理，必然化规则以及单调性规则。显然，从标准的正规模态逻辑到逻辑 SOSU 是可以有嵌入的。我们会用下一个小节具体证明这一点。

    关于理解的模态算子 $U(\overline{(\psi,\varphi)})$ 没有通常意义的聚合原则（aggregative principle），即 $U(\overline{(\psi,\varphi)}) \wedge U(\overline{(\chi,\xi)}) \rightarrow U(\overline{(\psi,\varphi)} \cdot \overline{(\chi,\xi)})$ 并非有效式，则根据下面即将证明的**可靠性定理**，SOSU 中并不能推演出该公式来。由 (AGGRW)，我们只有这个弱化的形式：$U(\overline{(\psi,\varphi)}) \wedge U(\chi,\bot) \rightarrow U(\overline{(\psi,\varphi)} \cdot (\chi,\bot))$。原因是，对于 U-公式的语义而言，最关键的是存在一个统一覆盖被"理解现象"中各个依赖关系的科学理论。

定理 4.3.2 公理系统 SOSU 是可靠的。

证明 以下省略大部分情况的证明，因为除了很显然的情况，很多已经在命题4.2.9和命题4.2.11中有过展示。

(ICON)：对任意 UP 模型 $\mathcal{M}$，假设 $\mathcal{M},s \vDash O(\psi,\varphi) \wedge O(\chi,\varphi)$，对于所有 $s',t \in S$ 满足 $s' \rightarrow t$，如果 $\mathcal{M},s' \vDash \psi$，那么 $\mathcal{M},t \vDash \varphi$，并且如果 $\mathcal{M},s' \vDash \chi$，那么 $\mathcal{M},t \vDash \varphi$。这就是，对于所有的 $s' \rightarrow t$，都有 $\mathcal{M},s' \vDash \psi$ 或者 $\mathcal{M},s' \vDash \chi$，从而 $\mathcal{M},t \vDash \varphi$。因此若 $\mathcal{M},s' \vDash \psi \vee \chi$ 则 $\mathcal{M},t \vDash \varphi$。故 $\mathcal{M},s \vDash O(\psi \vee \chi,\varphi)$。

(UYO)：对任意 UP 模型 $\mathcal{M}$，假设 $\mathcal{M},s \vDash U(\overline{(\psi,\varphi)})$，于是模型中有规律 $F_1 \mathbin{\text{-}\!\!3} G_1,\cdots,F_n \mathbin{\text{-}\!\!3} G_n$ 在某个理论 $\mathbb{T}$ 中，满足对于每个 $1 \leqslant i \leqslant n$ 都有 $[\![\psi_i]\!] \subseteq F_i$ 以及 $G_i \subseteq [\![\varphi_i]\!]$。因此对于任意 i，对于所有 $s',t \in S$ 满足 $s' \to t$，如果 $s' \in [\![\psi_i]\!]$ 那么 $s' \in F$，再根据模型中理论的**证据支持**条件，可得 $t \in G \subseteq [\![\varphi_i]\!]$，因此 $\mathcal{M},s \vDash O(\psi_i,\varphi_i)$。

(BGKU)：对任意 UP 模型 $\mathcal{M}$，假设 $\mathcal{M},s \vDash G\chi$ 并且 $\mathcal{M},s \vDash U(\overline{(\psi,\varphi)})$，则对任意 $t \in S$ 都有 $\mathcal{M},t \vDash \varphi$，即 $[\![\varphi]\!] = S$；并且存在 $\mathbb{T} \in \mathfrak{T}$ 与 $F_1 \mathbin{\text{-}\!\!3} G_1,\cdots,F_n \mathbin{\text{-}\!\!3} G_n \in \mathbb{T}$，使得对于每个 $1 \leqslant i \leqslant n$ 都有 $[\![\psi_i]\!] \subseteq F_i$ 以及 $G_i \subseteq [\![\varphi_i]\!]$。因为 $S \mathbin{\text{-}\!\!3} S \in \mathbb{T}$，所以无论 ξ 的取值情况一定有 $[\![\xi]\!] \subseteq S$ 且 $S \subseteq [\![\chi]\!]$，于是根据语义就有 $\mathcal{M},s \vDash U(\overline{(\psi,\varphi)} \cdot (\xi,\chi))$。

$\square$

在证明完全性定理之前，我们证明以下公式和规则都是系统中的定理和导出规则。

命题 4.3.3　以下公式和规则在公理系统 SOSU 中都是可推演的：

(DISTA)	$A\varphi \wedge A(\varphi \to \psi) \to A\psi$	(40)	$O(\psi,\varphi) \to O(\psi',O(\psi,\varphi))$
(GYA)	$G\varphi \to A\varphi$	(50)	$\neg O(\psi,\varphi) \to O(\psi',\neg O(\psi,\varphi))$
(4A)	$A\varphi \to AA\varphi$	(4U)	$U(\overline{(\psi,\varphi)}) \to O(\psi',U(\overline{(\psi,\varphi)}))$
(5A)	$\neg A\varphi \to A\neg A\varphi$	(5U)	$\neg U(\overline{(\psi,\varphi)}) \to O(\psi',\neg U(\overline{(\psi,\varphi)}))$
(NECA)	$\vdash \varphi \Rightarrow\, \vdash A\varphi$	(40')	$O(\psi,\varphi) \to O(\neg O(\psi,\varphi),\varphi')$
(DISTG)	$G\psi \wedge G(\psi \to \varphi) \to G\varphi$	(50')	$\neg O(\psi,\varphi) \to O(O(\psi,\varphi),\varphi')$
(4G)	$G\varphi \to GG\varphi$	(4U')	$U(\overline{(\psi,\varphi)}) \to O(\neg U(\overline{(\psi,\varphi)}),\varphi')$
(5G)	$\neg G\varphi \to G\neg G\varphi$	(5U')	$\neg U(\overline{(\psi,\varphi)}) \to O(U(\overline{(\psi,\varphi)}),\varphi')$
(GCON)	$G(\psi \wedge \varphi) \leftrightarrow (G\psi \wedge G\varphi)$	(WSO)	$(A^{\text{in}}(\psi_2 \to \psi_1) \wedge A^{\text{out}}(\varphi_1 \to \varphi_2) \\ \wedge O(\psi_1,\varphi_1)) \to O(\psi_2,\varphi_2)$

证明　(DISTA) 是由 (DISTI) 与 (DISTO) 得到的。(GYA) 由 (BGK) 与 (UYO) 可得。在 (4)、(5) 与 (GYA) 的基础上，(4A) 和 (5A) 易得。(NECA) 由 (NECO) 易得。(DISTG) 是公理 (WSU) 的一种特殊情况。(4G) 和 (5G) 是结合 (4UG) 与 (5UG) 中

推出的。从定理 (DISTG) 与规则 (NECG) 中可见，G 是一个标准的正规模态词，因此 (GCON) 按标准模态逻辑中惯常的推演易得。应用 (4) 与 (GYA) 可以得到 (40)，再应用 (5) 与 (GYA) 可证 (50)。类似地，(4U) 与 (5U) 在 (4UG)、(5UG) 与 (GYA) 的基础之上容易推演出。接下来四个公式的证明与 (40)、(50)、(4U) 和 (5U) 中的证明方式类似。最后，(WSO) 是由公理 (OCON) 和 (ICON) 得证的。 □

$G\varphi$ 是一个真正意义上的全称模态，表达了 φ 在一个模型上处处成立；而 $A\varphi$ 其实是一种具体的局部全称模态，它只在模型里那些做过实验、有过观察记录的状态上成立。根据逻辑系统 SOSU 以及上述命题4.3.3，可见 A 是一个 $\mathbb{K}D45$ 模态，从标准知识逻辑的角度，它表达了一种"相信如是"（believing that），而 G 是一个 $KT45$ 模态算子，表达了一种"知道如是"（knowing that）。科学家通常依靠实验证据建立其信念，而科学知识正来源于对基于证据的信念的超越。

再一次提到，$G\varphi$ 所表达的知识可以看作科学家在特定的科学认知场景里默认的"背景科学知识"。因此，公理 (BGK) 和 (WSU) 实际上在"知道如是"和"理解现象"之间建立了两个重要的联系。关于 (BGK) 前面论述已经比较多了，下面给一个 (WSU) 表达的命题式的知道和"理解现象"之间关系的简单例子。如果科学家知道光照射在金属片上是金属片吸收电磁波的一种方式【公式表示：$G(\chi \rightarrow \psi)$】，并且理解金属片吸收电磁波会导致电子从金属片中被激发出【$U(\psi, \varphi)$】，那么科学家就理解光电效应【$U(\chi, \varphi)$】。

命题 4.3.4 等值替换定理（$\vdash \psi \leftrightarrow \varphi \Longrightarrow \vdash \chi \leftrightarrow \chi[\psi/\varphi]$）是系统 SOSU 中的导出定理，其中替换 $[\psi/\varphi]$ 可以只在 ψ 的一些出现进行。

证明 对 χ 的结构施归纳，我们只简单给以下情况的证明：

(REU) $\quad \vdash \psi \leftrightarrow \varphi \Rightarrow \vdash U(\cdots (\chi, \psi) \cdots) \leftrightarrow U(\cdots (\chi, \varphi) \cdots)$

(REU′) $\quad \vdash \psi \leftrightarrow \varphi \Rightarrow \vdash U(\cdots (\psi, \chi) \cdots) \leftrightarrow U(\cdots (\varphi, \chi) \cdots)$

通过应用 (NECG) 到前提 $\vdash \psi \leftrightarrow \varphi$ 上，再应用公理 (WSU) 与 (DECOM) 易得结论。

□

§4.4　从模态逻辑到 SOSU 的嵌入

命题4.2.9和4.2.11展示的许多系统 SOSU 的内定理都给人一种直观的印象，即在模态逻辑和"理解现象"的逻辑之间存在紧密的联系。本节要证明正规模态逻辑系统 $\mathbb{K}D45$ 以及 $S5$ 都可以被嵌入系统 SOSU。

令 $L_\Box^P$ 表示相对于命题字母的集合 P 的标准命题逻辑的语言，其中初始符号是 $\top, \neg, \wedge$ 与 $\Box_1, \Box_2$。令 S 表示一个带有两个模态词的正规模态逻辑系统，其中 $\Box_1$ 是一个 $\mathbb{K}D45$ 模态词，$\Box_2$ 是一个 $S5$ 模态词。除了标准的公理与规则以外，系统 S 中还有三个公理模式描述 $\Box_1$ 与 $\Box_2$ 的交互[①]：

$A1$	$\Box_2\varphi \to \Box_1\varphi$
$A2$	$\Box_1\varphi \to \Box_2\Box_1\varphi$
$A3$	$\neg\Box_1\varphi \to \Box_2\neg\Box_1\varphi$

定义 4.4.1　定义一个函数 $T\colon L_\Box^P \to \mathrm{LU}_P$ 如下：

- $T(\top) = \top$
- $T(p) = p$
- $T(\neg\varphi) = \neg T(\varphi)$
- $T(\varphi \wedge \psi) = T(\varphi) \wedge T(\psi)$
- $T(\Box_1\varphi) = \mathsf{O}(\neg T(\varphi), \bot)$
- $T(\Box_2\varphi) = \mathsf{U}(\neg T(\varphi), \bot)$

根据上述定义中的"翻译"，我们可以证明以下引理。

引理 4.4.2　如果 $\vdash_S \varphi$，那么 $\vdash_{\mathrm{SOSU}} T(\varphi)$。

证明　对推演的长度进行归纳，仅给出以下情况：

- 假设 $\vdash_S \Box_1(\psi \to \varphi) \wedge \Box_1\psi \to \Box_1\varphi$：

---

①如果把 $\Box_1$ 看成"相信"模态词，$\Box_2$ 看成"知道"模态词，那么以下这三条交互公理在 [Stalnaker 2006] 看来就是知识与一般信念之间最基本的交互。

(1) $O(\neg(T(\psi) \to T(\varphi)), \bot)$ 假设

(2) $O(\neg T(\psi), \bot)$ 假设

(3) $O(\neg T(\psi), \bot)$ (DISTI)(1)(2)(MP)

再由定义4.4.1得，$\vdash_{\mathsf{SOSU}} T(\Box_1(\psi \to \varphi)) \wedge T(\Box_1 \psi) \to T(\Box_1 \varphi)$。

- 假设 $\vdash_S \neg\Box_1\varphi \to \Box_1\neg\Box_1\varphi$：

  (1) $\neg O(\neg T(\varphi), \bot)$ 假设

  (2) $O(O(\neg T(\varphi), \bot), \bot)$ (50')(1)(MP)

  再由定义4.4.1得，$\vdash_{\mathsf{SOSU}} T(\neg\Box_1\varphi) \to T(\Box_1\neg\Box_1\varphi)$。

- 假设 $\vdash_S \Box_2\varphi \to \varphi$：

  (1) $U(\neg T(\varphi), \bot)$ 假设

  (2) $T(\varphi)$ (TG)(1)(MP)

  再由定义4.4.1得，$\vdash_{\mathsf{SOSU}} T(\Box_2\varphi) \to T(\varphi)$。

- 假设 $\vdash_S \Box_1\varphi \to \Box_2\Box_1\varphi$：

  (1) $O(\neg T(\varphi), \bot)$ 假设

  (2) $U(\neg O(\neg T(\varphi), \bot), \bot)$ 公理(4)(MP)

  再由定义4.4.1得，$\vdash_{\mathsf{SOSU}} T(\Box_1\varphi) \to T(\Box_2\Box_1\varphi)$。

$\Box$

定义 4.4.3 定义函数 $T^{-1}: \mathsf{LU}_P \to L_\Box^P$ 如下：

- $T^{-1}(\top) = \top$
- $T^{-1}(p) = p$
- $T^{-1}(\neg\varphi) = \neg T^{-1}(\varphi)$
- $T^{-1}(\varphi \wedge \psi) = T^{-1}(\varphi) \wedge T^{-1}(\psi)$
- $T^{-1}(O(\psi, \varphi)) = \Box_1(T^{-1}(\psi) \to T^{-1}(\varphi))$
- $T^{-1}(U(\overline{(\psi, \varphi)})) = \Box_2((T^{-1}(\psi_1) \to T^{-1}(\varphi_1)) \wedge \cdots \wedge$
  $\quad\quad\quad (T^{-1}(\psi_n) \to T^{-1}(\varphi_n)))$

根据模态逻辑的性质，上述定义中 $U(\overline{(\psi, \varphi)})$ 的翻译等价于：

$$T^{-1}(U(\overline{(\psi, \varphi)})) = \Box_2(T^{-1}(\psi_1) \to T^{-1}(\varphi_1)) \wedge \cdots \wedge \Box_2(T^{-1}(\psi_n) \to T^{-1}(\varphi_n))$$

引理 4.4.4　如下两个命题成立：

(1) 对于 $\varphi \in \mathrm{LU}_P$，若 $\vdash_{\mathsf{sosu}} \varphi$ 则 $\vdash_S T^{-1}(\varphi)$。

(2) 对于 $\varphi \in L_\square^P$，$\vdash_S \varphi \leftrightarrow T^{-1}T(\varphi)$。

证明

(1) 同样对系统 SOSU 中的证明长度施归纳。如：

- 假设 $\vdash_{\mathsf{sosu}} \mathsf{U}(\neg\varphi, \bot) \to \mathsf{U}(\psi, \varphi)$，

（1）$(\neg T^{-1}(\varphi) \to \bot) \to (T^{-1}(\psi \to T^{-1}(\varphi)))$　　　命题重言式

（2）$\square_2(\neg T^{-1}(\varphi) \to \bot) \to \square_2(T^{-1}(\psi) \to$　　　$\square_2$ 单调性, (1)
$T^{-1}(\varphi))$

再由定义4.4.3得，$\vdash_S T^{-1}(\mathsf{U}(\neg\varphi, \bot)) \to T^{-1}(\mathsf{U}(\psi, \varphi))$。

- 假设 $\vdash_{\mathsf{sosu}} \mathsf{O}(\psi, \varphi) \to \mathsf{U}(\neg\mathsf{O}(\psi, \varphi), \bot)$，

（1）$\square_1(T^{-1}(\psi) \to T^{-1}(\varphi))$　　　　　　　　假设

（2）$\square_2\square_1(T^{-1}(\psi) \to T^{-1}(\varphi))$　　　　　　　A2, (1)

再由定义4.4.3得，$\vdash_S T^{-1}(\mathsf{O}(\psi, \varphi)) \to T^{-1}(\mathsf{U}(\neg\mathsf{O}(\psi, \varphi), \bot))$。

- 假设 $\vdash_{\mathsf{sosu}} \mathsf{U}(\overline{(\psi, \varphi)}) \to \mathsf{U}(\overline{(\psi, \varphi)} \cdot (\psi_i \wedge \psi_j, \varphi_i \wedge \varphi_j))$，

（1）$\bigwedge_{k \in \{1,n\}} (T^{-1}(\psi_k) \to T^{-1}(\varphi_k)) \to$　　　　命题重言式
$\bigwedge_{k \in \{1,n\}} (T^{-1}(\psi_k) \to T^{-1}(\varphi_k)) \wedge$
$(T^{-1}(\psi_i) \wedge T^{-1}(\psi_j) \to T^{-1}(\varphi_i) \wedge T^{-1}(\varphi_j))$

（2）$\square_2(\bigwedge_{k \in \{1,n\}} (T^{-1}(\psi_k) \to^{-1} (\varphi_k))) \to$　　　$\square_2$ 的单调性, (1)
$\square_2(\bigwedge_{k \in \{1,n\}} (T^{-1}(\psi_k) \to T^{-1}(\varphi_k)) \wedge$
$(T^{-1}(\psi_i) \wedge T^{-1}(\psi_j) \to T^{-1}(\varphi_i) \wedge T^{-1}(\varphi_j)))$

再由定义4.4.3得，$\vdash_S T^{-1}(\mathsf{U}(\overline{(\psi, \varphi)})) \to T^{-1}(\mathsf{U}(\overline{(\psi, \varphi)} \cdot (\psi_i \wedge \psi_j, \varphi_i \wedge \varphi_j)))$。

(2) 对 φ 的复杂度进行规则。只考虑以下情况：

- 假设 $\varphi = \square_1\psi$，于是 $T^{-1}T(\varphi) = T^{-1}(\mathsf{O}(\neg T(\psi), \bot)) = \square_1(\neg T^{-1}$
$T(\psi)\bot)$。在模态系统 S 中，$\square_1(\neg T^{-1}T(\psi) \to \bot)$ 等价于 $\square_1 T^{-1}T(\psi)$，
再根据归纳假设易得，$\square_1(\neg T^{-1}T(\psi) \to \bot)$ 等价于 $\square_1\psi$。

- 假设 $\varphi = \square_2\psi$，于是 $T^{-1}T(\varphi) = T^{-1}(\mathsf{U}(\neg T(\psi), \bot)) = \square_2(\neg T^{-1}$
$T(\psi) \to \bot)$。在模态系统 S 中，同样 $\square_2(\neg T^{-1}T(\psi) \to \bot)$ 等价于

$\square_2 T^{-1} T(\psi)$，由归纳假设易得，$\square_2(\neg T^{-1} T(\psi) \to \bot)$ 等价于 $\square_2 \psi$。

$\square$

定理 4.4.5（模态嵌入） $\vdash_S \varphi$ 当且仅当 $\vdash_{SOSU} T(\varphi)$。

证明 由引理4.4.2与引理4.4.4易得。 $\square$

以上的翻译函数实际上把模态逻辑中的 $\square_1 \varphi$ 看作 $O(\neg \varphi, \bot)$，把 $\square_2 \varphi$ 看作 $U(\neg \varphi, \bot)$。当然也有其他的翻译方式，比如把 $\square_1 \varphi$ 看作 $O(\top, \varphi)$，但是并不能把 $\square_2 \varphi$ 看成 $U(\top, \varphi)$，这由前文中 A 与 G 的定义可得。

§4.5 完全性与可判定性

这一节证明系统 SOSU 的完全性与可判定性。给定语言 LU_P 的一个公式集 Δ，令 $\Delta|_U$ 与 $\Delta|_O$ 分别代表集合 Δ 中所有的观察公式以及理解公式：

- $\Delta|_U = \{\chi \mid \chi = U(\overline{(\psi, \varphi)}) \in \Delta\}$
- $\Delta|_O = \{\chi \mid \chi = O(\psi, \varphi) \in \Delta\}$

类似地，令 $\Delta|_{\neg U}$ 与 $\Delta|_{\neg O}$ 分别为如下的公式集：

- $\Delta|_{\neg U} = \{\chi \mid \chi = \neg U(\overline{(\psi, \varphi)}) \in \Delta\}$
- $\Delta|_{\neg O} = \{\chi \mid \chi = \neg O(\psi, \varphi) \in \Delta\}$

在定义形式语义的时候，我们论述了观察公式和理解公式的语义学本性都是全局的，即其真值情况并不依赖目前的状态。因此，在进行完全性证明的时候，我们并不能用单个典范模型去实现所有语言 LU_P 中的一致集。故接下来的证明策略是，对每个 LU_P 中的极大一致集分别构造一个单独的典范模型。

定义 4.5.1（典范模型） 任意一个极大一致集 Γ 的典范模型 $\mathcal{M}^c_\Gamma$ 是一个四元组 $\langle S^c_\Gamma, \to^c, \mathfrak{T}^c, V^c \rangle$，其中：

- $S^c_\Gamma = \{\Delta \mid \Delta$ 是 SOSU 的一个极大一致集，并且满足 $\Gamma|_U = \Delta|_U, \Gamma|_O = \Delta|_O\}$；

- $\Delta \rightarrow^c \Theta$ 当且仅当 (1) $\{\neg\psi \mid \mathsf{O}(\psi,\bot) \in \Gamma\} \subseteq \Delta$；以及 (2) $\{\varphi \mid \mathsf{O}(\psi,\varphi) \in \Gamma \,\&\, \psi \in \Delta\} \subseteq \Theta$；

- $\mathfrak{T}^c = \{\{\emptyset \dashv^c \emptyset, S_\Gamma^c \dashv^c S_\Gamma^c\} \cup \mathbb{T}^{\overline{(\psi,\varphi)}} \mid \mathsf{U}(\overline{(\psi,\varphi)}) \in \Gamma\}$，其中 $\mathbb{T}^{\overline{(\psi,\varphi)}} = \{\{\Delta \mid \bigwedge_{k\leqslant m} \psi_{i_k} \in \Delta\} \dashv^c \{\Theta \mid \bigwedge_{k\leqslant m} \varphi_{i_k} \in \Theta\} \mid m \leqslant |\overline{(\psi,\varphi)}|, (\psi_{i_k},\varphi_{i_k}) \in \overline{(\psi,\varphi)}\}$；

- $p \in V^c(\Delta)$ 当且仅当 $p \in \Delta$。

显然 Γ 是 $\mathcal{M}_\Gamma^c$ 中的一个状态。若 $\varphi \in \Delta \in S_\Gamma^c$，则称 Δ 是一个 φ-状态。

每个理论 $\mathbb{T}^c \in \mathfrak{T}^c$ 都是以某个理解公式 $\mathsf{U}((\psi_1,\varphi_1)\cdot\cdots\cdot(\psi_n,\varphi_n)) \in \Gamma$ 为基础构造而成的。根据 (NECG) 可得 $\mathsf{U}(\bot,\bot) \in \Gamma$，则由上述定义 $\mathfrak{T}^c \neq \emptyset$。根据定义任意理论至少包含两个科学规律，即 $\emptyset \dashv^c \emptyset$ 与 $S_\Gamma^c \dashv^c S_\Gamma^c$，至多包括 $(2^n + 1)$ 个科学规律。

从典范模型的定义直接可以得到以下两个命题：

命题 4.5.2 对于任意 $\Delta, \Theta \in S_\Gamma^c$，任意 $\mathsf{O}(\psi,\varphi) \in \mathrm{LU}_P$，$\mathsf{O}(\psi,\varphi) \in \Delta$ 当且仅当 $\mathsf{O}(\psi,\varphi) \in \Theta$ 当且仅当 $\mathsf{O}(\psi,\varphi) \in \Gamma$。

命题 4.5.3 对于任意 $\Delta, \Theta \in S_\Gamma^c$，任意 $\mathsf{U}(\overline{(\psi,\varphi)}) \in \mathrm{LU}_P$，$\mathsf{U}(\overline{(\psi,\varphi)}) \in \Delta$ 当且仅当 $\mathsf{U}(\overline{(\psi,\varphi)}) \in \Theta$ 当且仅当 $\mathsf{U}(\overline{(\psi,\varphi)}) \in \Gamma$。

接下来证明一个非常有用的命题：

命题 4.5.4 $\{\Delta \in S_\Gamma^c \mid \psi \in \Delta\} \subseteq \{\Theta \in S_\Gamma^c \mid \varphi \in \Theta\}$ 当且仅当 $\mathsf{G}(\psi \rightarrow \varphi) \in \Gamma$。

证明

- $\Longleftarrow$：假设 $\mathsf{G}(\psi \rightarrow \varphi) \in \Gamma$。由命题 4.5.3，对任意 $\Delta \in S_\Gamma^c$ 可得 $\mathsf{G}(\psi \rightarrow \varphi) \in \Delta$。因此对任意 $\Delta \in S_\Gamma^c$ 根据 (TG) 以及极大一致集的性质可得 $\psi \rightarrow \varphi \in \Delta$。故从 $\psi \in \Delta$ 可得 $\varphi \in \Delta$，即是，$\{\Delta \in S_\Gamma^c \mid \psi \in \Delta\} \subseteq \{\Theta \in S_\Gamma^c \mid \varphi \in \Theta\}$。

- $\Longrightarrow$：假设 $\{\Delta \in S_\Gamma^c \mid \psi \in \Delta\} \subseteq \{\Theta \in S_\Gamma^c \mid \varphi \in \Theta\}$，于是根据典范模型中 S_Γ^c 的定义，$\neg(\psi \rightarrow \varphi)$ 与 $\Gamma\mid_\mathsf{o} \cup \Gamma\mid_{\neg\mathsf{o}} \cup \Gamma\mid_\mathsf{u} \cup \Gamma\mid_{\neg\mathsf{u}}$ 不一致，倘若一致，按类似于标准林登鲍姆定理的方式，$\Gamma\mid_\mathsf{o} \cup \Gamma\mid_{\neg\mathsf{o}} \cup \Gamma\mid_\mathsf{u} \cup \Gamma\mid_{\neg\mathsf{u}} \cup \{\neg(\psi \rightarrow \varphi)\}$ 可以被扩充成一个极大一致集，并且其中有公式 ψ 与 $\neg\varphi$。于是对于某些有穷公式集 $\mathsf{O}(\psi_1,\varphi_1), \cdots, \mathsf{O}(\psi_k,\varphi_k) \in \Gamma\mid_\mathsf{o}$，

$O(\neg\psi_1', \varphi_1'), \cdots, \neg O(\psi_l', \varphi_l') \in \Gamma \mid_{\neg O}$, $U(\overline{(\psi_1'', \varphi_1'')}), \cdots, U(\overline{(\psi_m'', \varphi_m'')}) \in$
$\Gamma\mid_U$, 并且 $\neg U(\overline{(\psi_1''', \varphi_1''')}), \cdots, \neg U(\overline{(\psi_h''', \varphi_h''')}) \in \Gamma\mid_{\neg U}$,

$$\vdash \bigwedge_{1\leqslant i\leqslant k} O(\psi_i, \varphi_i) \wedge \bigwedge_{1\leqslant j\leqslant l} \neg O(\psi_j', \varphi_j') \wedge \bigwedge_{1\leqslant i'\leqslant m} U(\overline{(\psi_{i'}'', \varphi_{i'}'')})$$
$$\wedge \bigwedge_{1\leqslant j'\leqslant h} \neg U(\overline{(\psi_{j'}''', \varphi_{j'}''')}) \to (\psi \to \varphi)$$

由 (NECG) 与 (DISTG) 可知:

$$\vdash G(\bigwedge_{1\leqslant i\leqslant k} O(\psi_i, \varphi_i) \wedge \bigwedge_{1\leqslant j\leqslant l} \neg O(\psi_j', \varphi_j') \wedge \bigwedge_{1\leqslant i'\leqslant m} U(\overline{(\psi_{i'}'', \varphi_{i'}'')})$$
$$\wedge \bigwedge_{1\leqslant j'\leqslant h} \neg U(\overline{(\psi_{j'}''', \varphi_{j'}''')})) \to G(\psi \to \varphi)$$

又因为 $O(\psi_1, \varphi_1), \cdots, O(\psi_k, \varphi_k) \in \Gamma\mid_O$, 所以根据 (4) 以及 Γ 是一个极大一致集, 可得 $GO(\psi_1, \varphi_1), \cdots, GO(\psi_k, \varphi_k) \in \Gamma$。类似地, 由 (5) 可得 $G\neg O(\psi_1', \varphi_1'), \cdots, G\neg O(\psi_l', \varphi_l') \in \Gamma$; 由 (4UG) 可得 $GU(\overline{(\psi_1'', \varphi_1'')}), \cdots,$ $GU(\overline{(\psi_m'', \varphi_m'')}) \in \Gamma$; 由 (5UG) 可得 $G\neg U(\overline{(\psi_1''', \varphi_1''')}), \cdots, G\neg U(\overline{(\psi_h''', \varphi_h''')})$ $\in \Gamma$。把 (GCON) 作一个推广, 然后就可以得到:

$$G(\bigwedge_{1\leqslant i\leqslant k} O(\psi_i, \varphi_i) \wedge \bigwedge_{1\leqslant j\leqslant l} \neg O(\psi_j', \varphi_j') \wedge \bigwedge_{1\leqslant i'\leqslant m} U(\overline{(\psi_{i'}'', \varphi_{i'}'')})$$
$$\wedge \bigwedge_{1\leqslant j'\leqslant h} \neg U(\overline{(\psi_{j'}''', \varphi_{j'}''')})) \in \Gamma$$

因此就有 $G(\psi \to \varphi) \in \Gamma$。根据命题4.5.3, 对任意 $\Delta \in S_\Gamma^c$ 都有 $G(\psi \to \varphi) \in \Delta$。

$\square$

从上述命题又可得:

命题 4.5.5 $\{\Delta \in S_\Gamma^c \mid \psi \in \Delta\} = \emptyset$ 当且仅当 $G\neg\psi \in \Gamma$。

证明 命题4.5.4 的一个特殊形式是: $\{\Delta \in S_\Gamma^c \mid \psi \in \Delta\} \subseteq \{\Theta \in S_\Gamma^c \mid \bot \in \Theta\}$ 当且仅当 $G(\psi \to \bot) \in \Gamma$, 即, $\{\Delta \in S_\Gamma^c \mid \psi \in \Delta\} = \emptyset$ 当且仅当 $G\neg\psi \in \Gamma$。

$\square$

命题 4.5.6 如果 $U(\cdots(\psi, \varphi)\cdots) \in \Gamma$ 并且 $\{\Theta \in S_\Gamma^c \mid \varphi \in \Theta\} = \emptyset$, 那么 $\{\Delta \in S_\Gamma^c \mid \psi \in \Delta\} = \emptyset$。

证明 假设 $\{\Theta \in S_\Gamma^c \mid \varphi \in \Theta\} = \emptyset$，根据命题4.5.5，可得 $\mathsf{U}(\varphi, \bot) \in \Gamma$。因为 $\mathsf{U}(\psi, \varphi) \in \Gamma$，由 (AGGRW) 与极大一致集的性质，可知 $\mathsf{U}(\psi, \bot) \in \Gamma$，再根据命题4.5.5，这就相当于 $\{\Delta \in S_\Gamma^c \mid \psi \in \Delta\} = \emptyset$。   □

然后我们首先可以验证：

命题 4.5.7 给定任意典范模型 $\mathcal{M}^c$，对于 $\mathfrak{T}^c$，

- (**基本律**)：对每个 $\mathbb{T}^c \in \mathfrak{T}^c$，$\emptyset \mathrel{\text{-}\!3^c} \emptyset \in \mathbb{T}^c$，并且 $S_\Gamma^c \mathrel{\text{-}\!3^c} S_\Gamma^c \in \mathbb{T}^c$。

- (**一致**)：对于任意 $F \mathrel{\text{-}\!3^c} G$，如果 $F \neq \emptyset$ 那么 $G \neq \emptyset$。

- (**证据支持**)：对每个 $F \mathrel{\text{-}\!3^c} G$，如果 $\Delta \in F$ 那么 $\{\Theta \mid \Delta \to^c \Theta\} \subseteq G$。

- (**对交封闭**)：对于任意 $\mathbb{T}^c \in \mathfrak{T}^c$，任意 $F_1 \mathrel{\text{-}\!3^c} G_1, F_2 \mathrel{\text{-}\!3^c} G_2 \in \mathbb{T}^c$，$F_1 \cap F_2 \mathrel{\text{-}\!3^c} G_1 \cap G_2 \in \mathbb{T}^c$。

证明

- 根据典范模型里 $\mathfrak{T}^c$ 的定义易得。

- 给定 $F \mathrel{\text{-}\!3^c} G \in \mathbb{T}^c$，如果它是两个基本律中的一个，那么结论易得。否则，根据定义存在 $\mathsf{U}(\overline{(\psi, \varphi)}) \in \Gamma$ 使得 $F = \{\Delta \mid \psi_{i_1} \wedge \cdots \wedge \psi_{i_m} \in \Delta\}$，并且 $G = \{\Theta \mid \varphi_{i_1} \wedge \cdots \wedge \varphi_{i_m} \in \Theta\}$，其中 $(\psi_{i_j}, \varphi_{i_j}) \in \overline{(\psi, \varphi)}$。反证，倘若 $F \neq \emptyset$ 且 $G = \emptyset$，根据命题4.5.5有 $\mathsf{G}\neg(\varphi_{i_1} \wedge \cdots \wedge \varphi_{i_m}) \in \Gamma$，由 (BGKU) 以及极大一致集的性质，于是有 $\mathsf{U}(\psi_{i_1} \wedge \cdots \wedge \psi_{i_m}, \neg(\varphi_{i_1} \wedge \cdots \wedge \varphi_{i_m})) \in \Gamma$。再根据 (DECOM)、(INSEC) 以及极大一致集的性质，可得 $\mathsf{U}(\psi_{i_1} \wedge \cdots \wedge \psi_{i_m}, \bot) \in \Gamma$，根据命题4.5.5，得到 $F = \emptyset$，矛盾。

- 给定 $F \mathrel{\text{-}\!3^c} G$，假设 $\Delta \in F$，$\Delta \to^c \Theta$。因为 $F \neq \emptyset$，根据上面的**一致**结果，可得 $G \neq \emptyset$。于是，$F \mathrel{\text{-}\!3^c} G$ 不是 $\emptyset \mathrel{\text{-}\!3^c} \emptyset$。然后需要考虑两种情况。第一，$F \mathrel{\text{-}\!3^c} G$ 是 $S_\Gamma^c \mathrel{\text{-}\!3^c} S_\Gamma^c$，那么结论易得。第二，$F \mathrel{\text{-}\!3^c} G$ 不是 $S_\Gamma^c \mathrel{\text{-}\!3^c} S_\Gamma^c$，根据定义存在 $\mathsf{U}(\overline{(\psi, \varphi)}) \in \Gamma$ 使得 $F = \{\Delta \mid \psi_{i_1} \wedge \cdots \wedge \psi_{i_m} \in \Delta\}$，并且 $G = \{\Theta \mid \varphi_{i_1} \wedge \cdots \wedge \varphi_{i_m} \in \Theta\}$，其中 $(\psi_{i_j}, \varphi_{i_j}) \in \overline{(\psi, \varphi)}$。根据 (COMMU)、(INSEC) 以及极大一致集的性质，可得 $\mathsf{U}(\cdots \cdot (\psi_{i_1} \wedge \cdots \wedge \psi_{i_m}, \varphi_{i_1} \wedge \cdots \wedge \varphi_{i_m}) \cdots) \in \Gamma$，再由 (UYO) 就得到 $\mathsf{O}(\psi_{i_1} \wedge \cdots \wedge \psi_{i_m}, \varphi_{i_1} \wedge \cdots \wedge \varphi_{i_m}) \in \Gamma$。因此，由 $\to^c$ 的定义知，$\psi_{i_1} \wedge \cdots \wedge \psi_{i_m} \in \Delta$，$\varphi_{i_1} \wedge \cdots \wedge \varphi_{i_m} \in \Theta$，故 $\Theta \in G$。

- 对任意 $F_1 \mathrel{\text{-}\!3^c} G_1, F_2 \mathrel{\text{-}\!3^c} G_2 \in \mathbb{T}^c$，如果二者之一是 $\emptyset \mathrel{\text{-}\!3^c} \emptyset$ 或 $S_\Gamma^c \mathrel{\text{-}\!3^c} S_\Gamma^c$，

那么结论易得。否则，根据定义存在 $\mathsf{U}((\psi_1,\varphi_1)\cdot\cdots\cdot(\psi_n,\varphi_n))\in\Gamma$ 使得 $F_1=\{\Delta_1\mid\psi_{i_1}\wedge\cdots\wedge\psi_{i_m}\in\Delta_1\}$, $G_1=\{\Theta_1\mid\varphi_{i_1}\wedge\cdots\wedge\varphi_{i_m}\in\Theta_1\}$, $F_2=\{\Delta_2\mid\psi_{j_1}\wedge\cdots\wedge\psi_{j_k}\in\Delta_2\}$, 并且 $G_2=\{\Theta_2\mid\varphi_{j_1}\wedge\cdots\wedge\varphi_{j_k}\in\Theta_2\}$ 【其中 $(\psi_{i_j},\varphi_{i_j})\in\overline{(\psi,\varphi)}$】。因为 $F_1\cap F_2=\{\Delta_3\mid\psi_{i_1}\wedge\cdots\wedge\psi_{i_m}\wedge\psi_{j_1}\wedge\cdots\wedge\psi_{j_k}\in\Delta_3\}$, $G_1\cap G_2=\{\Delta_3\mid\varphi_{i_1}\wedge\cdots\wedge\varphi_{i_m}\wedge\psi_{j_1}\wedge\cdots\wedge\psi_{j_k}\in\Delta_3\}$, 且 $i_1,\cdots,i_m,j_1,\cdots,j_k\in\{1,\cdots,n\}$, 于是根据定义易知 $F_1\cap F_2\twoheadrightarrow^c G_1\cap G_2\in\mathbb{T}^c$。

$\square$

为了证明典范模型是良定义的，我们还需要证明关系 $\rightarrow^c$ 非空，而这一点是由如下引理所保证的。

引理 4.5.8（O 存在引理） 给定对于 Γ 的一个典范模型 $\mathcal{M}_\Gamma^c=\langle S_\Gamma^c,\rightarrow,\twoheadrightarrow^c,V^c\rangle$，如果 $\neg\mathsf{O}(\psi,\varphi)\in\Gamma$，那么存在 $\Delta,\Theta\in S_\Gamma^c$ 使得 $\psi\in\Delta,\neg\varphi\in\Theta$，并且 $\Delta\rightarrow^c\Theta$。

证明 假设 $\neg\mathsf{O}(\psi,\varphi)\in\Gamma$。令

- $\Delta^{--}=\Gamma\mid_{\mathsf{O}}\cup\Gamma\mid_{\neg\mathsf{O}}\cup\Gamma\mid_{\mathsf{U}}\cup\Gamma\mid_{\neg\mathsf{U}}\cup\{\neg\chi\mid\mathsf{O}(\chi,\bot)\in\Gamma\}\cup\{\neg\xi\mid\mathsf{O}(\xi,\varphi)\in\Gamma\}\cup\{\psi\}$

- $\Theta^{--}=\Gamma\mid_{\mathsf{O}}\cup\Gamma\mid_{\neg\mathsf{O}}\cup\Gamma\mid_{\mathsf{U}}\cup\Gamma\mid_{\neg\mathsf{U}}\cup\{\neg\varphi\}$

我们说 Δ^{--} 与 Θ^{--} 都是一致的。

- 对于 Δ^{--} 的情况，反证法，假设该集合不一致。于是就有若干有穷公式集 $\mathsf{O}(\psi_1,\varphi_1),\cdots,\mathsf{O}(\psi_{k_1},\varphi_{k_1})\in\Gamma\mid_{\mathsf{O}}$, $\mathsf{O}(\neg\psi_1',\varphi_1'),\cdots,\neg\mathsf{O}(\psi_{l_1}',\varphi_{l_1}')\in\Gamma\mid_{\neg\mathsf{O}}$, $\mathsf{U}(\overline{(\psi_1'',\varphi_1'')}),\cdots,\mathsf{U}(\overline{(\psi_{k_2}'',\varphi_{k_2}'')}),\neg\mathsf{U}(\overline{(\psi_1''',\varphi_1''')}),\cdots,\neg\mathsf{U}(\overline{(\psi_{l_2}''',\varphi_{l_2}''')})\in\Gamma\mid_{\neg\mathsf{U}}$, $\chi_1,\cdots,\chi_m\in\{\chi\mid\mathsf{O}(\chi,\bot)\in\Gamma\}$ 以及 $\xi_1,\cdots,\xi_{m'}\in\{\xi\mid\mathsf{O}(\xi,\varphi)\in\Gamma\}$（注：这里所使用的符号 k_1,k_2,l_1,l_2，以下证明中用到的 $k_3,k_4,\cdots,l_3,l_4,\cdots$ 中，k 与 l 的下标仅仅是为了区别这些字母所代表的数字，除此之外没有其他目的），

$$\vdash\bigwedge_{1\leqslant i\leqslant k_1}\mathsf{O}(\psi_i,\varphi_i)\wedge\bigwedge_{1\leqslant j\leqslant l_1}\neg\mathsf{O}(\psi_j',\varphi_j')\wedge\bigwedge_{1\leqslant i'\leqslant k_2}\mathsf{U}(\overline{(\psi_{i'}'',\varphi_{i'}'')})$$

$$\wedge \bigwedge_{1\leqslant j'\leqslant l_2} \neg U(\overline{(\psi_{j'}''', \varphi_{j'}''')}) \rightarrow \bigvee_{1\leqslant n\leqslant m} \chi_n \vee \bigvee_{1\leqslant n'\leqslant m'} \xi_{n'} \vee \neg\psi$$

由 (MONOT)，可以得到：

$$\vdash O(\neg(\bigwedge_{1\leqslant i\leqslant k_1} O(\psi_i, \varphi_i) \wedge \bigwedge_{1\leqslant j\leqslant l_1} \neg O(\psi_j', \varphi_j') \wedge \bigwedge_{1\leqslant i'\leqslant k_2} U(\overline{(\psi_{i'}'', \varphi_{i'}'')})$$

$$\wedge \bigwedge_{1\leqslant j'\leqslant l_2} \neg U(\overline{(\psi_{j'}''', \varphi_{j'}''')})), \varphi) \rightarrow O(\neg(\bigvee_{1\leqslant n\leqslant m} \chi_n \vee \bigvee_{1\leqslant n'\leqslant m'} \xi_{n'} \vee \neg\psi), \varphi)$$

因为 $O(\psi_1, \varphi_1), \cdots, O(\psi_{k_1}, \varphi_{k_1}) \in \Gamma \mid_o$，所以基于 $(40')$ 以及 Γ 是一个极大一致集，可得 $O(\neg O(\psi_1, \varphi_1), \varphi), \cdots, O(\neg O(\psi_{k_1}, \varphi_{k_1}), \varphi) \in \Gamma$。类似地，基于 $(50')$ 也可以看出 $O(O(\psi_1', \varphi_1'), \varphi), \cdots, O(O(\psi_{l_1}', \varphi_{l_1}'), \varphi) \in \Gamma$，基于 $(4U')$ 有 $O(\neg U(\overline{(\psi_1'', \varphi_1'')}), \varphi), \cdots, O(\neg U(\overline{(\psi_{k_2}'', \varphi_{k_2}'')}), \varphi) \in \Gamma$，基于 $(5U')$ 有 $O(U(\overline{(\psi_1''', \varphi_1''')}), \varphi), \cdots, O(U(\overline{(\psi_{l_2}''', \varphi_{l_2}''')}), \varphi) \in \Gamma$。再反复应用 (ICON)，可得：

$$O(\neg(\bigwedge_{1\leqslant i\leqslant k_1} O(\psi_i, \varphi_i) \wedge \bigwedge_{1\leqslant j\leqslant l_1} \neg O(\psi_j', \varphi_j') \wedge \bigwedge_{1\leqslant i'\leqslant k_2} U(\overline{(\psi_{i'}'', \varphi_{i'}'')})$$

$$\wedge \bigwedge_{1\leqslant j'\leqslant l_2} \neg U(\overline{(\psi_{j'}''', \varphi_{j'}''')})), \varphi) \in \Gamma$$

随之就有 $O(\neg(\bigvee_{1\leqslant n\leqslant m} \chi_n \vee \neg\psi), \varphi) \in \Gamma$，即，

$$O(\neg(\bigwedge_{1\leqslant n\leqslant m} \neg\chi_n \wedge \bigwedge_{1\leqslant n'\leqslant m'} \neg\xi_{n'} \rightarrow \neg\psi), \varphi) \in \Gamma \quad (\star)$$

因为 $O(\chi_1, \bot), \cdots O(\chi_m, \bot), O(\xi_1, \varphi), \cdots O(\xi_{m'}, \varphi) \in \Gamma$，根据 (WSO) 以及 (ICON)，就有 $O(\neg(\bigwedge_{1\leqslant n\leqslant m} \neg\chi_n \wedge \bigwedge_{1\leqslant n'\leqslant m'} \neg\xi_{n'}), \varphi) \in \Gamma$，然后再根据 (DISTI) 与 $(\star)$，可得 $O(\psi, \varphi) \in \Gamma$。得出矛盾。

- 对于 Θ^{--} 的情况，类似地，使用反证法来证明。倘若有一些有穷的公式集 $O(\psi_1, \varphi_1), \cdots, O(\psi_{k_3}, \varphi_{k_3}) \in \Gamma\,|_O$, $O(\neg\psi'_1, \varphi'_1), \cdots, \neg O(\psi'_{l_3}, \varphi'_{l_3}) \in \Gamma\,|_{\neg O}$, $U(\overline{(\psi''_1, \varphi''_1)}), \cdots, U(\overline{(\psi''_{k_4}, \varphi''_{k_4})}) \in \Gamma|_U$, 以及 $\neg U(\overline{(\psi'''_1, \varphi'''_1)}), \cdots,$ $\neg U(\overline{(\psi'''_{l_4}, \varphi'''_{l_4})}) \in \Gamma|_{\neg U}$,

$$\vdash \bigwedge_{1 \leqslant i \leqslant k_3} O(\psi_i, \varphi_i) \wedge \bigwedge_{1 \leqslant j \leqslant l_3} \neg O(\psi'_j, \varphi'_j) \wedge \bigwedge_{1 \leqslant i' \leqslant k_4} U(\overline{(\psi''_{i'}, \varphi''_{i'})})$$
$$\wedge \bigwedge_{1 \leqslant j' \leqslant l_4} \neg U(\overline{(\psi'''_{j'}, \varphi'''_{j'})}) \to \varphi$$

根据 (MONOT)，就有：

$$\vdash O(\psi, (\bigwedge_{1 \leqslant i \leqslant k_3} O(\psi_i, \varphi_i) \wedge \bigwedge_{1 \leqslant j \leqslant l_3} \neg O(\psi'_j, \varphi'_j) \wedge \bigwedge_{1 \leqslant i' \leqslant k_4} U(\overline{(\psi''_{i'}, \varphi''_{i'})})$$
$$\wedge \bigwedge_{1 \leqslant j' \leqslant l_4} \neg U(\overline{(\psi'''_{j'}, \varphi'''_{j'})}))) \to O(\psi, \varphi)$$

再由 (4O) (5O) (4U) (5U)，以及反复应用 (OCON)，我们得到 $O(\psi, \varphi) \in \Gamma$，得出矛盾。

下一步证明 Δ^{--} 与 Θ^{--} 可以被扩充成典范模型 S_Γ^c 中的状态，并且它们之间存在 $\to^c$ 关系。把 $\Gamma\,|_O$ 中的所有公式列举如下：$O(\psi_0, \varphi_0), O(\psi_1, \varphi_1),$ $\cdots, O(\psi_n, \varphi_n), \cdots$。然后构造 Δ_i, Θ_i（$i \geqslant 0$）如下：

- $\Delta_0 = \Delta^{--}$, $\Theta_0 = \Theta^{--}$
- $\Delta_{k+1} = \begin{cases} \Delta_k & \text{如果 } \psi_k \text{ 与 } \Delta_k \text{ 不一致} \quad (1) \\ \Delta_k \cup \{\psi_k\} & \text{如果 } \psi_k \text{ 与 } \Delta_k \text{ 不一致} \quad (2) \end{cases}$
- $\Theta_{k+1} = \begin{cases} \Theta_k & \text{如果 } \psi_k \text{ 与 } \Delta_k \text{ 不一致} \\ \Theta_k \cup \{\varphi_k\} & \text{如果 } \psi_k \text{ 与 } \Delta_k \text{ 不一致} \end{cases}$

注意 Δ_0 与 Θ_0 都是一致的，根据定义 Δ_k 是一致的。下面证明 Θ_k 总是一致的。只需要说明如果 (2) 成立，即 Δ_{k+1} 一致，那么 $\Theta_{k+1} = \Theta_k \cup \{\varphi_k\}$ 一致。再次使用反证法，假设存在一些有穷公式集 $O(\psi_1, \varphi_1), \cdots, O(\psi_{k_5}, \varphi_{k_5}) \in \Gamma\,|_O$,

$O(\neg\psi_1', \varphi_1'), \cdots, \neg O(\psi_{l_5}', \varphi_{l_5}') \in \Gamma \mid_{\neg O}, U(\overline{(\psi_1'', \varphi_1'')}), \cdots, U(\overline{(\psi_{k_6}'', \varphi_{k_6}'')}) \wedge \cdots) \in \Gamma\mid_U, \neg U(\overline{(\psi_1''', \varphi_1''')}), \cdots, \neg U(\overline{(\psi_{l_6}''', \varphi_{l_6}''')}) \in \Gamma\mid_{\neg U}$, 以及 $\varphi_{i_1}, \cdots, \varphi_{i_{m''}} \in \{\varphi_i \mid 0 \leqslant i < k, O(\psi_i, \varphi_i) \in \Gamma, \psi_i \in \Delta_{k+1}\}$ 使得

$$\vdash \bigwedge_{1 \leqslant i \leqslant k_5} O(\psi_i, \varphi_i) \wedge \bigwedge_{1 \leqslant j \leqslant l_5} \neg O(\psi_j', \varphi_j') \wedge \bigwedge_{1 \leqslant i' \leqslant k_6} U(\overline{(\psi_{i'}'', \varphi_{i'}'')})$$
$$\wedge \bigwedge_{1 \leqslant j' \leqslant l_6} \neg U(\overline{(\psi_{j'}''', \varphi_{j'}''')}) \wedge \bigwedge_{1 \leqslant n \leqslant m''} \varphi_{i_n} \to \neg\varphi_k \vee \varphi$$

根据 (MONOT) 我们有：

$$\vdash O(\psi_k \wedge \bigwedge_{1 \leqslant n \leqslant m''} \psi_{i_n}, (\bigwedge_{1 \leqslant i \leqslant k_5} O(\psi_i, \varphi_i) \wedge \bigwedge_{1 \leqslant j \leqslant l_5} \neg O(\psi_j', \varphi_j') \wedge$$
$$\bigwedge_{1 \leqslant i' \leqslant k_6} U(\overline{(\psi_{i'}'', \varphi_{i'}'')}) \wedge \bigwedge_{1 \leqslant j' \leqslant l_6} \neg U(\overline{(\psi_{j'}''', \varphi_{j'}''')}) \wedge \bigwedge_{1 \leqslant n \leqslant m''} \varphi_{i_n}))$$
$$\to O(\psi_k \wedge \bigwedge_{1 \leqslant n \leqslant m''} \psi_{i_n}, \neg\varphi_k \vee \varphi)$$

因为 $O(\psi_{i_1}, \varphi_{i_1}), \cdots, O(\psi_{i_{m''}}, \varphi_{i_{m''}}) \in \Gamma$，所以根据 (WSO) 和 (OCON) 就有 $O(\psi_k \wedge \bigwedge_{1 \leqslant n \leqslant m''} \psi_{i_n}, \bigwedge_{1 \leqslant n \leqslant m''} \varphi_{i_n}) \in \Gamma$。类似地，也有 $O(\psi_k, (\bigwedge_{1 \leqslant i \leqslant k_5} O(\psi_i, \varphi_i) \wedge \bigwedge_{1 \leqslant j \leqslant l_5} \neg O(\psi_j', \varphi_j') \wedge \bigwedge_{1 \leqslant i' \leqslant k_6} U(\overline{(\psi_{i'}'', \varphi_{i'}'')}) \wedge \bigwedge_{1 \leqslant j' \leqslant l_6} \neg U(\overline{(\psi_{j'}''', \varphi_{j'}''')}))) \in \Gamma$。于是 $O(\psi_k \wedge \bigwedge_{1 \leqslant n \leqslant m''} \psi_{i_n}, \neg\varphi_k \vee \varphi) \in \Gamma$，即 $O(\psi_k \wedge \bigwedge_{1 \leqslant n \leqslant m''} \psi_{i_n}, \varphi_k \to \varphi) \in \Gamma$。因为 $O(\psi_k, \varphi_k) \in \Gamma$，所以根据 (WSO) 与 (DISTO)，可得 $O(\psi_k \wedge \bigwedge_{1 \leqslant n \leqslant m''} \psi_{i_n}, \varphi) \in \Gamma$。再根据 Δ^{--} 的构造，可知 $\neg\psi_k \vee \bigvee_{1 \leqslant n \leqslant m''} \neg\psi_{i_n} \in \Delta_{k+1}$，因为 $\psi_{i_1}, \cdots, \psi_{i_{m''}} \in \Delta_{k+1}$，所以 $\neg\psi_k \in \Delta_{k+1}$。这与构造中的 (2) 矛盾。

接着分别定义 Δ^- 和 Θ^- 为所有 Δ_k 的并与所有 Θ_k 的并。最后，根据类似标准林登鲍姆的方式，把 Δ^- 和 Θ^- 分别扩充成极大一致集。Δ 与 Θ 都属于 S_Γ^c，通过检验定义里的条件，不难证明 $\Delta \to^c \Theta$。

$\square$

随之可以证明：

命题 4.5.9 对于所有 $\mathcal{M}_\Gamma^c$ 中的 $\Delta \to^c \Theta$，如果总有 $\varphi \in \Delta$，那么 $O(\neg\varphi, \bot) \in \Gamma$；如果 $\varphi \in \Theta$ 总是成立，那么 $O(\top, \varphi) \in \Gamma$。

证明 反证法，假设 $\neg O(\neg\varphi, \bot) \in \Gamma$，于是存在某个 $\Delta \to^c \Theta$ 满足 $\neg\varphi \in \Delta$，这与所有 $\Delta \to^c \Theta$ 都满足 $\varphi \in \Delta$ 矛盾。剩余证明类似。 □

现在我们可以说典范模型模型是良定义的：

命题 4.5.10 $\mathcal{M}_\Gamma^c$ 是良定义的。

证明 根据命题4.5.7，仅需证明 $\to^c$ 是非空的。为此，要证明模型中存在 Δ, Θ 使得 $\Delta \to^c \Theta$。由 (DA) 可得 $\neg A\bot \in \Gamma$，即 $\neg O(\top, \bot) \in \Gamma$。根据 O 存在引理4.5.8，存在 $\Delta, \Theta \in S_\Gamma^c$ 使得 $\Delta \to^c \Theta$。

□

在这些工作之后，我们可以证明真值引理了：

引理 4.5.11（真值引理） 对于任意 $\varphi \in \mathrm{LU}_P$: $\mathcal{M}_\Gamma^c, \Delta \vDash \varphi \iff \varphi \in \Delta$。

证明 布尔的情况容易证明，对于 $O(\psi, \varphi)$ 的情况，

- $\Longrightarrow$: 假设 $O(\psi, \varphi) \notin \Delta$，于是 $\neg O(\psi, \varphi) \in \Delta$。由引理4.5.8，存在 $\Delta', \Theta \in S_\Gamma^c$ 使得 $\Delta' \to^c \Theta$，$\psi \in \Delta'$ 并且 $\neg\varphi \in \Theta$。由归纳假设，$\mathcal{M}_\Gamma^c, \Delta' \vDash \psi$，且 $\mathcal{M}_\Gamma^c, \Theta \nvDash \varphi$，因此得到 $\mathcal{M}_\Gamma^c, \Delta \nvDash O(\psi, \varphi)$。

- $\Longleftarrow$: 假设 $O(\psi, \varphi) \in \Delta$，需要证明 $\mathcal{M}_\Gamma^c, \Delta \vDash O(\psi, \varphi)$。反正法，倘若存在 $\Delta', \Theta \in S_\Gamma^c$ 使得 $\Delta' \to^c \Theta$，$\mathcal{M}_\Gamma^c, \Delta' \vDash \psi$ 以及 $\mathcal{M}_\Gamma^c, \Theta \nvDash \varphi$，那么根据归纳假设就有 $\psi \in \Delta'$ 以及 $\varphi \notin \Theta$。根据 $\to^c$ 的定义，这与 $O(\psi, \varphi) \in \Delta'$ 矛盾。

对于 $U(\overline{(\psi, \varphi)})$ 的情况，

- $\Longrightarrow$: 假设 $\mathcal{M}_\Gamma^c, \Delta \vDash U((\psi_1, \varphi_1) \cdots (\psi_n, \varphi_n))$，根据语义定义存在 $\mathbb{T}^c \in \mathfrak{T}^c$ 与 $F_1 \multimap^c G_1, \cdots, F_n \multimap^c G_n \in \mathbb{T}^c$，使得对于每个 $1 \leqslant i \leqslant n$，有 $\llbracket \psi_i \rrbracket \subseteq F_i$ 以及 $G_i \subseteq \llbracket \varphi_i \rrbracket$。不妨设 $\mathbb{T}^c$ 是基于公式 $U((\psi_1', \varphi_1') \cdots (\psi_m', \varphi_m')) \in \Gamma$ 构造而成的。下面对 n 施归纳，证明对于所有这些 $1 \leqslant k \leqslant n$，都有 $U((\psi_1', \varphi_1') \cdots (\psi_m', \varphi_m') \cdot (\psi_1, \varphi_1) \cdots (\psi_k, \varphi_k)) \in \Delta$:
  - $n = 1$。考虑如下三种情况：
    - 如果 $F_1 = G_1 = \emptyset$，那么 $\llbracket \psi_1 \rrbracket = \emptyset$。根据命题4.5.5，我们有 $G\neg\psi_1 \in \Gamma$，再由 (AGGRW) 以及极大一致集的性质，就得到 $U((\psi_1', \varphi_1') \cdots$

$$(\psi'_n, \varphi'_m) \cdot (\psi_1, \varphi_1)) \in \Gamma_{\circ}$$

　　　　○ 如果 $F_1 = G_1 = S^c_\Gamma$，那么 $[\![\varphi_1]\!] = S^c_\Gamma$。根据命题4.5.5，有 $G\varphi_1 \in \Gamma$。于是由 (AGGRW) 以及极大一致集的性质，就得到 $U((\psi'_1, \varphi'_1) \cdot \cdots \cdot (\psi'_m, \varphi'_m) \cdot (\psi_1, \varphi_1)) \in \Gamma$。

　　　　○ 如果 $F_1 = \{\Delta \mid \psi'_{j_1} \wedge \cdots \wedge \psi'_{j_l} \in \Delta\}$，$G_1 = \{\Theta \mid \varphi'_{j_1} \wedge \cdots \wedge \varphi'_{j_l} \in \Theta\}$，其中 $m \leqslant n$，$j_1, \cdots, j_l \in \{1, \cdots, m\}$。根据命题4.5.4，有 $G(\psi_1 \to \psi'_{j_1} \wedge \cdots \wedge \psi'_{j_l}) \wedge G(\varphi'_{j_1} \wedge \cdots \wedge \varphi'_{j_l} \to \varphi_1) \in \Delta$。又因为 $U((\psi'_1, \varphi'_1) \cdot \cdots \cdot (\psi'_n, \varphi'_m) \cdot (\psi'_{j_1} \wedge \cdots \wedge \psi'_{j_l}, \varphi'_{j_1} \wedge \cdots \wedge \varphi'_{j_l})) \in \Delta$【根据 (INSEC)】，所以根据 (WSU) 和 (DECOM) 就得到 $U((\psi'_1, \varphi'_1) \cdot \cdots \cdot (\psi'_n, \varphi'_m) \cdot (\psi_1, \varphi_1)) \in \Delta$。

　　● $n = k+1$。同样考虑如下三种情况：

　　　　○ 如果 $F_{k+1} = G_{k+1} = \emptyset$，那么 $[\![\psi_{k+1}]\!] = \emptyset$。类似地，根据命题4.5.5，就有 $G\neg\psi_{k+1} \in \Gamma$；再由 (AGGRW) 以及归纳假设，得到 $U((\psi'_1, \varphi'_1) \cdot \cdots \cdot (\psi'_m, \varphi'_m) \cdot (\psi_1, \varphi_1) \cdot \cdots \cdot (\psi_k, \varphi_k) \cdot (\psi_{k+1}, \varphi_{k+1})) \in \Delta$。

　　　　○ 如果 $F_{k+1} = G_{k+1} = S^c_\Gamma$，那么 $[\![\varphi_{k+1}]\!] = S^c_\Gamma$。根据命题4.5.5，有 $G\varphi_{k+1} \in \Gamma$。于是由 (AGGRW) 与归纳假设，得到 $U((\psi'_1, \varphi'_1) \cdot \cdots \cdot (\psi'_m, \varphi'_m) \cdot (\psi_1, \varphi_1) \cdot \cdots \cdot (\psi_k, \varphi_k) \cdot (\psi_{k+1}, \varphi_{k+1})) \in \Delta$。

　　　　○ 如果 $F_{k+1} = \{\Delta \mid \psi'_{i_1} \wedge \cdots \wedge \psi'_{i_h} \in \Delta\}$，$G_{k+1} = \{\Theta \mid \varphi'_{i_1} \wedge \cdots \wedge \varphi'_{i_h} \in \Theta\}$（$i_1, \cdots, i_h \in \{1, \cdots, n\}$）。根据命题4.5.4，可得 $G(\psi_{k+1} \to \psi'_{i_1} \wedge \cdots \wedge \psi'_{i_h}) \wedge G(\varphi'_{i_1} \wedge \cdots \wedge \varphi'_{i_h} \to \varphi_{k+1}) \in \Delta$。又因为 $U((\psi'_1, \varphi'_1) \cdot \cdots \cdot (\psi'_m, \varphi'_m) \cdot (\psi_1, \varphi_1) \cdots \cdot (\psi_k, \varphi_k) \wedge (\psi'_{i_1} \wedge \cdots \wedge \psi'_{i_h}, \varphi'_{i_1} \wedge \cdots \wedge \varphi'_{i_h})) \in \Delta$【根据归纳假设以及 (INSEC)】，所以由 (WSU) 与 (DECOM) 就得到 $U((\psi'_1, \varphi'_1) \cdot \cdots \cdot (\psi'_m, \varphi'_m) \cdot (\psi_1, \varphi_1) \cdot \cdots \cdot (\psi_k, \varphi_k) \cdot (\psi_{k+1}, \varphi_{k+1})) \in \Delta$。

　　最后根据 (DECOM) 以及极大一致集的性质，得到 $U((\psi_1, \varphi_1) \cdot \cdots \cdot (\psi_n, \varphi_n)) \in \Delta$。

● $\Longleftarrow$：假设 $U((\psi_1, \varphi_1) \cdot \cdots \cdot (\psi_n, \varphi_n)) \in \Delta$。根据定义 $F_1 \multimap^c G_1, \cdots, F_n \multimap^c G_n$ 属于模型里的某个理论 $\mathbb{T}^c$，且对于每个 $i \leqslant n$ 都有 $F_i = \{\Delta_i \mid \psi_i \in \Delta_i\}$，$G_i = \{\Theta_i \mid \varphi_i \in \Theta_i\}$。随后根据语义定义不难证明 $\mathcal{M}^c_\Gamma, \Delta \vDash U((\psi_1, \varphi_1) \cdot \cdots \cdot (\psi_n, \varphi_n))$。

$\square$

定理 4.5.12 系统 SOSU 在 UP 模型上是强完全的。

证明 对任意系统 SOSU-一致的集合 Γ^-，根据类似林登鲍姆式的方式，它都可以被扩充成一个极大一致集 Γ。根据真值引理4.5.11，存在一个典范模型 $\mathcal{M}_\Gamma^c$ 满足 Γ，因此也满足 Γ^-。 □

定理 4.5.13 系统 SOSU 是可判定的。

证明 根据典范模型的构造可以证明 LU_P 具有小模型性（small model property）。给定一个可满足的公式 $\varphi \in \text{LU}_P$，如果 φ 相对于 P 在某个模型上得到满足，那么它可以相对于一个限制的命题字母集在该模型上得到满足。这个限制的命题字母集就是 φ 中出现的命题字母的（有穷）集合。我们可以不管其他命题字母的赋值情况，就只考虑 LU_P 的这样一个片段。观察到 O-公式与 U-公式在典范模型里都是全局地为真或为假，因此在这样一个限定语言片段的典范模型构造中，其极大一致集本质上就是 φ 中基本字母的不同赋值。易知一个 φ 的典范模型 $\mathcal{M}$ 满足 $|\mathcal{M}| \leqslant 2^n$，其中 n 是 φ 中出现的命题字母的个数。又因为系统 SOSU 具有有穷公理化，所以 SOSU 是可判定的。 □

§4.6　讨论以及与相关逻辑的比较

本节讨论前文给出的逻辑架构中的一些哲学问题，并且还会与相关的逻辑工作进行比较，进而反过来加深我们对本章逻辑工作的理解。

§4.6.1　模态词 G 与 A: 物理必然性与真实必然性

首先讨论该逻辑架构中定义的两个全称模态词 G 与 A。给定一个 UP 模型 $\mathcal{M}$，$\mathcal{M}$ 里存在着两种有意思的状态空间：所有可能的状态集 S，以及所有真实的或实在的（concrete）状态集 $\mathcal{E}$。而两种状态空间 S 与 $\mathcal{E}$ 上的全称模态都是可以被我们的基本语言做定义的，并且 $\mathcal{E}$ 上的全称模态 A 是一个 $\mathbb{K}D45$ 模态，表达一种相信，S 上的全称模态 G 是一个 $S5$ 模态，表达了背景科学知识。

不仅如此，A 与 G 还可以被看作对科学哲学关心的某些必然概念的刻画。[Müller 2010] 提到，当把形式化的方法应用到科学哲学上时，我们应该严肃讨论模态概念。这是因为科学中许多重要概念其实都包含模态的概念，如决定论、自然律、本质和自然类、因果和干预（intervention）等。逻辑经验主义不关注模态概念，因为对于经验论者来说，模态是一个高度存疑的概念。正如 [Fine 2005] 所言：

> 对他们（经验论者）来说，世界就是一个开或关的问题（on-or-off matter），某些事物或者发生或者不发生；在他们这种开或关的世界里压根没有空间去讨论必然发生和仅仅是偶然发生之间的区别。

在众多模态概念中，哲学家讨论最多的大概是逻辑必然性与形而上学必然性，根据 [Fine 2005] 的总结，针对这两种必然性的哲学观点是，在逻辑和形而上学中都存在着必然的真理，两种真之为真分别依靠其逻辑形式，与其隐含地（implicitly）处理的对象。

然而在科学哲学中，物理必然性①和真实必然性（real necessity）的概念相比逻辑必然性与形而上学必然性扮演更重要的角色。这是因为科学家更关心自然世界的必然真理，而非逻辑和形而上的必然真理。同 [Williamson 2017] [Müller 2010] 的说法，物理必然性通常被视为自然律表达的必然性，真实必然性是在实在的实验与观察等科学实践中呈现出来的必然性。而我们的模态词 G 和 A 某种程度上分别对应这两种模态概念，它们表达了两种模态概念各自的特点，同时很好地刻画了两种模态概念之间的关联。

首先，物理必然性的概念没有逻辑必然性或者形而上必然性那么宽泛，存在许多情况是逻辑或形而上可能的，却是物理不可能的，比如，比光速更快的运动、冰的密度比水大等。②在我们的 UP 模型中，S 中的状态并不仅

---

① 物理必然性也称作自然必然性（natural necessity）（[Fine 2005]）或者律则必然性（nomic necessity）（[Williamson 2017]）。

② 并不是所有哲学家都会认同，"冰的密度比水大"是形而上可能但是物理不可能的。本节的讨论采纳 [Fine 2005] 的想法："许许多多支配我们这个宇宙的自然律可以是不成立的，这当然是可设想的（conceivable），因此是形而上可能的"（p. 238）。

仅是逻辑上可能的或形而上可能的状态，它们被设定为在特定科学认知场景中，在实验或理论构建时可能会碰到或考虑到的可能状态，是经验科学里有意义的状态。

其次，真实必然性这个概念相比其他必然性有一个独特的属性，即真实必然性总是暂时地（temporarily）为真，从时间的角度看，真实必然性未必能永远是真实必然的。因此，真实必然性的特点可以被模态词与时态词的交互所表达，更多讨论详见 [Belnap, Perloff and M. Xu 2001]，其中提出的一句口号是："尽管'事实'（actuality）对于过去和现在具有意义，但并没有一样叫作'事实的未来'（the actual future）的东西"（p. 133）。用形式化表达，$\Box p \wedge F \neg \Box p$，其中 $\Box$ 表示真实必然性，F 是未来算子。该形式化说的就是，命题 p 现在是必然的，并在未来的某个点上就不必然了。在我们的 UP 模型中也可以表达这个意思。任给模型 $\mathcal{M}$，假设对任意 $s \in S$ 都有 $\mathcal{M}, s \vDash \mathsf{A}p$。从一个动态的角度，新的实验或许会使得某些 $\neg p$-状态被观察到，随之 $\neg p$-状态变成真实的状态，然后就使得 $\mathsf{A}p$ 不再成立。

最后，关于物理必然性与真实必然性之间的关系，[Müller 2010] 提到物理可能性与真实可能性之间的关系与科学中理论与观察的关系是类似的。科学家做实验不仅为了揭示真实的可能性，更要探究物理的可能性。这与我们在本章开始的论述是相同的，科学家不满足于仅仅得到有趣的现象，他们更想要借助科学理论理解这些现象。

§4.6.2 与相关逻辑工作的比较

与条件句逻辑的比较

下列比较主要围绕观察公式 $\mathsf{O}(\psi, \varphi)$ 与理解关系公式 $\mathsf{U}(\psi, \varphi)$。观察公式 $\mathsf{O}(\psi, \varphi)$ 确实表达了某种条件句的意味：实验发现如果有 ψ 那么它将转变到 φ。理解关系公式 $\mathsf{U}(\psi, \varphi)$ 同样有条件的含义：有一个覆盖律告诉我们所有 ψ-状态都会转变到某些 φ-状态，因此如果有 ψ，那么 φ 就是被期待的。我们知道条件句逻辑（conditional logic）的研究对象正是具有**如果** ψ **那么** φ（尤其是反事实的）这样形式的表达式。根据一种流行的语义，形式化的条件句

$\psi > \varphi$ 为真当且仅当 φ 在经由 ψ 和 w 所挑选出的那个可能世界集上都为真（更多细节参见 [Nute 1980] [Weiss 2019]）。该定义里那个挑选出来的可能世界集可以被看作与 ψ 成立的世界 w 最相似的可能世界。

条件句逻辑的具体逻辑形式与系统 SOSU 中的定理有诸多的相似。如果把 $\psi > \varphi$ 直接看作 $O(\psi, \varphi)$ 或者 $U(\psi, \varphi)$，这些相似就更清楚了。[Weiss 2019] 根据 [Nute 1980] 的工作提出了七种条件句逻辑的主要公理化系统，其中四种最基本的公理化都可以通过把 $\psi > \varphi$ 看成 $O(\psi, \varphi)$ 的方式嵌入我们的逻辑中。在四种最基本的公理化系统中，最小的系统（记作 CE）仅包含两个像 (REO) (REO′) 一样的规则，最大的系统（记作 CK）还包括表 4.1 中最左列的这些公理和规则。表 4.1 还列出了 CK 中的公理与规则和系统 SOSU 中公理（或导出定理）与规则的相似之处，让我们看到观察公式与理解关系公式分别在什么意义上是一个条件句公式。

表 4.1　观察公式与理解关系公式和条件句逻辑的比较

条件句逻辑	观察公式	理解关系公式
$(\psi > (\varphi \wedge \chi)) \rightarrow (\psi > \varphi) \wedge (\psi > \chi)$	$O(\psi, \varphi \wedge \chi) \rightarrow O(\psi, \varphi) \wedge O(\psi, \chi)$	$U(\psi, \varphi \wedge \chi) \rightarrow U(\psi, \varphi) \wedge U(\psi, \chi)$
$\psi > \top$	$O(\psi, \top)$	$U(\psi, \top)$
$\vdash \psi \leftrightarrow \varphi \Rightarrow \vdash (\psi > \chi) \leftrightarrow (\varphi > \chi)$	$\vdash \psi \leftrightarrow \varphi \Rightarrow \vdash O(\psi, \chi) \leftrightarrow O(\varphi, \chi)$	$\vdash \psi \leftrightarrow \varphi \Rightarrow \vdash U(\psi, \chi) \leftrightarrow U(\varphi, \chi)$
$\vdash \psi \leftrightarrow \varphi \Rightarrow \vdash (\chi > \psi) \leftrightarrow (\chi > \varphi)$	$\vdash \psi \leftrightarrow \varphi \Rightarrow \vdash O(\chi, \psi) \leftrightarrow O(\chi, \varphi)$	$\vdash \psi \leftrightarrow \varphi \Rightarrow \vdash U(\chi, \psi) \leftrightarrow U(\chi, \varphi)$
$(\psi > \varphi) \wedge (\psi > \chi) \rightarrow (\psi > (\varphi \wedge \chi))$	$O(\psi, \varphi) \wedge O(\psi, \chi) \rightarrow O(\psi, \varphi \wedge \chi)$	（对应公式不有效）

注意，$U(\psi, \varphi) \wedge U(\psi, \chi) \rightarrow U(\psi, \varphi \wedge \chi)$ 并非有效式。这是因为理解关系公式缺乏表达力，并不能说经由同一个理论理解两个不同的关系。但是"理解现象"公式 $U(\overline{(\psi, \varphi)})$ 具备这样的表达力，$U((\psi, \varphi) \cdot (\psi, \chi)) \rightarrow U(\psi, \varphi \wedge \chi)$ 是本章系统里的有效式。

然而许多其他公理，尤其是很多针对反事实条件句的公理在本章的逻辑里就并不是有效的了。表 4.2 列出一些由 [Lewis 1971] 与 [Stalnaker 1968] 提出的反事实条件句特有的逻辑原则：

表 4.2 条件句逻辑中一些独有的公理

(ID)	$\varphi > \varphi$
(CV)	$(\psi > \varphi) \wedge \neg(\psi > \neg\chi) \to ((\psi \wedge \chi) > \varphi)$
(CMP)	$(\psi > \varphi) \to (\psi \to \varphi)$
(MOD)	$(\neg\varphi > \varphi) \to (\psi > \varphi)$
(CEM)	$(\psi > \varphi) \vee (\psi > \neg\varphi)$

公理 (ID) 反映了反事实条件句中的一个简单事实，就是在提出一个反事实假设时可以从该假设本身开始。但是正如本章一开始所给出的例子，存在着引入-p 的依赖关系以及相应的理解关系，即 $O(\neg p, p)$ 和 $U(\neg p, p)$ 成立都是合理的。

反事实条件句的前提通常不能被有效地加强，举 [Stalnaker 1968] 中的例子，如果某人划火柴那么火柴会点燃，但如果某人划火柴，并且火柴已经在水中浸泡一晚上了，那么火柴就不会被点燃。公理 (CV) 正是基于此提出的。但在我们科学依赖性的语境中，加强前提保持有效性是合理的。[①]于是我们的系统里有 $O(\psi, \varphi) \to O(\psi \wedge \chi, \varphi)$ 以及 $U(\psi, \varphi) \to U(\psi \wedge \chi, \varphi)$ 有效【分别由 (WSO) 与 (WSU) 可证】。

对 (CMP)，$\psi > \varphi$ 的反事实读法蕴涵实质条件句 $\psi \to \varphi$，这是因为反事实意义的 $\psi > \varphi$ 与 $\psi \to \varphi$ 的否定放在一起不一致。如，"倘若下雨我们就会淋湿"与"下雨了但是我们并没有淋湿"不一致（参见 [Lowe 1983]）。但实质条件句并非科学依赖的特殊情况，这一点是显而易见的。

对于 (MOD)，$\neg\varphi$ 被视为结果 φ 最差的前提，如果确实成了 φ 的前提，

---

① 即便在一个火柴湿了的状态上，某人划火柴并没有转变到一个火柴点燃的状态上，但这并不会影响我们的观察。我们给出的 UP 模型仅仅包含正面的（positive）依赖关系，下文中还会进一步讨论这一点。

那么意味着在任何前提下都有 φ。但是，科学中引入 $-p$ 这样的关系并不少见，故 $O(\neg\varphi, \varphi)$ 与 $U(\neg\varphi, \varphi)$ 都可以有意义而不空洞地成立。

在上面提到的条件句逻辑的语义中，如果对于每个世界 w 和每个命题 ψ 都存在着唯一一个最相似的世界，那么就会有条件句排中公理（conditional excluded middle axiom, CEM）。在我们的逻辑里，如果 ψ-状态不依赖 φ-状态，那么就有 $\neg O(\psi, \varphi) \wedge \neg O(\psi, \neg\varphi)$，因而有 $\neg U(\psi, \varphi) \wedge \neg U(\psi, \neg\varphi)$。如果假设所有模型里都只有唯一的实验 $s \to t$，那么 $O(\psi, \varphi) \vee O(\psi, \neg\varphi)$ 就是有效的。但是这一假设相比于条件句逻辑中的唯一最相似世界假设，就没有什么特别意义了。

当然，如果把观察公式 $O(\psi, \varphi)$ 与特殊的理解公式 $U(\psi, \varphi)$ 都看作条件句公式 $\psi > \varphi$，那么它们在系统 SOSU 中也有通常条件句逻辑中不具有的、独特的逻辑原则。最显著的是定理 $O(\psi \vee \chi, \varphi) \to O(\psi, \varphi) \wedge O(\chi, \varphi)$ 与 $U(\psi \vee \chi, \varphi) \to U(\psi, \varphi) \wedge U(\chi, \varphi)$，但在主流的条件句逻辑中，这一被称为"析取前提简化"（simplification of disjunctive antecedents, SDA）的原则 $((\psi \vee \chi) > \varphi) \to (\psi > \varphi) \wedge (\chi > \varphi)$ 是不可接受的。(SDA) 原则的主要问题是，它与等值替换公理放在一起会推出难以接纳的结果，如前面提到的加强前提原则：$(\psi > \varphi) \to (\psi \wedge \chi > \varphi)$（参见 [Nute and Cross 2001]）。可见 $O(\psi, \varphi)$ 与 $U(\psi, \varphi)$ 都属于一类特殊的、前提能够有效加强的条件句。

与"知道如何"逻辑的比较

本章"理解现象"逻辑系统提出的 O-模态与 U-模态最初受到了 [Y. Wang 2018a] 中提出来的"知道如何"模态的启发。其实本章系统中的有效式与 [Y. Wang 2018a] 的有效式也有着很多的相似性。而且知识论中也有一个常见的观点：拥有理解就是拥有一种能力或一种"知道如何"（参见 [Zagzebski 2001] [Grimm 2014]）。

"知道如何"的逻辑在标准命题逻辑的语言引入了一个同样是二元的模态词 $Kh(\psi, \varphi)$ 来表达一种特殊的、目标导向的"知道如何"（goal-directed knowing how），即在给定前提 ψ 的基础上，主体知道如果经由特定的行为序列实现 φ。[Lau and Y. Wang 2016] 论述了，语言中的"知道如何"表达式通常都是带有隐含前提的，例如，"她知道如何骑自行车"通常隐含了若干语境相关的前提，如在正常的气候条件里，有一辆功能正常的自行车等。其实在我们的观察公式 $O(\psi,\varphi)$ 和特殊的理解公式 $U(\psi,\varphi)$ 中，ψ 也可以看成是 φ 的一个前提。正如 $Kh(\psi,\varphi)$ 成立并不蕴涵目标 φ 可以在当前被实现，科学家理解或观察到一个现象也不蕴涵该现象此时此刻能被看到，都需要等待合适的前提情况被满足。

当然 $Kh(\psi,\varphi)$ 也可以被视为一种特殊的**如果–那么**：如果主体在一个 ψ-状态上，那么其可以采取行动到一个 φ-状态上去。$Kh(\psi,\varphi)$ 也满足 $Kh(\psi,\varphi\wedge\chi)\to Kh(\psi,\varphi)\wedge Kh(\psi,\chi)$，$Kh(\psi,\top)$ 这样的原则，还满足上面提到的基本条件句中的两个等值替换规则。[Y. Wang 2018a] 强调了 $Kh(\psi,\varphi)\wedge Kh(\psi,\chi)\to Kh(\psi,\varphi\wedge\chi)$ 不有效，如"知道如何开门并且知道如何关门并不意味着知道如何开门并且同时关门"。这本质上是因为 $Kh(\psi,\varphi)$ 并不能表达两个"知道如何"是经由一种统一的行动达成的。基于同样的理由，$U(\psi,\varphi)\wedge U(\psi,\chi)\to U(\psi,\varphi\wedge\chi)$ 也并非有效式。前文同样提到，本章的"理解现象"公式 $U(\overline{(\psi,\varphi)})$ 则具备更强的表达力。

此外，因为在"知道如何"的逻辑中也有类似公理 (WSU) 的定理，所以 $Kh(\psi,\varphi)$ 也是一类特殊的、前提能够有效加强的条件句。尽管有诸多相似，但 $Kh(\psi,\varphi)$ 与 $U(\psi,\varphi)$ 并不完全是同一类型的条件句。$Kh(\varphi,\varphi)$ 是"知道如何"逻辑的导出定理，这是由于在实现目标的过程中，系统允许空的行动，然而 $U(\varphi,\varphi)$ 不是系统中的定理。

组合性公理 $Kh(\psi,\varphi)\wedge Kh(\varphi,\chi)\to Kh(\psi,\chi)$ 可能是那篇文章中最重要的逻辑原则。如果在任意 ψ-状态上采取行动序列 σ 到了 φ-状态上，再在 φ-状态上做 η 行动到了 χ-状态，那么 $\sigma\eta$ 就是一个保证主体能从 ψ-状态到 χ-状态的行动序列。但是形式上相似的组合性公式 $O(\psi,\varphi)\wedge O(\varphi,\chi)\to O(\psi,\chi)$ 和 $U(\psi,\varphi)\wedge U(\varphi,\chi)\to U(\psi,\chi)$ 在我们的逻辑系统中都是推不出的。其弱化版本 $U(\psi,\varphi)\wedge U(\varphi,\chi)\to O(\psi,\chi)$ 也并非有效。[1]根据前文中的命题 4.3.1，本

---

①其实 $(\psi>\varphi)\wedge(\varphi>\chi)\to(\psi>\chi)$ 也不是条件句逻辑中的定理，具体的例子与论述详见 [Stalnaker 1968]。在这个意义上，相比 $Kh(\psi,\varphi)$ 而言，$O(\psi,\varphi)$、$U(\psi,\varphi)$ 二者与条件句逻辑的刻画对象更接近一些。

章的逻辑系统中只能推出这种形式：$U(\psi, \varphi) \wedge U(\varphi, \top) \to U(\psi, \top)$，其中所有涉及的依赖关系都是被基本规律 $\emptyset \dashv 3 \, \emptyset$ 覆盖。

在"知道如何"的逻辑中，$Kh(\psi, \varphi)$ 具有组合性是因为与主体的行为序列所对应的状态之间转变可以组合。对于观察公式与理解公式，其组合性乍看起来似乎很合理，于是很自然会想怎么把它们变成 UP 模型中的有效式。为此模型里"$\to$"与"$\dashv 3$"两种关系要添加更多的约束条件，一个简单的想法是，这两种关系都应具有传递性。然而，对于模型中的关系"$\to$"来说，考虑如下模型 $\mathcal{M}$，其中 $\mathcal{E} = \{s, t_1, t_2, t_3\}$，"$\to$"关系如图所示，"$\dashrightarrow$"表示假想中的传递关系：

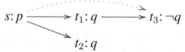

在原本的模型设定下，我们有 $O(p, q)$、$O(q, \neg q)$，但没有 $O(p, \neg q)$。而一旦"$\to$"是传递的，连 $O(p, q)$ 都不再成立。在原本的 UP 模型定义中，只有一步的状态转换是重要的，这是因为模型里的"$\to$"关系不是一般意义的依赖关系，关于"$\to$"关系我们的模型也并不能成为一个因果模型。转变关系"$\to$"其实是输入-输出式的，每一个具体的关系示例都对应一类特定的实验。因此传递性是不合理的。上例中，模型 $\mathcal{M}$ 里没有 s 到 t_3 的关系，是因为在所有做过的实验中，当输入状态是 s 的时候，输出状态一定是 t_1 或 t_2。

更进一步，即便"$\to$"可以被视为一般的依赖关系，"$\to$"具有传递性也会与我们关于依赖性（尤其是因果性）的直观相龃龉。借用 [McDonnell 2018] 中的一个例子：张三把钾盐小心投入燃烧的火焰中，由于焰色反应，火苗变成了紫色，其他均保持不变；紧接着，紫色的火焰引燃了附近的易燃物质。这个例子意在反驳因果传递性的说法。令 s 为"张三把钾盐小心放入火焰中"，t_1 指"紫色的火焰在燃烧"，t_2 表示"附近易燃物质被点燃"。s 是 t_1 的原因，t_1 是 t_2 的原因，但是直观上 s 并不是 t_2 的原因。[①]

---

① 这一例子最早由 [Ehring 1987] 提出。也许该例并不具有十足的说服力，也有一些应付该反例的策略。但 [McDonnell 2018] 的目的就是要论证，该例子可以加强为因果传递性的真正反例。具体细节与本章内容关联较小，故不再赘述。除此之外，[Johnson and Ahn 2015] 列举了因果链条为什么非传递的五个原因，并援引了认知科学的实验以支持非传递性的论述。

对于理论中的"$\rightarrow$"关系，假设 $U(\psi, \varphi)$ 并且 $U(\varphi, \chi)$，即有两个科学律 $F_1 \rightarrow G_1$ 与 $F_2 \rightarrow G_2$ 使得 $[\![\psi]\!] \subseteq F_1 \rightarrow G_1 \subseteq [\![\varphi]\!] \subseteq F_2 \rightarrow G_2 \subseteq [\![\chi]\!]$。表面看来似乎可以有 $F_1 \rightarrow G_2$ 成立，但这里有两个问题。

第一，两个规律 $F_1 \rightarrow G_1$ 与 $F_2 \rightarrow G_2$ 很可能来自两个不同的理论。本章的逻辑架构并不包含所有理论都是正确的或者彼此一致的这样的信息（所以模型里可以有竞争理论），因此如果两个科学规律来自两个彼此不一致的理论，其背后基于相冲突的假设，那么这样两个规律就未必能组成一个规律。另外，两个共享相同部分的理论也可以是关注或属于不同领域或范畴的，"这种把世界打破成小块的方式或许在我们认知限制的前提下，帮助我们以一种可操纵的方式理解有关世界的经验"（[Johnson and Ahn 2015], p. 25）。

第二，即便 $F_1 \rightarrow G_1$ 与 $F_2 \rightarrow G_2$ 同属一个理论，即从 $U(\psi, \varphi)$ 与 $U(\varphi, \chi)$ 可以得到 $U((\psi, \varphi) \cdot (\varphi, \chi))$，"如果 $F_1 \rightarrow G_1, F_2 \rightarrow G_2 \in \mathbb{T}$ 满足 $G_1 \subseteq F_2$，那么 $F_1 \rightarrow G_2$"这样的组合方式也不恰当，$U((\psi, \varphi) \cdot (\varphi, \chi)) \rightarrow U(\psi, \chi)$ 也不应是有效式（它也的确在系统 SOSU 里推不出）。因为"**理解现象**"与目标导向的"**知道如何**"不同，目标导向的"知道如何"，顾名思义，其起点与目标终点是最重要的，它的逻辑关心从一个起点能够实现什么样的终点。而"理解现象"要展示主体理解了哪些依赖关系，或者哪些具体的依赖关系放在一起被理解了。在理解的辖域内把 $((\psi, \varphi) \cdot (\varphi, \chi))$ 收缩为 (ψ, χ) 的做法并不合理。

与依赖逻辑的简单比较

在给 $U(\overline{(\psi, \varphi)})$ 形式语义时，[Dellsén 2018] 中的哲学观点给了我们很多启发，即把理解一个现象等同于拥有一个该现象中的依赖关系的模型。[Dellsén 2018] 指出这种模型不仅应该包含正面的依赖信息，还应包含现象中哪些部分没有依赖关系的负面（negative）信息，即关于独立关系（independence relations）的信息。于是一个自然的想法是，为什么不把依赖逻辑（dependence logic）以及独立逻辑（independence logic），如 [Yang and Väänänen 2016] [Goranko and Kuusisto 2018] 等研究的逻辑作为研究"理解现象"的工具呢？

本章主要的考虑是，这些工作中的依赖原子公式（dependence atom）$D(p; q)$【更一般地，$D(p_1, \cdots, p_k; q)$】表达了命题 p（或 $p_1, \cdots, p_k$）的真值与

q 的真值之间的函数式的依赖关系，即 q 的真值集被 $p(p_1, \cdots, p_k)$ 的真值集决定。回忆本章中非决定性系统的例子，射出的电子可以向左转也可以向右转。本章工作刻画的依赖关系是状态间的，并不必然是函数式依赖关系，因此用 $F \dashv 3\ G$ 更好地满足了语义上的需求。

[Lipton 2009] [Dellsén 2018] 都提到，认识到两个似乎相互联系的部分事实上是独立的，这也是科学理解的一个来源，例如，伽利略用归谬法（*reductio ad absurdum*）证明物质的质量与重力加速度是独立的。或许 UP 模型应该引入 $\nrightarrow$ 关系以表达似乎具有依赖性，但由实验证明的独立关系。注意模型中的 $\dashv 3$ 关系其实包含有某些独立关系的信息，对于理论中的一个规则 $F \dashv 3\ G$，如果 $s \in F$ 且 $t \notin G$，那么由该理论，状态 s 与 t 就是独立的。

§4.7 结语以及未来工作

"理解现象"是一种典型类型的科学理解。本章给出了这种理解类型的逻辑系统。本章在语言中引入了新的模态词 $O(\psi, \varphi)$ 与 $U(\overline{(\psi, \varphi)})$，分别表达实验观察到 ψ-状态和 φ-状态有依赖关系，以及对某些这种依赖关系放在一起所代表的现象的理解。同时本章在状态转换系统（state transition system）的基础上引入科学理论，受"理解现象"就是拥有目标现象的理论的哲学观点启发，本章把理解一个现象理解为对经由实验观察到的、现象之中的依赖关系有一个科学理论。基于此，本章提出了一个可靠、完全的公理化系统，并证明了其可判定性。随后本章讨论了当前逻辑系统中的一些哲学问题。本章还把当前系统与条件句逻辑、"知道如何"的逻辑、依赖逻辑进行了比较。

模态词 O 和 U 在逻辑里能表达许多具有哲学趣味的事情，比如"理解现象"的事实性，真实必然性、物理必然性，某种独立关系，背景科学知识与"理解现象"之间的关系，等等。"理解现象"的模型也有着更丰富的内涵，从中可以体现确证、否证，理论的一般化、竞争理论等许多科学哲学关心的概念。

一个未来可能继续的方向是，因为在科学的许多领域，控制变量都是实验中重要的一环，所以在形式化经由实验观察到的依赖关系时，除了输入状态、输出状态，显式地标明中间状态会是更符合科学实践的做法。受 [Y. Li and Y. Wang 2017] 中工作的启发，可以令 $O(\psi, \chi, \varphi)$ 表示经由受控实验观察到的依赖关系，其中 χ 表示实验过程中保持不变的状态。相应的"理解现象"公式就变成 $U(\overline{(\psi, \chi, \varphi)})$。

另一些可行的继续研究方向其实在讨论与比较一节中已经提及，比如我们可以扩充模型中输入–输出状态之间的依赖关系，以包含哲学家所强调的一些状态间的独立关系。基于此，如果用 $O(\sim (\varphi, \varphi))$ 表示对这种独立关系的观察，那么理想化的形式语言应该是：

$$\varphi ::= \top \mid p \mid \neg\varphi \mid (\varphi \wedge \varphi) \mid O(\varphi, \varphi) \mid O(\sim (\varphi, \varphi))$$

$$\mid U(\underbrace{((\varphi, \varphi) \cdot \cdots \cdot (\varphi, \varphi))}_{n} \cdot \underbrace{(\sim (\varphi, \varphi)) \cdot \cdots \cdot (\sim (\varphi, \varphi)))}_{m}$$

如此，关于独立关系，直观上公式 $U(\sim (\psi, \varphi)) \rightarrow \neg U(\psi, \varphi)$ 有效，进而 $U(\sim (\psi, \varphi)) \rightarrow \neg U((\psi, \varphi) \cdot \overline{(\chi, \xi)})$ 也是有效的；而 $\neg U(\psi, \varphi) \rightarrow U(\sim (\psi, \varphi))$ 并非有效式。具体的技术细节还需要进一步填补、打磨，留待进一步的研究。

第五章　比较与展望

这一章分为两部分。第一部分比较第三章提出的"理解为何"的逻辑与第四章提出的"理解现象"的逻辑，说明两个逻辑刻画之间存在联系，以及两个逻辑技术上的区别可以清楚揭示哲学上"理解为何"与"理解现象"概念的关键区别。第二部分讨论另一种理解类型"理解语句"。根据第一章的梳理，知识逻辑现有"理解"相关文献大多数集中于刻画"理解语言"；第二章也讨论了，中世纪知识逻辑工作中"知道一个命题"的含义就是理解表达该命题的语句，并且该命题为真。"理解语言"是知识逻辑研究"理解"绕不开的话题，尽管本书的主要逻辑工作不包括"理解语言"，但这一章将对"理解语言"的形式化研究做出展望。

§5.1　比较"理解为何"的逻辑与"理解现象"的逻辑

§5.1.1　逻辑联系

第三章提出的逻辑系统把**理解为什么** φ 表达式（形式化为 $\mathsf{U}y\varphi$）刻画为 $\exists t_1 \exists t_2 \mathsf{K}(t_2 : (t_1 : \varphi)) \wedge \mathsf{K}\varphi$，其中 $t_1 : \varphi$ 表示 t_1 是 φ 的一个解释，$t_2 : (t_1 : \varphi)$ 表示 t_2 是 "t_1 是 φ 的解释"的一个高阶解释。而在第四章中，**理解一个现象中的依赖关系【**形式化为 $\mathsf{U}(\overline{(\psi, \varphi)})$**】**的语义是存在一个科学理论 $\mathbb{T}$，存在该理论中的科学规律 $F_1 \multimap G_1, \cdots, F_n \multimap G_n \in \mathbb{T}$ 使得每个 $F_i \multimap G_i$ 为现象中的依赖

关系 ψ_i 到 φ_i 的覆盖律。与"理解语言"不同,"理解为何"与"理解现象"的理解对象都是世界上的物项,因此"理解为何"与"理解现象"的逻辑里分别都有对应理解事实性的逻辑原则:$\mathrm{Uy}\varphi \rightarrow \varphi$ 与 $\mathrm{U}(\overline{(\psi,\varphi)}) \rightarrow \mathrm{O}(\psi_i,\varphi_i)$。

然而"理解为何"的语义与"理解现象"的语义表面看起来是有区别的。$\mathrm{Uy}\varphi$ 的语义中有两个"存在",即存在两个不同层次的解释;而在 $\mathrm{U}(\overline{(\psi,\varphi)})$ 的语义中本质上只有一个"存在",即存在一个科学理论。但其实这两个语义刻画之间存在非常紧密的联系,在有些例子中,两个逻辑其实是同一情景的两种刻画。

考虑 [Lawler 2019] 的一个例子。一位女科学家想要弄清楚某个化学反应的决定性成因,在进行了反复实验之后,她确信氧气的引入就是那个决定性的因素。第二章的论述曾提及该例,并且我们说,尽管科学家并不了解究竟是什么原则或事实使得氧气的引入导致该化学变化,我们认为她并不拥有"理解为何",但我们会认为她知道为什么该化学反应会发生。第二章借此例论述"知道为何"需要知道解释,而"理解为何"需要知道更多。现在令 a 指该例子中的科学家,t_1 指"通入氧气",p 指例子中的化学反应发生,劳勒这个例子想说的其实是 $\mathrm{Ky}_a p \wedge \neg \mathrm{Uy}_a p$。

劳勒特别提到科学实践中了解一个因果过程时,科学家在弄清楚所有信息之前首先认识到其中的关键部分在科学中是非常普遍的。即上例中,科学家通过反复实验确信决定性成因在实践中非常普遍。从第四章"理解现象"逻辑的角度来看,科学家其实普遍把首先认识到"关键部分"以及"因果联系"看作一个依赖关系,探究其他信息的过程就是发展出该依赖关系的科学理论的过程。这就是说,换用第三章的角度来看上面的例子,科学家 a 通过实验获得观察 $\mathrm{O}_a(t_1,p)$,科学家 a 不理解这样的依赖关系,即 $\neg \mathrm{U}_a(t_1,p)$,因为对于 t_1 与 p 之间的因果联系缺乏理论。这类似于,从第三章"理解为何"逻辑的角度,科学家并没有一个高阶解释 t_2 来解释"t_1 解释了 p"。"理解现象"中的"科学理论"/"科学规律"在一些例子里对应于"理解为何"中的"高阶解释",反之亦然。

简而言之,"理解现象"的逻辑中,观察公式 $\mathrm{O}(\psi,\varphi)$ 中的由实验得到的依赖关系,很多时候就是"理解为何"逻辑中所需要的那个横向解释/低阶解释；而"理解现象"的逻辑中的科学理论，很多时候就对应于"理解为何"的逻辑中的纵向解释/高阶解释。反之亦然。有些时候两个逻辑是对同一个情形的两种刻画。借用 [Khalifa 2017] 中的术语，"理解现象"的逻辑实际上刻画了理解"理解"的两种方式：经验探索（empirical inquiry）与理论探索（theoretical inquiry）。经验的探索是指借助实验、调研（survey）等方式，揭示作为理解对象的那些现象机制，对应到"理解现象"的逻辑架构里，就是经由实验发现依赖关系的部分；理论的探索则对应用科学理论匹配依赖关系的部分。因此，"理解现象"公式 $U((\overline{\psi, \varphi}))$ 的语义中本质上也包含两个"存在"，分别是经验探索意义上的"存在"与理论探索意义上的"存在"。用这样的视角再看待"理解为何"的逻辑，其语义中也包含两个"存在"，只是并不区分经验与理论的探索两种意义罢了。

"理解为何"与"理解现象"这两种类型的理解之间存在一定的转换关系，有意思的问题是，这两种类型的理解之间究竟有什么关系？是否某种类型的理解才是根本的，一个可以归约到另一个？许多哲学家都提出过这样的疑问。这也是本书的一个重要问题，是否真的有必要做出两个逻辑系统？而因为"理解为何"在所有类型的理解中被讨论最多，所以哲学家们通常的疑问是："理解现象"是否是一种"理解为何"？许多哲学家，如 [Baumberger 2014] [Kelp 2015] [Dellsén 2018] 等都论证过"理解现象"不能归约为"理解为何"。"理解为何"的理解载体是解释，或者说拥有解释对于拥有"理解为何"是必要的。正如第二章中给出的语义，$Uy\varphi$ 本质上需要两种不同阶或者说不同层次的解释。但是，对理解事物，作为理解对象的某些现象是完全不可解释的（unexplainable），即根本没有对之的解释。这一问题将在下一节中展开说明。

§5.1.2 "理解现象"不归约到"理解为何"

回忆第四章中多次讨论的 [Kvanvig 2009] 中非确定性系统的例子，在系统中一个射出的电子究竟向左转还是向右转是一个五五开的事件。克万维格（J. Kvanvig）最早提出这个例子的时候想要论证，假设某次实验电子实际上向左运动了，那么"电子向左运动"在系统里是没有解释的，因为电子到底往左还是往右就是一个可能性或运气的问题，而非因果的问题。

后来 [Khalifa 2013b] 讨论这个例子时区分了对比性事实与非对比性事实（non-contrastive fact）。"电子向左运动"是一个非对比性事实，而"电子向左运动而不是向右运动"是一个对比性事实。哈利法论证说不仅"电子向左"这种非对比事实可以用概率的方式来解释，"电子向左而不是向右"这种对比性事实同样可以借助概率解释理论得到解释，因为确实有支持这样事实出现的概率。但 [Dellsén 2018] 强调很多哲学家在讨论对比性事实的解释时都会提出比较强的要求，即在解释一个对比性事实"A 而非 B"的时候，我们需要的解释要使得 A 比 B 更可能出现。因为上例中电子向左或右五五开，所以"电子向左而不是向右"这一对比性事实没有解释。

为增强说服力，[Dellsén 2018] 对上例做了修改：系统中发射出的电子向右运动的概率万亿倍于向左运动的概率，实际只进行了一次实验，电子向左运动了。令 r 指"电子射出"，令 q 表示对比性事实"电子向左而不是向右"，则即便从概率解释理论的角度，q 也是不可解释的。第三章提到过，很多学者都认为一个解释可以回答一个相应的"为什么"问题。在这里，对"为什么电子向左而不是向右？"这个问题，援引概率的回答显然不合理。而从第四章"理解现象"的角度，因为只有一次实验，所以观察是 $O(r,q)$，又因为模型中的科学理论完全容纳非决定性关系，所以 r 到 q 的依赖关系很自然可以被覆盖，故有 $U(r,q)$。"理解现象"并不必然是一种"理解为何"。

对一个非确定性系统 S，理解一个现象，同时不理解为什么该现象中的某些事实会发生，这种例子并不罕见。如掷骰子掷出 1 点，这一现象可以理解，而为什么掷出了 1 点而不是其他点是没有解释的。再换个也许没那么恰当的例子，特朗普对 2020 年美国大选当然有事物式（objectual）的理解，因而在这种意义下也理解拜登当选（而不是贺锦丽当选），但是这不妨碍特朗普对拜登当选没有解释式的理解，即他事实上不理解为什么拜登当选，认为这样的结果是不可解释的。

[Fahrbach 2005] 称没有解释的事实为蛮横事实（brute facts）。对所谓蛮横事实的讨论其实有很多。[Barnes 1994] 把这个概念做了更细的划分，一种叫认识上的蛮横事实（epistemically brute facts），另一种叫本体上的蛮横事实

（ontologically brute facts）。对认识上的蛮横事实，可以假设对这类事实的解释是存在的，但是未知的。一个简单的例子是，张三问李四："为什么天是蓝的？"李四回答："没有为什么，天就是蓝的。"对李四来说，天之蓝仅仅是一个（认识上的）蛮横事实。认识上的蛮横事实是一个有关于某人或者某个群体知识状态的概念。而本体上的蛮横事实指的就是除其本身之外再没有其他解释基础的事实，它与任何人或者任何群体知识状态无关，比如一些物理学的终极规律涉及的事实，宇宙为什么归根到底包含如此数量的物质或者能量，而不是包含其他数量的物质与能量，或者，宇宙存在的事实。其事实的存在背后再没有潜在的解释。

与本书讨论相关的、有意思的蛮横事实除了出现在上述例子的非决定性系统里，还包括很多的巧合事实（coincidences）。按照 [Owens 1992] 的论述，假设粒子 P、Q 在时间 t 在位置 l 处发生碰撞，但是两个粒子的运动轨迹没有任何共同的原因。假设我们对于"粒子 P 在时间 t 时处在位置 l 上"有一个因果解释，对"为什么粒子 Q 在时间 t 时处在位置 l 上"有一个因果解释，但对于两个粒子为什么在同样的时间出现在同样的地点并不存在解释。欧文斯（D. Owens）论述的要点是，在一个巧合事实中，其中组成事件各自的原因不能组合成各个事件同时出现的原因。如果另有两个粒子 R、S 是物理学家在粒子碰撞机中射出并且相撞的，那么这种情况下粒子的碰撞就并非蛮横事实，而是出于共同的起因素，即科学家的特定意图。文献中常常提到的另一个类似的例子是，两个人各自出于不同且相互独立的原因去火车站，并且偶然在车站遇见。这个遇见事实就是不可解释的巧合。

无论非决定性系统中的蛮横事实还是作为巧合事实的蛮横事实，虽然对之没有"理解为何"，但都可以有"理解现象"这种类型的理解。在第四章的逻辑中，获得这种理解的关键是，模型中的理论不是解释式的，可以有非决定性的理论告诉我们具体输出状态的出现不依赖系统中的其他部分。"理解现象"未必是解释式的理解，因此未必是一种"理解为何"。

§5.1.3　"理解为何"不归约到"理解现象"

第三章"理解为何"的逻辑系统包含这样的导出定理：$Uy\psi \wedge Uy(\psi \to \varphi) \to Uy\varphi$，表达了如果主体既知道命题 ψ 的两层解释 t_1, t_2，又知道 $\psi \to \varphi$ 的两层解释 s_1, s_2，那么这些解释可以组合成 $t_1 \cdot t_2, s_1 \cdot s_2$ 以构成 φ 的两层解释。但在第四章"理解现象"的逻辑系统中，如 $U(\top, \psi) \wedge U(\psi, \varphi) \to U((\top, \psi) \cdot (\psi, \varphi))$ 这样的公式并非有效式。回忆第四章中提到，$U(\top, \psi)$ 也可以读作"理解 ψ"。在"理解现象"的逻辑中，理解一个现象的要点是现象中的各个依赖关系统一地被一个科学理论解释。即便理解两个"关系紧密"的依赖关系，其作为见证的覆盖率也可能属于两个不同的科学理论。科学实践中并非所有科学理论都正确或者所有科学理论彼此一致，因此两个理论背后可能基于相冲突的假设而彼此不一致，或者属于不同的领域或范畴。"理论"不能像"理解为何"逻辑中的"解释"那样拼接。

哲学文献谈到"理解为何"不能归约到"理解现象"时说，

> 拥有解释式的理解对于拥有事物式的理解可能是不充分的。后者额外需要意识到不同的解释如何放进（fit into），又如何助于（contribute to）它们所嵌入的那个更大的（comprehensive）理解里，以及如何通过参照那个更大的理解证成（justify）这些不同的解释。（[Baumberger 2014], p. 78）

本书两个主要的逻辑给出一个更清晰的视角看待上述哲学论述的关键，即拥有统一的理论或解释框架对"理解现象"是必要的，而对"理解为何"则不然。结合上一小节的论证，两个逻辑不仅很好地刻画了各自类型的理解，从一个更大的视角，两个逻辑也更清楚地反映了哲学上"理解为何"与"理解现象"的关键区别。

§5.2　理解语言

理解语言对于知识逻辑的研究是重要的。在知识逻辑标准的克里普克语义里，K_ip 表达了主体 i 确定 p 是真的，p 的意义并不出现在该语义里。设想张三不懂英文，李四作为专家说了一个英文句子 p，并且向张三保证 p 是真的，则张三知道 p 的真值，但并不知道 p 的意义。这是现代知识逻辑所缺失的。而 §2.1 提到中世纪逻辑学家已经区分了"知道一个命题"与"知道一个命题为真"，其中知道一个命题意味着理解表达该命题的语句，并且该命题为真。中世纪逻辑学家关心"知道一个命题"，即有这样一条逻辑原则：$K_ap \rightarrow U_ap$。

根据 §2.2.3 的理论总结，哲学家普遍理解语言 L 等同于知道 L 的意义，其中 L 可以是一个词语、一个短语或一个语句等。因此，基于什么样的意义理论，就会有什么样的对"理解语言"的形式刻画。这是展望"理解语言"的逻辑研究中核心的想法。

语言的意义理论或语义理论的目标是刻画语言表达式的意义。自弗雷格以来，经典的语义理论关心的语义概念主要有"真"和"指称"（reference）。主流的真值条件（truth-conditional）语义学主张一个语句的意义就等同于它的真值条件，即，该语句在什么条件下为真，并且在什么条件下为假（参见 [Heim and Kratzer 1998]）。具体而言，该真值条件语义学将某类理论实体——语义值（semantic value）——指派给每一个有意义的语言表达式，以刻画语言意义的组合性（compositionality）特点，并且回答一个语句的真值条件是什么。

一个初级语义学（naive semantics）指派给语言表达式的语义值是它们各自的所指（referents）或外延。在处理更复杂的、包含相对化的时间、地点（如昨天、这里）和模态等的语句时，主流的语义学是 Lewis-Kaplan 式语义学，即在给语言表达式指派其外延的时候总是相对于一个说话语境（context of utterance）和一个评价指数（index of evaluation）（参见 [Von Fintel and Heim 2011]）。在一个语境里，像"昨天""这里""我"等这样的索引词的指称就被确定下来；而对含有像"必然""过去"这样的模态或时态表达式的语句来说，一个评价指数就包含了世界参数或时间参数，评价一个语句的意义要相对于这些参数进行。根据 Lewis-Kaplan 式语义学，一个语句 S 的意义是 S 在语境下的语义值，而语句 S 在语境下的语义值被刻画为一个从评价指数到真值的函数，即一个可能世界或时间的集合（也称一个真值集，或一个内涵）。

Lewis-Kaplan 式语义学并非无懈可击，如该语义学无法解释自然语言的超内涵（hyperintensionality）现象。以下两节将考察更新近的语义理论发展。

§ 5.2.1 关涉性理论

除了"真"、"指称"以及"内涵"，当今越来越多的语言哲学家开始强调语言表达式的主题（subject matter or topic）概念。一个语句的"主题"直观上就是，这个语句所关于的**什么**。这种趋势的动机之一来源于对自然语言超内涵现象的关心。所谓超内涵现象是指，两个不同陈述句的内涵或为真的可能世界完全相同，但是不能在一些语境下相互替换的现象。借 [Hawke 2017] 中的例子，"张三推倒了一座山"和"张三推倒了一座山并且 $2+2=4$"的内涵完全相同，但假设"李四使得张三推倒了一座山"，这并不意味着"李四使得张三推倒了一座山并且 $2+2=4$"。[Hawke 2017] 提出了三种核心的语义概念：真、关涉性（aboutness）和主题。"关涉性"类似于经典理论中讨论的"指称"，但一个语言表达式所关涉的，并不是所指或外延，而是主题。如，"张三推倒了一座山"和"张三推倒了一座山并且 $2+2=4$"两个语句的指涉不同的主题，"某人使得 φ"的真值不仅依赖于 φ 的内涵/真值集，还对 φ 的主题敏感。研究语句主题的理论又称为关涉性理论（theory of aboutness），它关心主题的本质以及主题如何被语句关涉。

[Hawke 2017] 把当前流行的关涉性理论分为三种。第一种称为主题的主-谓观（subject-predicate conception），认为一个主题就是一个物项（entity）的集合，任何物项的集合都可以充当一个主题。一个语句的主题就是该语句所说出的东西，如"John 爱 Mary"的主题就是 {John, Mary}。这是一种很直接的想法。[Perry 1989] 用情景理论（situation theory）阐述主题的主-谓

观。一个情景 S 就是一个表达特定物体之间有一些特定关系，以及特定物体之间没有特定关系的情况。S 可以被表示为一个把全体原子句指派到 1（或真）、0（或假）和无【或不确定（undetermined）】的部分赋值。Perry 的想法是，物体 x 在 φ 的主题里仅当 x 是每一个使得 φ 成立的情景中的一部分。如 $F(a) \wedge G(a)$ 的主题就是 $\{a\}$，$F(a) \wedge G(b)$ 的主题是 $\{a,b\}$。

第二种关涉性理论称为原子观（atom-based conception）。原子观受相干逻辑传统的影响，认为 φ 的主题在某种意义上等于 φ 原子式的集合（或类）。大体上，一个原子观的关涉性理论首先会固定一个彼此区别的物体的集合 **u**（the universe），一个主题 **s** 就是 **u** 的任意子集。**T** 是一个主题函数（topic function），把一个主题 **s** 指派给一个原子式 p。于是对于任意 φ，φ 的主题就是 φ 中关于 **T** 的原子式的主题的组合。一个简单的版本把所有可能的集合形成的类当作 **u**，一个主题 **s** 就是一个集可能世界的集合。对于原子式 p，$\mathbf{T}(p) = \{P\}$，其中 P 是 p 为真的可能世界集。那么，$p \wedge (q \vee r)$ 的主题就是 $\{P,Q,R\}$，$p \vee (\neg p \wedge q)$ 的主题是 $\{P,Q\}$。[Parry 1968] 提出的另一种版本把所有概念的集合当作 **u**。[①] [Hawke 2017] 认为把主题当作概念的集合的想法是很自然的，我们或许会同意，数学的主题可以看作所有数学概念的集合。对于原子式 $F(a)$，$\mathbf{T}(F(a))$ 就是和 a 的所指相关联的个体概念，以及和 F 的所指相关联的一般概念的集合。

第三种关涉性理论称为方式观（way-based conception），也称"刘易斯式的"（Lewisian）理论。[Lewis 1988a] 把主题看作对一个相关主语来说可能的方式集。这里的方式等同于可能世界集。与上述原子观不同的是，主题必须是方式的详尽集（comprehensive set），即其中世界并起来等于全体可能世界集的集合。一个详尽集也叫一个覆盖了逻辑空间（logical space）的集合。因此，一个方式的详尽集把每个可能世界归类为某种方式。方式观背后的直觉是，我们可以根据任何数量的差别来划分全体可能世界，一个主题就是这些

---

① 这里对"概念"的使用是内涵的、卡尔纳普式的。其中，个体概念（individual concept）是从可能世界到个体单元集的部分函数，一般概念（general concept）是从至少一个世界到至少包含两个物体的集合的函数。个体概念可以对应于单独个体（individual object），以及指称单独个体的语言词项；普遍概念可以对应于性质，以及指称性质的谓词。[周北海 2010] 对"概念"有不同的界定。

差别的一个系统，它关注特定差别，并且忽视其他差别。[Lewis 1988a] 提出一个主题是全体可能世界的一个划分。φ 的主题就是一个二元的划分，把可能世界分为 φ 的真值集及其补集。[Yablo 2014] 把 φ 的主题做了更细的划分，φ 的主题就等于 φ 的极小使真者（truthmakers）的集合，并上 φ 的极小使假者（falsemakers）的集合。具体而言，φ 的一个语义使真者（使假者）和一个使 φ 成立（不成立）的极小模型相关联。这里可以把模型看作一个状态描述 λ，即文字的合取。[①]当 φ（$\neg\varphi$）是 λ 的一个逻辑后承时，称 λ 使 φ 成立（不成立），一个极小的使真者（使假者）被表达为一个极小的使成立（使不成立）的模型。如，对于 $p \wedge q$，其极小使真者被表达为其本身，极小使假者有两个，分别被表达为 $\neg p$ 和 $\neg q$，于是 $p \wedge q$ 的主题是 $\{P, Q, P^c, Q^c\}$，其中 P, Q 分别是 p, q 的真值集。

§5.2.2　使真者语义学

上节中说，一个语言表达式的"主题"直观上就是，该语言表达式所关涉的**什么**。主题概念在不同语境下有不同的侧重点。谈论"主题"有时会强调语句的对象，即什么东西被述说，有时亦可以强调谓述性的（predicational）内容，即关于对象述说了什么性质。但**使真者语义学**（truthmaker semantics）关心的是"主题"的事实性方面，即世界上的**什么**关系着语句或命题的为真，或者为假。

使真者语义学是哲学中使真（truthmaking）理论的一部分。使真理论最基本的想法是：世界上的某种东西，或许是某个事实、某种事态（state of affairs）等，会使得我们语言或思想上的某种东西（某个陈述或某个命题）为真，或者证实（verify）这些陈述或命题。当代哲学对"使真"想法的讨论主要集中在形而上学和语义学的领域。应用到形而上学上，上述想法的关键就在于，要探究世界上的**什么东西**致使了一些句子和命题为真；而应用到语义学上就是使真者语义学，其关心一个给定的语言的句子**是怎么被世界上**

---

① 依照惯例，我们称原子公式及其否定为"文字"（literal）。如 $Fa \wedge \neg Fb \wedge Gb$ 就是一个状态描述，因而是当前意义上的一个模型。

的某些东西变为真的。在形而上学中，哲学家关心那些终极使真者（ultimate truthmakers），即最终来说世界上的哪种东西会致使语言和思想为真；而在语义学领域，研究者未必在意是否找出了终极使真者，只要有某种直接使真者（immediate truthmakers）即可，因为大家更关心使真者**怎么样**使得语言中的某些陈述为真。好比我们在湖面上看到一圈涟漪，我们或许会关心到底是湖水表面之下的**什么**致使了这圈涟漪产生；抑或想知道该涟漪**如何**在湖水表面呈现，而暂把其产生缘由搁到一旁。

　　上一节提到从 [Lewis 1988a,b] 开始，围绕"主题"概念的讨论逐步增多。刘易斯（D. Lewis）认为，主题是由可能世界之间的等价关系给定的，如果两个世界有关某个主题没有差别，那么在讨论该主题时，这两个世界就是等价的。如果讨论的主题是北京此刻的天气，那么此刻北京天气相同的两个可能世界就是等价的。[Yablo 2014] 用"使真者"给"主题"概念以更细致的描述。本节主要介绍 [Fine 2017, 2014] 提出的使真者语义学。亚布罗（S. Yablo）语义学本质上是对内涵语义的一种提升与加强，把内涵内容变成内涵加主题。而范恩（K. Fine）坚称他的语义学是对内涵语义的修正，直接的差别是，范恩提出不借助"可能世界"的概念（自称"跳出可能世界的桎梏"），不应该再去可能世界上探寻句子的真假，而应直接去看那些使句子真和使句子假的状态。

　　[Fine 2017] 对真值条件语义学的全貌做过如下描述，试图通过这种描述定位出使真者语义学在现有语义学中的位置。知道一个语句的意义就是知道它的真值条件，但真值条件语义学对"真值条件"的解释有不同的形式或类型。根据"真值条件"的类型，可以把真值条件语义学划分成两类。在第一类从句式的（clausal）解释下，一个语句的真值条件不是由某些物项（entities）给出的，而是经由一些从句（clauses）得到，在这样的从句里，我们有一种真理论明确说明了什么时候该语句为真。例如，对于一个合取句"$A \wedge B$"，仅当 A 和 B 都为真的时候，该语句为真。持这种解释的代表是戴维森 [Davidson 1967]。戴维森要让我们相信，一个语言表达式的意义并不是其指向的某个分离的（discrete）物项，因此语义学并不是连接语句和"意义"的，而是连接语句和语句的，即"s 为真当且仅当 p"。在这里 s 是我们要解释的对象语

言中的句子，p 是元语言的语句。例如，德语句子 "*Schnee ist weiss.*" 为真当且仅当雪是白的。明确一个语句为真的条件就是明确该语句意义的途径。对"意义"或真值条件的掌握是通过"真"概念达成的，因而任何语义学的基本结构都应该是在一种真理论中给出的。

在另一类对象式的（objectual）解释下，真值条件被看成某些对象（objects），这样的对象使得给定的语句为真。对照上述解释来看，这样的语义学理论连接了句子与对象，而非句子与句子。由于对象可看作语句的使真者，那么对象与语句之间的关系就可以看作一种使真关系。根据对象/使真者的本质，对象式的解释又可以细分为两个版本。其中最流行的一个版本认为陈述句的真值条件是一些可能世界，因而语句的内容等同于其为真的那些可能世界的集合。这种观点发展成为可能世界语义学，在今天形式语义学中占据非常重要的位置。根据 [周北海 1997] 的论述，可能世界语义学在 20 世纪 40 年代至 50 年代初已有初期形式出现，后来在 50 年代中期至 60 年代初期由几位研究者几乎同时建立。其各自工作背景与思想来源有所不同，时间上最早的是蒙太古（R. Montague）。

在另一版的对象式的真值条件语义学看来，真值条件不应被当作可能世界，而应该是状态（states）或情境（situation），它们不是世界本身，而仅仅是像事实之类的东西，借以构成一个世界。在这样的视角下，语句的内容等同于证实了该语句的状态或情境的集合。这种观点发展成为情境语义学，其最早的系统性工作见于 [Perry and Barwise 1983]。相较而言，语言哲学家们对情境语义学的关注一直在可能世界语义学之下。

总之，两个版本的对象式的真值条件语义学最大的不同在于所谓的**完全问题**：一个可能世界可以给出任意陈述句的真值，然而一个状态或情境达不到这样的条件。例如，"北京在下雨"这样句子的真值在有关上海天气的状态或情境里无法确定。

以上两版的划分依据使真者的本质。根据使真关系，或者说围绕什么是一个情境如何使一个句子为真的问题，在情境语义学之下又可以有这样三种划分：松散的（loose）、不确切的（inexact）和确切的（exact）。松散的证实其实是一个纯粹模态的概念。只要一个语句在某个状态或情境下是必然的，我们就说这个状态松散地证实了该语句。不确切的和确切的两种证实都要求相应状态和语句之间具有相关性。不确切的证实要求状态至少部分地与语句相关，而确切的证实则需要状态完全地与语句相关。举例来说：一个上海有风有雨的情境是"上海在刮风或者上海在下雨"这句话的松散证实情境；同样一个有风有雨的情境和一个只提到雨的情境分别是"天在下雨"这句话的不确切证实者（verifier）和确切证实者。

图 5.1 总结了上文提到的真值条件语义学的脉络。

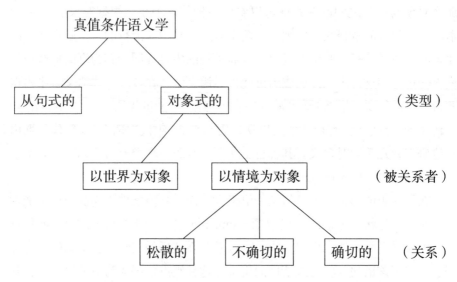

图 5.1   真值条件语义学脉络（[Fine 2017], p. 558）

对一个语句来说，其每一个确切的证实状态/情境都是一个不确切的证实者，每一个不确切的证实者同时也一定是一个松散的证实者。松散证实和不确切证实都是单调的，即如果一个状态是一个语句的松散证实者或者不确切证实者，那么一个详尽或者包含更多的状态也一定能够松散地或不确切地证实这个句子。而如果一个状态是一个语句的确切证实者，其更详尽的状态就未必能确切证实该语句。

按照范恩的说法，当我们说一个确切的使真者与其使真的句子完全相关的时候，我们所谓"相关"的意思不是说该使真者中没有冗余的部分，而是使真者中的每个部分都对证实一个语句起着积极的作用。如 $p \vee (p \wedge q)$ 中，设 s 是 p 的一个确切使真者，t 是 q 的一个确切使真者，则 s 是 $p \vee (p \wedge q)$ 的确切使真者，同时"s 加上 t"【称为 s 与 t 的结合（fusion）】也是 $p \vee (p \wedge q)$ 的确切使真者。确切使真者不是最小使真者，"s 加上 t"中的每个部分都对证实 $p \vee (p \wedge q)$ 起着积极的作用。

由于一个命题可以被看作它的使真者或证实者的集合，因此具有相同使真者集合的两个命题就被当作相同的命题。这一思路和可能世界语义学如出一辙，所不同者在于，使真者语义学改进了使真者或证实者的概念，同时更清楚地回答了对使真者来说是什么证实了一个语句的问题。相较之下，可能世界语义学中没有一个充分的使真者概念；而在情境语义学中，使真或证实的概念不充分。

§5.2.3　"理解语言"的逻辑展望

基于什么样的意义理论，就会有什么样的"理解语言"的形式刻画。从这个视角看，主流的知识逻辑对应于初级语义学，任意 φ 的意义就是 φ 的真值。如此第一个想法就是，根据 Lewis-Kaplan 式的语义学，φ 的意义是 φ 在语境下的内涵，那么理解 φ（公式表示：$U\varphi$）应该被定义为知道 φ 的内涵是什么。而语言哲学中意义理论的最新发展是考虑 φ 指涉的主题，或者 φ 的使真者，那么第二个想法是，把理解 φ 定义为知道 φ（确切地）关涉什么，或者根据范恩的使真者语义学的想法，理解 φ 等同于知道 φ 的确切使真者。

首先，理解 φ 等同于知道 φ 的内涵是什么。形式语言定义是：

$$\varphi ::= p \mid \neg\varphi \mid (\varphi \wedge \varphi) \mid \mathsf{K}\varphi \mid \mathsf{U}\varphi$$

其中 p 属于一个给定的可数命题变元集 P，$\mathsf{K}\varphi$ 是标准的知识模态。$\mathsf{U}\varphi$ 是一种新的**知道什么**（knowing what）模态。设想 $\mathsf{U}p$ 想要表达某种"提及某些"的含义：$\exists i \mathsf{K}(p \equiv i)$。其中 $\mathsf{K}(p \equiv i)$ 想说的是，在认知主体所有不可区分的认知可能世界中，p 为真的形而上可能的世界集等于 i 为真的形而上可能世界集。

其次，理解 φ 等同于知道 φ 确切地关涉什么。借鉴 [Berto and Hawke

2021] [Berto 2019] 中对一个语句“主题”的技术处理，可以把理解 φ 看作总是相对于一个背景信息 ψ 的，即重新定义理解模态为 $U_{\psi}\varphi$：

$$\varphi ::= p \mid \neg\varphi \mid (\varphi \wedge \varphi) \mid K\varphi \mid U_{\varphi}\varphi$$

其中 p 属于一个给定的可数命题变元集 P，$K\varphi$ 是标准的知识模态，$U_{\psi}\varphi$ 说的是相对于背景信息 ψ 理解语句 φ。

简单处理，语言 URI 的模型将是一个六元组 $\langle W, R, C, \oplus, c, V \rangle$。其中 $\langle W, R, V \rangle$ 是标准的关系模型；C 是主题的集合，或叫内容（contents）集；$\oplus$ 是定义在 C 上的二元关系，表示内容的结合（fusion），即把两个内容结合成“更大的”内容；c 是一个函数把 C 中的内容赋给语言中的公式。内容的结合关系 $\oplus$ 需要对于任意 $x, y, z \in C$ 满足以下条件：

- （幂等性）$x \oplus x = x$
- （交换性）$x \oplus y = y \oplus x$
- （结合性）$(x \oplus y) \oplus z = x \oplus (y \oplus z)$

根据 $\oplus$ 可以定义内容的整体部分关系（content parthood）$\leqslant$：$\forall x, y \in C(x \leqslant y \Leftrightarrow x \oplus y = y)$。容易验证关系 $\leqslant$ 是一种偏序关系，即对于任意 $x, y, z \in C$：

- （自返性）$x \leqslant x$
- （禁对称性）$x \leqslant y$ 且 $y \leqslant x \Rightarrow x = y$
- （传递性）$x \leqslant y$ 且 $y \leqslant z \Rightarrow x \leqslant z$

因此 $\langle C, \oplus \rangle$ 本质上是一个并半格（join semi-lattice）。在该模型定义下，$U_{\psi}\varphi$ 在可能世界 w 上为真的条件如下：

$$w \Vdash U_{\psi}\varphi \Leftrightarrow \forall v(wRv \Rightarrow v \Vdash \varphi) \text{ 且 } c(\varphi) \leqslant c(\psi)$$

该研究进路的特点是在语义中不直接说一个语句的主题是什么，而是通过背景信息的主题限制被理解语句的主题。

如果不满意贝尔托（F. Berto）与霍克（P. Hawke）对“主题”的简单处理，而直接在现有关涉性理论的基础上考虑 φ 指涉的主题时，很自然引入谓词的语言。

$$t::= x \mid a$$

$$\varphi::= (t \approx t) \mid P\bar{t} \mid \neg\varphi \mid (\varphi \wedge \varphi) \mid \mathsf{K}\varphi \mid \mathsf{U}\varphi$$

其中 a 属于一个给定的可数常元集 $\mathbf{N}$，x 属于一个可数的变元集 $\mathbf{X}$，P 属于一个可数谓词集 $\mathbf{P}$，并且 $\bar{t}$ 是一个项的矢量，其长度等于谓词 P 的元数。$\mathsf{K}\varphi$ 是标准的知识模态。$\mathsf{U}\varphi$ 中的 U 也可以被看作一种**知道什么**模态词。主体理解一个命题 φ 即知道 φ（确切地）关涉什么。根据关涉性理论，以下尝试把主题看作和卡尔纳普式的概念有关。

首先在语义里引入费廷式的概念论域。以原子公式为例，类似于文献中已有的"知道什么"的语义，$\mathsf{U}Pa$ 表达了某种"提及某些"的含义：$\exists f \exists g \mathsf{K}(P \rightarrowtail f \wedge a \rightarrowtail g)$，即在概念论域中存在一个概念 f 和一个概念 g，主体知道 P 关涉 f，a 关涉 g。这里用于表示"关涉"的关系符 $\rightarrowtail$ 并不简单等同于等词 $\approx$。受标准知识逻辑克里普克语义学的限制，如果 $P \rightarrowtail f$，$a \rightarrowtail g$ 分别指 P 与 f 在每个不可区分状态所指的个体集相同，a 与 g 在每个不可区分状态所指的个体相同，那么这种刻画是不够的。例如设 a 表示"前任美国总统"，g 表示"美国最富有的人"，若在张三不能区分的状态里，前任美国总统都是美国最富有的人，则因为 $\mathsf{U}P(a)$ 的语义是 $\exists f \exists g \mathsf{K}(P \approx f \wedge a \approx g)$，所以理解对 a 的谓述等同于理解对 g 的谓述，但直观上这种刻画并不合理。

为解决这一问题，进一步的想法是引入 [X. Wang and Y. Wang 2019] 中的"全局知道"，以突破标准语义学下"当前状态"的限制。在标准的知识逻辑语义中，一个人知道 φ 就是 φ 在他设想中的所有与当前状态（世界）不可区分的认知可能状态（世界）中都为真。[X. Wang and Y. Wang 2019] 把这种有关当前状态的知识称为当前知识（knowledge-now），即局部知道，对应地提出另一种全局知道：全局知识（knowledge-all）。比如李四知道"如果下雨那么暴露在雨中的地面就会湿"，这种知识不仅关乎李四的所有与真实世界不可区分的可能世界，还关乎那些虽然与真实世界明显区别，但在物理上可能的世界。无论在日常生活还是科学研究中，这种全局知识都是重要的。不仅如此，在超出"知道如是"的知识表达中，全局知识同样扮演着重要的角色，如知道为什么先看到闪电后听到雷声等。[X. Wang and Y. Wang 2019] 把

全局知道 φ 看作具有 $K\square\varphi$ 的结构，知道 φ 就意味着知道 φ 在所有相关的状态空间（state space）里都成立。同时引入了模态词 A 和 $\mathcal{G}$ 分别代表物理上的必然和全局知识，$\mathcal{G}_i\varphi$ 被定义为 $K_iA\varphi$。

如果引入全局知道，把 UPa 的语义定义为 $\exists f\exists g K\square(P \approx f \wedge a \approx g)$，此时说 f、g 指的是主体掌握的概念才比较符合直观，亦可以摆脱上述反例。即便张三认为在当前世界里前任美国总统都是世界上最富有的人，但在张三的概念里“前任美国总统”和“世界上最富有的人”仍然可能在非当前的相关世界里不同，谓述前任美国总统的性质不等同于谓述世界上最富有的人的属性。从第三人称视角看，把 UPa 定义为 $\exists f\exists g \square K(P \rightarrowtail f \wedge a \rightarrowtail g)$ 似乎也是合理的，关键是在逻辑刻画的考量中，如 $U\varphi \rightarrow KU\varphi$ 这种内省性质是否重要。

以上展望的“理解语言”的知识逻辑研究都停留在初步的想法阶段，并且还未更多涉及“理解 φ 等同于知道 φ 的确切使真者”。然而透过这些想法，我们看到研究“理解语言”的逻辑不仅重要、有趣，而且已经有迹可循，具备了一定的可操作性。不仅如此，在现有语言哲学理论的基础上，“理解语言”的逻辑语言将能够很自然地延伸到个体与谓词的层面，这或许为将知识逻辑的研究领域拓展到谓词逻辑的层面提供了一个新的契机。

谓词层面的知识逻辑并没有像命题层面的知识逻辑一样受到应有的关注。经典的知识逻辑教材（[Fagin, Halpern, Moses and Vardi 2004]）中仅有非常简短的关于一阶知识逻辑的讨论，最新的知识逻辑指南（[Van Ditmarsch, Hoek, Halpern and Kooi 2015]）也不涉及太多量词的内容。斯坦福哲学百科全书中最新修订的“知识逻辑”词条写道：“直到最近，知识逻辑几乎完全集中在命题知识上”（[Rendsvig, Symons and Y. Wang 2024]）。事实上，在知识逻辑的开端，辛提卡本人就做了有关量化知识逻辑的大量工作，并且量化也被很多应用领域驱动着（关于博弈/加密知识/安全协议等），一阶知识逻辑的研究远没有成为主流。其中的原因有很多，包括语义学中的问题（量化范围和代入、从物/从言不明确）、无完全性、无 Craig 插值定理等（参见 [Y. Wang 2018b]）。尤其是，对很多有意思的量化知识逻辑很难找到有用的可判断片段。在谓词逻辑的层面，“理解语言”的知识逻辑能做的工作将有很多，如寻找能平衡表达力与复杂度的逻辑片段等，将留待下一步研究。

第六章　总　结

物理学家费曼 (R. Feynman) 逝世前在他办公室的黑板上留下一句话："凡我不能创造，我亦不能理解"（What I cannot create, I do not understand.）。[1]类似地，在考虑通用人工智能需要的"理解"时，有科学家提出测试一个系统是否理解一个现象的最强标准是看其能否创造/再造一个现象【(re)creating a phenomenon】，其中"创造"指在充分详尽的细节上为理解对象建立一个模型，以复制其充分且必要的那些特征（[Thórisson, Kremelberg, Steunebrink and Nivel 2016]）。本书为理解"理解"所做的工作同样意在于此。书中梳理了诸多试图描述、解释"理解"的理论，而本书的目标是基于这些理论创造"理解"，在相对抽象的意义上建立"理解"的模型，从逻辑的层面刻画"理解"的语义及基本推理形式。

当前学界对"理解"问题的关注主要在知识论、科学哲学等哲学领域，讨论的理解类型主要是"理解为何"与"理解现象"。在语言哲学与人工智能领域还会讨论另一种理解类型，即"理解语言"。"理解语言"通常是知识论与科学哲学中讨论"理解为何"与"理解现象"话题的默认前提，例如张三理解"为什么 COVID-19 对儿童的影响与对成年人的影响不同"，这种"理解为何"预设张三理解该语句。

本书的主体逻辑工作是刻画"理解为何"与"理解现象"，前者也被称作狭义上的理解概念，后者被当作典型的科学理解概念。"理解为何"的逻辑在

---

[1] 黑板照片见于网站 https://digital.archives.caltech.edu/islandora/object/image%3A2545。

技术层面受到新近的"知道为何"逻辑的启发；结合标准知识逻辑与核证逻辑的技术工具，在现有哲学论证的基础上，本书找到一种通过高阶解释给出"理解为何"语义的办法，能够特别清晰地展示"理解为何"和"知道为何"的区别与联系。具体而言，本书把理解为什么 φ 表达式（形式化为 $U_y\varphi$）刻画为 $\exists t_1 \exists t_2 K(t_2:(t_1:\varphi)) \wedge K\varphi$，其中 $t_1:\varphi$ 表示 t_1 是 φ 的一个解释，$t_2:(t_1:\varphi)$ 表示 t_2 是 "t_1 是 φ 的解释"的一个高阶解释。

基于此本书提出了一个基础的公理化推理系统，以刻画"理解为何"、"知道为何"与"知道如是"三者间的关系，并证明了其可靠性和强完全性。此外，本书还做了大量相关的哲学讨论，体现该逻辑框架对澄清不同哲学论点的作用。比如，[Grimm 2014] 讨论的"充足的知道为何"或"有限的理解为何"概念表示在本书"理解为何"的逻辑框架中就是 $\exists t_1 K \exists t_2(t_2:(t_1:\varphi)) \wedge K\varphi$，这清楚地区别于标准的"知道为何"概念，即 $\exists t K(t:\varphi) \wedge K\varphi$，也区别于本书所刻画的"理解为何"概念。不仅如此，"理解为何"的逻辑框架还提示了更细致地区分"知道为何"概念的可能性，如 $K\exists t(t:\varphi)$ 以及 $K\exists t\exists e(t:(e:\varphi))$ 等；探究进一步区分更细致的"理解为何"概念的可能性，如 $\exists t\exists eK(t:K(e:\varphi))$，$\exists tK\exists e(t:K(e:\varphi))$，$\exists tK(t:\exists eK(e:\varphi))$ 等。

不仅如此，由于"解释"的概念有助于弥合已知与尚未理解之间的鸿沟，本书继续扩展了"理解为何"的逻辑，以包含不同程度的解释概念，并在模型中的解释项间建立一种偏序关系。受哲学讨论的启发，新的逻辑在语形上包含了一系列"理解为何"的模态，从最小理解到日常理解、严格理解，以及理想理解。本书也给出了一个可靠完全的公理系统刻画这些"理解为何"的概念，并讨论了这样的逻辑在多主体情境中的应用，如探讨不同主体之间的理解比较以及主体之间的元理解等。

在"理解现象"的逻辑工作中，本书抛弃传统的知识逻辑框架，另起炉灶，用更接近科学家实践的模型刻画实验观察和科学理论的联系。科学家通过实验观察到多种多样的依赖关系（典型的如因果关系等），如"光电效应"实验发现"光照射金属板"与"激发出电子"之间存在依赖关系，形式化表示为 $O(\psi,\varphi)$。单独一个依赖关系可以成为一个现象，如上例中的光电效应，也被称作光电效应现象。但更多时候科学家把一些（相关的）依赖

关系放在一起看作一个有意义的现象。受相关哲学观点的启发，理解一个
现象就是统一地理解该现象中的依赖关系，即统一地对这些依赖关系拥有
一个符合现有观察的科学理论。具体地，理解一个现象中的依赖关系【形
式化为 $U((\overline{\psi,\varphi}))$】的语义是存在一个科学理论 $\mathbb{T}$，存在该理论中的科学规
律 $F_1 \multimap G_1, \cdots, F_n \multimap G_n \in \mathbb{T}$ 使得每个 $F_i \multimap G_i$ 都为现象中每个依赖关系
ψ_i-到-φ_i 的覆盖律。

　　通过进行可靠完全的逻辑形式刻画，本书发现一些观察、理论还有理解
间的非平凡的关系，而整个逻辑框架还可以形式化很多科学哲学关于理论与
观察的概念，如科学理论的确证、否证，理论的一般化以及竞争理论等。特
别地，本书还定义了两种基于观察和理解算子的全局模态词 A 与 G，其中
$A\varphi := O(\neg\varphi, \bot) \wedge O(\top, \varphi)$，$G\varphi := U(\neg\varphi, \bot)$。A 与 G 逻辑上恰好分别对应于
知识逻辑中的 $\mathbb{K}D45$ 信念及 $S5$ 的知识，在概念上可以对应科学哲学强调的
真实必然性与物理必然性。通过两个全局模态算子 A 与 G，本书提出了一系
列有哲学意味的公理。这一研究也将是一系列关于理解与科学理论的逻辑工
作的开端。

　　与"理解语言"不同，"理解为何"与"理解现象"的理解对象都是世界
上的物项，因此"理解为何"与"理解现象"的逻辑里分别都有对应理解事
实性的逻辑原则：$Uy\varphi \rightarrow \varphi$ 与 $U((\overline{\psi,\varphi})) \rightarrow O(\psi_i, \varphi_i)$。在概念上，"理解为
何"与"理解现象"存在一定的相互转换关系，相应地，上述两个逻辑刻画
之间也有紧密的联系。如在理解依赖关系 $U(\psi, \varphi)$ 刻画的一些情境中，ψ 通
常也可以被看作 φ 的低阶解释，$U(\psi, \varphi)$ 语义中的科学理论和规律可以对应
于"理解为何"公式语义中的高阶解释，反之亦然。有些时候两个逻辑是对
同一个情形的两种不同刻画。然而"理解为何"与"理解现象"又是不可相
互归约的，这在技术上有着特别清楚的反映。一方面，拥有统一的理论或解
释框架对"理解现象"是必要的，而对"理解为何"则不然，这在两个逻辑
的语形、语义层面均有体现；另一方面，存在一些现象中的某些事实可能是
不可解释的，而"理解为何"的语义定义依赖"解释"，同时"理解现象"的
逻辑框架中的科学理论定义能很好地容纳这样的现象。总之，两个逻辑不仅
很好地刻画了各自类型的理解，从一个更大的视角，两个逻辑也更清楚地反

映了哲学上"理解为何"与"理解现象"的关键区别。

最后，"理解语言"对知识逻辑的研究是重要的。标准的知识逻辑中 $K_i\varphi$ 表达了主体 i 确定 φ 是真的，φ 的意义付之阙如。设想张三不懂德语，李四作为专家说了一个德语句子 φ，并且向张三保证 φ 是真的，则张三知道 φ 的真值，但并不知道 φ 的意义。语言哲学家普遍认为理解语言 L 等同于知道 L 的意义，因此，基于什么样的意义理论，就会有什么样的对"理解语言"的形式刻画。标准的知识逻辑基于初级语义学，任意 φ 的意义就是 φ 的真值。本书展望了根据 Lewis-Kaplan 式的语义学，把理解 φ 定义为知道 φ 的内涵是什么，以及根据语义理论的最新发展把理解 φ 定义为知道 φ（确切地）关涉什么，或知道 φ 的确切使真者。虽然这些展望还停留在初步的想法阶段，但是透过这些想法可以看到"理解语言"的逻辑研究已经有迹可循，具备了一定的可操作性。而且，在现有语言哲学理论的基础上，"理解语言"的逻辑语言能够很自然地延伸到个体与谓词的层面，这将为把知识逻辑的研究拓展到谓词逻辑的层面提供了一个非常好的契机。

"理解"的问题体系既庞杂又有趣，本书希望在用具体的知识逻辑工作管窥其冰山一角的同时，为进一步的研究注入信心与憧憬。

参考文献

说明：中外文献分类排版，外文文献在前，中文文献在后；同类型文献，按照作者姓名、出版年份、文献标题的优先顺序排列；同作者文献，适当省略部分文献作者姓名并以短横线替代。

Artemov, Sergei, 2012. "The Ontology of Justifications in the Logical Setting". *Studia Logica*, 100(1-2): 17–30.

Artemov, Sergei and Fitting, Melvin, 2019. *Justification Logic: Reasoning with Reasons*. Cambridge University Press.

Avigad, Jeremy, 2008. "Understanding Proofs". *The Philosophy of Mathematical Practice*, 317–353.

– 2010. "Understanding, Formal Verification, and the Philosophy of Mathematics". *Journal of the Indian Council of Philosophical Research*, 27: 161.

Barnes, Eric, 1994. "Explaining Brute Facts". In: *PSA: Proceedings of the Biennial Meeting of the Philosophy of Science Association*. 61–68.

Baumberger, Christoph, 2014. "Types of Understanding: Their Nature and Their Relation to Knowledge". *Conceptus*, 40(98): 67–88.

Baumberger, Christoph, Beisbart, Claus and Brun, Georg, 2017. "What is Understanding? An Overview of Recent Debates in Epistemology and Philosophy of Science". In: Grimm, Stephen, Baumberger, Christoph and Ammon, Sabine, eds. *Explaining Understanding: New Perspectives from Epistemolgy and Philosophy of Science*. Routledge, 1–34.

Belkoniene, Miloud, 2023. *Rational Understanding: From Explanation to Knowledge*. Routledge.

Belnap, Nuel D., Perloff, Michael and Xu, Ming, 2001. *Facing the Future: Agents and Choices in Our Indeterminist World*. Oxford University Press.

Bermúdez, José Luis, 2004. *Philosophy of Psychology: A Contemporary Introduction*. Routledge.

Berto, Francesco, 2019. "Simple Hyperintensional Belief Revision". *Erkenntnis*, 84(3): 559–575.

– 2022. *Topics of Thought: The Logic of Knowledge, Belief, Imagination*. Oxford University Press.

Berto, Francesco and Hawke, Peter, 2021. "Knowability Relative to Information". *Mind*, 130(517): 1–33.

Boh, Ivan, 1982. "Consequences". In: Kretzmann, Norman, Kenny, Anthony and Pinborg, Jan, eds. *Cambridge History of Later Medieval Philosophy*. Cambridge: Cambridge University Press, 300–314.

– 1993. *Epistemic Logic in the Later Middle Ages*. Routledge.

– 2000. "Four Phases of Medieval Epistemic Logic". *Theoria*, 66(2): 129–144.

BonJour, Laurence, 1985. *The Structure of Empirical Knowledge*. Harvard University Press.

Boon, Mieke, 2009. "Understanding in the Engineering Sciences: Interpretive Structures". In: De Regt, Henk W., Leonelli, Sabina and Eigner, Kai, eds. *Scientific Understanding: Philosophical Perspectives*. University of Pittsburgh Press, 249–270.

Boyd, Kenneth, 2019. "Group Understanding". *Synthese*, 198(7): 6837–6858.

Cappelen, Herman and Hawthorne, John, 2009. *Relativism and Monadic Truth*. Oxford University Press UK.

Carter, J. Adam and Gordon, Emma C., 2014. "Objectual Understanding and the Value Problem". *American Philosophical Quarterly*, 51(1): 1–13.

Collins, Harry, 2007. "Mathematical Understanding and the Physical Sciences". *Studies in History and Philosophy of Science Part A*, 38(4): 667–685.

Craver, Carl F., 2002. "Structures of Scientific Theories". In: Silberstein, Peter Machamer Michael, ed. *The Blackwell Guide to the Philosophy of Science*. Blackwell, 7–55.

Davidson, Donald, 1967. "Truth and Meaning". In: *Philosophy, Language, and Artificial Intelligence*. Springer, 93–111.

De Regt, Henk W., 2009. "Understanding and Scientific Explanation". In: De Regt, Henk W., Leonelli, Sabina and Eigner, Kai, eds. *Scientific Understanding: Philosophical Perspectives*. University of Pittsburgh Press, 21–42.

– 2017. *Understanding Scientific Understanding*. Oxford University Press.

De Regt, Henk W. and Dieks, Dennis, 2005. "A Contextual Approach to Scientific Understanding". *Synthese*, 144(1): 137–170.

De Regt, Henk W., Leonelli, Sabina and Eigner, Kai, 2009. "Focusing on Scientific Understanding". In: De Regt, Henk W., Leonelli, Sabina and Eigner, Kai, eds. *Scientific Understanding: Philosophical Perspectives*. University of Pittsburgh Press, 1–17.

Dellsén, Finnur, 2018. "Beyond Explanation: Understanding as Dependency Modeling". *British Journal for the Philosophy of Science*, (4): 1261–1286.

Dummett, Michael A. E., 1975. "What is a Theory of Meaning?" In: Guttenplan, Samuel, ed. *Mind and Language*. Oxford University Press.

Dung, Phan Minh, 1995. "On the Acceptability of Arguments and its Fundamental Role in Nonmonotonic Reasoning, Logic Programming and N-Person Games". *Artificial Intelligence*, 77(2): 321–357.

Egler, Miguel, 2021. "Why Understanding-Why Is Contrastive". *Synthese*, 199(3-4): 6061–6083.

Ehring, Douglas, 1987. "Causal Relata". *Synthese*, 73(2): 319–328.

Elgin, Catherine, 1999. *Considered Judgment*. Princeton University Press.

– 2007. "Understanding and the Facts". *Philosophical Studies*, 132(1): 33–42.

Fagin, Ronald, Halpern, Joseph Y., Moses, Yoram and Vardi, Moshe, 2004. *Reasoning about Knowledge*. MIT Press.

Fahrbach, Ludwig, 2005. "Understanding Brute Facts". *Synthese*, 145(3): 449–466.

Fine, Kit, 2005. *Modality and Tense: Philosophical Papers*. Oxford University Press.

– 2014. "Truth-Maker Semantics for Intuitionistic Logic". *Journal of Philosophical Logic*, 43(2-3): 549–577.

– 2017. "Truthmaker Semantics". *A Companion to the Philosophy of Language*, 2: 556–577.

Firth, Roderick, 1978. "Are Epistemic Concepts Reducible to Ethical Concepts?" In: *Values and Morals*. Springer, 215–229.

Fitting, Melvin, 2004. "A Logic of Explicit Knowledge". *Logica Yearbook*, 11–22.

Folina, Janet, 2018. "Towards a Better Understanding of Mathematical Understanding". In: Pulcini, Gabriele and Piazza, Mario, eds. *Truth, Existence and Explanation*. Springer Verlag.

Frege, Gottlob and Beaney, Michael, 1997. *The Frege Reader*. Blackwell Oxford.

Friedman, Michael, 1974. "Explanation and Scientific Understanding". *Journal of Philosophy*, 71(1): 5–19.

Gattinger, Malvin and Wang, Yanjing, 2019. "How to Agree without Understanding Each Other: Public Announcement Logic with Boolean Definitions". *Electronic Proceedings in Theoretical Computer Science*, 297: 206–220.

Gettier, Edmund L., 1963. "Is Justified True Belief Knowledge?" *Analysis*, 23(6): 121–123.

Gopnik, Alison, 2022. "What AI Still Doesn't Know How to Do". *Wall Street Journal*, July 15. https://www.wsj.com/articles/what-ai-still-doesnt-know-how-to-do-11657891316.

Goranko, Valentin and Kuusisto, Antti, 2018. "Logics for Propositional Determinacy and Independence". *Review of Symbolic Logic*, 11(3): 470–506.

Gordon, Emma C., 2012. "Is There Propositional Understanding?" *Logos and Episteme*, 3(2): 181–192.

Greco, John, 2014. "Episteme: Knowledge and Understanding". In: Timpe, Kevin and Boyd, Craig A., eds. *Virtues and Their Vices*. Oxford University Press Oxford, 285–302.

Grimm, Stephen, 2006. "Is Understanding a Species of Knowledge?" *The British Journal for the Philosophy of Science*, 57(3): 515–535.

– 2011. "Understanding". In: Bernecker, Sven and Pritchard, Duncan, eds. *The Routledge Companion to Epistemology*. Routledge, 110–120.

– 2014. "Understanding as Knowledge of Causes". In: Fairweather, Abrol and Flanagan, Owen, eds. *Virtue Epistemology Naturalized*. Springer, 329–345.

– 2021. "Understanding". In: Zalta, Edward N., ed. *The Stanford Encyclopedia of Philosophy*. Summer 2021. Metaphysics Research Lab, Stanford University.

Grimm, Stephen, Baumberger, Christoph and Ammon, Sabine, 2016. *Explaining Understanding: New Perspectives from Epistemology and Philosophy of Science*. Routledge.

Hawke, Peter, 2017. "Theories of Aboutness". *Australasian Journal of Philosophy*, 96(4): 697–723.

Heim, Irene and Kratzer, Angelika, 1998. *Semantics in Generative Grammar*. Blackwell.

Hempel, Carl G., 1965. *Aspects of Scientific Explanation and Other Essays in the Philosophy of Science*. The Free Press.

– 1966. *Philosophy of Natural Science*. Englewood Cliffs, N.J., Prentice-Hall.

Hempel, Carl G. and Oppenheim, Paul, 1948. "Studies in the Logic of Explanation". *Philosophy of Science*, 15(2): 135–175.

Hills, Alison, 2015. "Understanding Why". *Noûs*, 49(2): 661–688.

Hintikka, Jaakko, 1962. *Knowledge and Belief: An Introduction to the Logic of the Two Notions*. Cornell University Press.

– 1983. "New Foundations for a Theory of Questions and Answers". In: *Questions and Answers*. Springer, 159–190.

Hu, Xingming, 2019. "Is Knowledge of Causes Sufficient for Understanding?" *Canadian Journal of Philosophy*, 49(3): 291–313.

Hughes, George Edward and Cresswell, Max J., 1996. *A New Introduction to Modal Logic*. Psychology Press.

Johnson, Samuel G. B. and Ahn, Woo-Kyoung, 2015. "Causal Networks or Causal Islands? The Representation of Mechanisms and the Transitivity of Causal Judgment". *Cognitive Science*, 39(7): 1468–1503.

Kelp, Christoph, 2015. "Understanding Phenomena". *Synthese*, 192(12): 3799–3816.

– 2016. "Towards a Knowledge-Based Account of Understanding". In: Grimm, Stephen, Baumberger, Christoph and Ammon, Sabine, eds. *Explaining Understanding*. Routledge.

Khalifa, Kareem, 2013a. "The Role of Explanation in Understanding". *The British Journal for the Philosophy of Science*, 64(1): 161–187.

– 2013b. "Understanding, Grasping and Luck". *Episteme*, 10(1): 1–17.

– 2017. *Understanding, Explanation, and Scientific Knowledge*. Cambridge University Press.

Khalifa, Kareem and Gadomski, Michael, 2013. "Understanding as Explanatory Knowledge: The Case of Bjorken Scaling". *Studies in History and Philosophy of Science Part A*, 44(3): 384–392.

King, Jeffrey C., 2007. *The Nature and Structure of Content*. Oxford University Press.

Kvanvig, Jonathan, 2003. *The Value of Knowledge and the Pursuit of Understanding*. Cambridge University Press.

– 2009. "The Value of Understanding". In: Haddock, Adrian, Millar, Alan and Pritchard, Duncan, eds. *Epistemic Value*. Oxford University Press, 95–112.

Lau, Tszyuen and Wang, Yanjing, 2016. "Knowing Your Ability". *Philosophical Forum*, 47(3-4): 415–423.

Lawler, Insa, 2016. "Reductionism about Understanding Why". In: *Proceedings of the Aristotelian Society*. 229–236.

– 2019. "Understanding Why, Knowing Why, and Cognitive Achievements". *Synthese*, 196(11): 4583–4603.

Lewis, David, 1971. "Completeness and Decidability of Three Logics of Counterfactual Conditionals". *Theoria*, 37(1): 74–85.

– 1988a. "Relevant Implication". *Theoria*, 54(3): 161–174.

– 1988b. "Statements Partly about Observation". *Philosophical Papers*, 17(1): 1–31.

Li, Xiaowu and Guo, Xiangyang, 2010. "A Logic LU for Understanding". *Frontiers of Philosophy in China*, 5(1): 142–153.

Li, Yanjun and Wang, Yanjing, 2017. "Achieving While Maintaining". In: *Indian Conference on Logic and Its Applications*. 154–167.

Lipton, Peter, 2009. "Understanding without Explanation". In: De Regt, Henk W., Leonelli, Sabina and Eigner, Kai, eds. *Scientific Understanding: Philosophical Perspectives*. University of Pittsburgh Press, 43–63.

– 2011. "Mathematical Understanding". In: Polkinghorne, John, ed. *Meaning in Mathematics*. Oxford University Press.

Lowe, E. J., 1983. "A Simplification of the Logic of Conditionals". *Notre Dame Journal of Formal Logic*, 24(3): 357–366.

Luo, Jieting, Studer, Thomas and Dastani, Mehdi, 2023. "Providing Personalized Explanations: A Conversational Approach". In: Herzig, Andreas, Luo, Jieting and Pardo, Pere, eds. *Logic and Argumentation*. Springer Nature Switzerland, 121–137.

Marconi, Diego, 1997. *Lexical Competence*. MIT Press.

McDonnell, Neil, 2018. "Transitivity and Proportionality in Causation". *Synthese*, 195(3): 1211–1229.

McKinnon, Rachel, 2012. "How Do You Know That 'How Do You Know?' Challenges a Speaker's Knowledge?" *Pacific Philosophical Quarterly*, 93(1): 65–83.

Michael, Julian, Holtzman, Ari, Parrish, Alicia, Mueller, Aaron, Wang, Alex, Chen, Angelica, Madaan, Divyam, Nangia, Nikita, Pang, Richard Yuanzhe, Phang, Jason and Bowman, Samuel R., 2022. *What Do NLP Researchers Believe? Results of the NLP Community Metasurvey.* https://arxiv.org/abs/2208.12852.

Michener, Edwina Rissland, 1978. *Understanding Understanding Mathematics.* Artificial Intelligence Memo No. 488.

Mitchell, Melanie, 2019. "Artificial Intelligence Hits the Barrier of Meaning". *Information*, 10(2). https://www.mdpi.com/2078-2489/10/2/51.

Mitchell, Melanie and Krakauer, David C., 2023. "The Debate over Understanding in AI's Large Language Models". *Proceedings of the National Academy of Sciences*, 120(13): e2215907120.

Müller, Thomas, 2010. "Formal Methods in the Philosophy of Natural Science". In: *The Present Situation in the Philosophy of Science.* Springer, 111–123.

Naumov, Pavel and Ros, Kevin, 2021. "Comprehension and Knowledge". *Proceedings of the AAAI Conference on Artificial Intelligence*, 2021-05, 35(13): 11622–11629.

Ninan, Dilip, 2010. "Semantics and the Objects of Assertion". *Linguistics and Philosophy*, 33(5): 355–380.

Nute, Donald, 1980. *Topics in Conditional Logic.* Springer Science & Business Media.

Nute, Donald and Cross, Charles B, 2001. "Conditional Logic". In: *Handbook of Philosophical Logic.* Springer, 1–98.

Owens, David, 1992. *Causes and Coincidences.* Cambridge University Press.

Pacuit, Eric, 2017. *Neighborhood Semantics for Modal Logic.* Springer.

Palmira, Michele, 2019. "Defending Nonreductionism About Understanding". *Thought: A Journal of Philosophy*, 8(3): 222–231.

Parry, William Tuthill, 1968. "The Logic of CI Lewis". In: Schilpp, Paul Arthur, ed. *The Philosophy of CI Lewis.* Open Court, La Salle, Ill., and Cambridge University Press, 115–154.

Perry, John, 1989. "Possible Worlds and Subject Matter". In: *Possible Worlds in Humanities, Arts and Sciences. Proceedings of Nobel Symposium*. 173–191.

Perry, John and Barwise, Jon, 1983. *Situations and Attitudes*. MIT Press.

Pettit, Dean, 2002. "Why Knowledge Is Unnecessary for Understanding Language". *Mind*, 111(443): 519–550.

Potter, Vincent G., 1994. *On Understanding Understanding*. Fordham University Press.

Pritchard, Duncan, 2008. "Knowing the Answer, Understanding and Epistemic Value". *Grazer Philosophische Studien*, 77(1): 325–339.

– 2010. *The Nature and Value of Knowledge: Three Investigations*. Oxford University Press.

– 2014. "Knowledge and Understanding". In: Fairweather, Abrol and Flanagan, Owen, eds. *Virtue Epistemology Naturalized*. Springer, 315–327.

Railton, Peter, 1981. "Probability, Explanation, and Information". *Synthese*, 48(2): 233–256.

Rast, Erich Herrmann, 2006. *Reference and Indexicality*. PhD Thesis, Universidade NOVA de Lisboa (Portugal).

Ratzsch, Del, 1992. "Scientific Theories: Minnesota Studies in the Philosophy of Science, vol. 14". *Teaching Philosophy*, 15(4): 399–401.

Rendsvig, Rasmus K., 2010. "Modeling Semantic Competence: A Critical Review of Frege's Puzzle about Identity". In: *New Directions in Logic, Language and Computation*. Springer, 140–157.

– 2011. *Towards a Theory of Semantic Competence*. Master's Thesis, Dept. of Philosophy, Science Studies and Dept. of Mathematics, Roskilde University.

Rendsvig, Rasmus K., Symons, John and Wang, Yanjing, 2024. "Epistemic Logic". In: Zalta, Edward N. and Nodelman, Uri, eds. *The Stanford Encyclopedia of Philosophy*. Summer 2024. Metaphysics Research Lab, Stanford University.

Riaz, Amber, 2015. "Moral Understanding and Knowledge". *Philosophical Studies*, 172(1): 113–128.

Ross, Lewis D., 2020. "Is Understanding Reducible?" *Inquiry*, 63(2): 117–135.

Salmon, Nathan U. and Soames, Scott, 1988. *Propositions and Attitudes*. Oxford University Press.

Salmon, Wesley C., 1985. *Scientific Explanation and the Causal Structure of the World*. Princeton University Press.

Santorio, Paolo, 2016. "Nonfactual Know-How and the Boundaries of Semantics". *Philosophical Review*, 125(1): 35–82.

Schurz, Gerhard and Lambert, Karel, 1994. "Outline of a Theory of Scientific Understanding". *Synthese*, 101(1): 65–120.

Sedlár, I. and Halas, J., 2015. "Modal Logics of Abstract Explanation Frameworks". *Abstract in Proceedings of CLMPS 15*.

Šešelja, Dunja and Straßer, Christian, 2013. "Abstract Argumentation and Explanation Applied to Scientific Debates". *Synthese*, 190(12): 2195–2217.

Shymko, Vitalii, 2019. "Natural Language Understanding: Methodological Conceptualization". *Psycholinguistics*, 25(1): 431–443.

Silva, Paul and Oliveira, Luis R. G., 2024. "Propositional Justification and Doxastic Justification". In: Lasonen-Aarnio, Maria and Littlejohn, Clayton, eds. *The Routledge Handbook of the Philosophy of Evidence*. Routledge.

Skow, Bradford, 2016. *Reasons Why*. Oxford University Press.

Sliwa, Paulina, 2015. "IV—Understanding and Knowing". In: *Proceedings of the Aristotelian Society*. 57–74.

Stalnaker, Robert, 1968. "A Theory of Conditionals". In: Rescher, Nicholas, ed. *Studies in Logical Theory (American Philosophical Quarterly Monographs 2)*. Oxford: Blackwell, 98–112.

– 1999. *Context and Content: Essays on Intentionality in Speech and Thought*. Oxford University Press UK.

– 2006. "On Logics of Knowledge and Belief". *Philosophical Studies*, 128(1): 169–199.

Strevens, Michael, 2008. *Depth: An Account of Scientific Explanation*. Cambridge, Mass.: Harvard University Press.

– 2013. "No Understanding without Explanation". *Studies in History and Philosophy of Science Part A*, 44(3): 510–515.

Sullivan, Emily, 2018. "Understanding: Not Know-How". *Philosophical Studies*, 175(1): 221–240.

Thagard, Paul, 2007. "Coherence, Truth, and the Development of Scientific Knowledge". *Philosophy of Science*, 74(1): 28–47.

Thórisson, Kristinn R., Kremelberg, David, Steunebrink, Bas R. and Nivel, Eric, 2016. "About Understanding". In: *International Conference on Artificial General Intelligence*. 106–117.

Trout, J. D., 2002. "Scientific Explanation and the Sense of Understanding". *Philosophy of Science*, 69(2): 212–233.

– 2007. "The Psychology of Scientific Explanation". *Philosophy Compass*, 2(3): 564–591.

Van Ditmarsch, Hans, Hoek, Wiebe van der, Halpern, Joseph Y. and Kooi, Barteld, 2015. *Handbook of Epistemic Logic*. College Publications.

Von Fintel, Kai and Heim, Irene, 2011. *Intensional Semantics*. Unpublished Manuscript, MIT.

Von Foerster, Heinz, 2007. *Understanding Understanding: Essays on Cybernetics and Cognition*. Springer Science & Business Media.

Wang, Xinyu and Wang, Yanjing, 2019. *Knowledge-Now and Knowledge-All*. Manuscript.

Wang, Yanjing, 2018a. "A Logic of Goal-Directed Knowing How". *Synthese*, 195(10): 4419–4439.

– 2018b. "Beyond Knowing That: A New Generation of Epistemic Logics". In: *Jaakko Hintikka on Knowledge and Game-Theoretical Semantics*. Springer, 499–533.

Weiss, Yale, 2019. *Frontiers of Conditional Logic*. PhD Thesis, The Graduate Center, City University of New York.

Whiting, Daniel, 2012. "Epistemic Value and Achievement". *Ratio*, 25(2): 216–230.

Wilkenfeld, Daniel A., 2013. "Understanding as Representation Manipulability". *Synthese*, 190(6): 997–1016.

– 2014. "Functional Explaining: A New Approach to the Philosophy of Explanation". *Synthese*, 191(14): 3367–3391.

Williamson, Timothy, 2017. "Modality as a Subject for Science". *Res Philosophica*, 94(3): 415–436.

Winther, Rasmus Grønfeldt, 2021. "The Structure of Scientific Theories". In: Zalta, Edward N., ed. *The Stanford Encyclopedia of Philosophy*. Spring 2021. Metaphysics Research Lab, Stanford University.

Wittgenstein, Ludwig, 1969. *On Certainty*. Ed. by Anscombe, G. E. M., Wright, G. H. von and Bochner, Mel. San Francisco: Harper Torchbooks.

Woodward, James, 2005. *Making Things Happen: A Theory of Causal Explanation*. Oxford University Press.

Woodward, James and Ross, Lauren, 2021. "Scientific Explanation". In: Zalta, Edward N., ed. *The Stanford Encyclopedia of Philosophy*. Summer 2021. Metaphysics Research Lab, Stanford University.

Xu, Chao, Wang, Yanjing and Studer, Thomas, 2021. "A Logic of Knowing Why". *Synthese*, 198(2): 1259–1285.

Yablo, Stephen, 2014. *Aboutness*. Princeton University Press.

Yalcin, Seth, 2014. "Semantics and Metasemantics in the Context of Generative Grammar". In: Burgess, Alexis and Sherman, Brett, eds. *Metasemantics: New Essays on the Foundations of Meaning*. Oxford University Press, 17–54.

Yang, Fan and Väänänen, Jouko, 2016. "Propositional Logics of Dependence and Independence". *Annals of Pure and Applied Logic*, 167(7): 557–589.

Zagzebski, Linda, 2001. "Recovering Understanding". In: Steup, Matthias, ed. *Knowledge, Truth, and Duty: Essays on Epistemic Justification, Responsibility, and Virtue*. Oxford University Press, 235–252.

周北海, 1997. 模态逻辑导论. 北京大学出版社.

— 2010. "概念语义与弗雷格迷题消解". 逻辑学研究, 3(4): 44–62.

徐超, 2023. 基于认知的自然语言自动形式化研究. 中国社会科学出版社.

陈嘉明, 2019. ""理解"的理解". 哲学研究, 7: 118–125.

— 2022. "知识论语境中的理解". 中国社会科学, 322(10): 25–43.

后　记

这本书是在我的博士学位论文基础上修改而成的，同样这篇后记也脱胎于博士论文的致谢部分。书中第二章第一节简要梳理中世纪的知识逻辑研究。博士期间最初写作这部分的时候，我主要参考了 Ivan Boh 的 *Epistemic Logic in the Later Middle Ages* 一书，没有检索到电子资源，是在图书馆借的纸质本。关于 Boh 这本书，我在博士学位论文的致谢部分这样写道：

> （第一次借这本书）是两年前的事了。最近因为修改论文和准备答辩，我又到图书馆借了这本书。翻看时不经意间发现书里夹了一张名片大小的薄纸片，上面印着"北京大学图书馆索书单"，有索书号、书名、借阅人姓名、证号等分栏，蓝色笔迹填写上了对应信息。是我曾经写的。现在图书馆采用线上借书系统，扫码借书，再没有这种薄纸片了。我蓦然翻出的我的痕迹，已经成为过去。这就是我写这篇致谢时的心情，也是我身处学生生活尾巴的心情吧。

再读来十分珍惜当时写下这段话的心情。为准备本书稿，我又找来 *Epistemic Logic in the Later Middle Ages* 翻看，寻找的过程还算比较顺利。当时那种草蛇灰线的触动，亦已经成为过去了。

感谢我的导师周北海老师。从我博士入学考试见周老师第一面开始，我就有点怕周老师，他严谨认真，不苟言笑。第一学期期末，周老师要考查我的学习科研进展，而我进展甚缓。周老师很生气，批评我的话我现在还记得。

周老师说不要自以为是、耍小聪明，人文科学的研究不比自然科学、实验科学简单，我不应该比实验室的博士生散漫。周老师还说，不要以为博士四年很长，一眨眼就过去了。（现在的我深以为然了。）这些批评我消化很久，从开始羞愧不堪，到慢慢接受认同，乃至后来带着感动。因为高中毕业后就没有老师这么批评我了。那次之后我跟周老师接触越多，内心反而没那么怕周老师。我越来越多地认识到周老师为人正直开明，对学术热情真挚；与周老师讨论越深入，越能发觉周老师柔软亲近的一面。有段时间周老师眼疾严重，医生嘱咐他少看电脑多休息。周老师闲不住，记得是在一个端午节的晚上，周老师捂着一只眼睛，找我讨论问题到很晚。感谢周老师的言传身教。感谢周老师鼓励我勇敢交流讨论，教我在学术与真理面前，无论老师还是学生、专家还是新手，大家都是平等的；感谢周老师勉励我不断打开视野，做真正重要的问题；等等。我荣幸成为周老师的学生。周老师常说学习一个知识就是要彻底弄明白一个知识，而彻底弄明白的一个标志，就是"你能不能用一两句话说清楚"；更高的层次在于，"你能不能看到那个东西"。这本书和我的博士学位论文就是关于"理解"的研究，思考和写作期间我常常想到周老师的这些话。当然本书大概尚未彻底理解"理解"，希望未来能做到"更深入的理解"，不辜负周老师的谆谆教诲。

　　感谢王彦晶老师对我的指导。我在王老师的指导下做了若干具体的科研工作，包括这本书的很多技术工作；毕业工作后仍蒙王老师指导。记得刚跟王老师做研究那会儿没少惹他生气（可能现在也不少），思考不严谨，眼高手低；写作不细心，毫厘千里；做报告重点不突出，云里雾里。王老师在我身上倾注了很多时间，不仅是工作上的引领提点，王老师还不厌其烦地告诉我学术研究"不积跬步，无以至千里"的道理，让我慢慢体会到思想严格与精确的重要性，知道反复琢磨思量的必要性，好的工作是一点点积累起来的。如果不是王老师的耐心，那些研究我可能都不会完整做下去。（工作后有一天不禁给王老师发了条微信：王老师，我现在开始带学生做研究，看他们不能很好完成我给的任务，日常生气，又不能太表现出来，得照顾他们的感受、多鼓励，本来想每周聊完一起吃个饭，今天谈完后只想一个人静静。想起王老师带我做论文的日子，您太不容易了。毕业代入教师视角后，经常会有类似的感触……）王老师总能发现很多让他觉得好玩、有意思的问题，在追寻这些问题的时候，王老师说，要每天对这个世界多了解一点。这种态度深深影响着我，让我觉得好玩。科研之外，王老师带给我的教益范围甚广，从推进学术伦理的工作，虽然得罪人，但这是正确的事情，必须坚持；到知行一致，不要做割裂的人；再到女朋友的妈妈（即现在我的岳母）来北京我该怎么接待。感谢王老师的谆谆教诲。感谢王老师让我看到学术和生活中别样的色彩。

感谢我的国外导师 Sonja Smets 教授。在 ILLC 一年的交流期间，Sonja 同我保持着一到两周见面讨论一次的频率，本论文第三章的主要想法就是在这些讨论中慢慢成形的。在我的 LIRa 报告前，得知我欠缺英文报告经验，Sonja 主动帮我安排彩排。今年五月顺利邀请到 Sonja 和 Alexandru 一起访问华东师大，离开 ILLC 后第一次（线下）再见她，报告交流和 citywalk 上海的情景历历在目，亲切而愉快。感谢 Fernando Velazquez Quesada 博士，是他鼓励我参加 ESSLLI，帮我修改了第三章的初稿。我还留存着他在原论文上手写的一处处红色修改意见。还要感谢李大柱、谢凯博、Dean McHugh、Mario Giulianelli 等，是他们的友善与陪伴温暖了我在阿姆斯特丹的生活。

感谢逻辑学教研室的刘壮虎老师、邢滔滔老师、陈波老师和钟盛阳老师，不仅课上课下受益匪浅，老师们指导帮助我度过博士生涯的每一个重要节点。感谢华东师范大学的郦全民老师、冯棉老师、晋荣东老师和朱晶老师等等，不仅在我硕士求学阶段给我悉心指导和大力支持，在我到北大读博之后依然对我关怀备至。感谢参与论文答辩的刘新文老师、张立英老师以及诸位匿名评阅老师对我的博士学位论文提出的修改意见，帮助我进一步更正和完善了本书的基础内容。

感谢逻辑学教研室的郑植师兄、刘佶鑫师兄、徐超师兄、胡兰双师姐、陈千千师姐等对我学业和生活上的帮助，徐超师兄还对本书的排版问题帮助颇多。感谢我的同窗室友党学哲同学、外哲教研室的齐晓晨同学、中哲教研室的胡海忠同学、袭业超同学，以及伦理学教研室的邵风师弟、中哲教研室的王敬淇师妹等，与他们的友谊让我获益良多。感谢王勋师妹细心帮助我准备博士学位论文的开题、预答辩、答辩以及毕业离校后的户口迁移等各项材料事宜。

　　感谢我的家人，感谢他们对我的付出与对我的爱，为我保留心底最柔软的一块。尤其感谢我的妻子王强老师，从北京、荷兰再到上海，让我觉得有了你就有了全世界；本书全部的增改与校对过程有幸都有她的帮助与陪伴。

　　还要感谢工作单位的领导和同事王柏俊老师、刘梁剑老师、陆凯华老师在这本书出版过程中给予我的关心和鼓励。感谢广西师范大学出版社的刘孝霞编辑和李远编辑，为本书的出版倾注了诸多心血与努力。

　　最后到写这篇后记的落款了。记得和同事姜成洋老师、杨隽老师一起在夏雨厅的一次晚饭后天南海北地聊到过这个话题，当时聊到有些作者会写"于沪上""于某校园"之类，也有条件好具体到某小区的，我说我想尽量纪实一点吧。

魏　宇

2024 年 8 月 15 日

于上海市浦东新区上钢新村街道

智慧的探索丛书

图书在版编目（CIP）数据

理解的逻辑：我们如何理解"理解"／魏宇著. -- 桂林：
广西师范大学出版社，2024.12. --（智慧的探索丛书）.
ISBN 978-7-5598-7657-7

Ⅰ．B842.5
中国国家版本馆 CIP 数据核字第 2024NA4156 号

理解的逻辑：我们如何理解"理解"
LIJIE DE LUOJI：WOMEN RUHE LIJIE "LIJIE"

出 品 人：刘广汉
责任编辑：李 远
装帧设计：李婷婷
广西师范大学出版社出版发行

（广西桂林市五里店路 9 号　　　邮政编码：541004）
（网址：http://www.bbtpress.com　　　　　　　　）

出版人：黄轩庄
全国新华书店经销
销售热线：021 - 65200318　　021 - 31260822 - 898
山东新华印务有限公司印刷
（济南市高新区世纪大道 2366 号　邮政编码：250104）
开本：690 mm×960 mm　　1/16
印张：12.25　　　　　　字数：182 千
2024 年 12 月第 1 版　　2024 年 12 月第 1 次印刷
定价：68.00 元

如发现印装质量问题，影响阅读，请与出版社发行部门联系调换。